Lectures on Dynamics of Structures

结构动力学讲义

（第二版）

周智辉　文　颖　曾庆元　编著

人民交通出版社股份有限公司
China Communications Press Co.,Ltd.

内 容 提 要

本书系统地论述了结构动力学的基本原理，除了传统的结构动力学理论，还包括曾庆元院士在结构动力学领域的两项原创性成果，即弹性系统动力学总势能不变值原理与形成系统矩阵的“对号入座”法则。

本书可作为大学工程学科（包括土木工程、机械工程、载运工具等）高年级学生以及研究生的教材或教学参考书，也可供有关教师、研究人员及工程技术人员参考。

Summary of Contents

This book systematically introduces the fundamental concepts and principles of the subject of "Dynamics of Structures". It covers topics not only of the classical theory of vibration of structures but of two original contributions presented by Zeng Qingyuan, namely the principle of total potential energy with stationary value in elastic system dynamics and the "set in right position" rule for formulating system matrices.

The book can be used as a textbook or supplementary material for engineering undergraduates with a background in Civil, Mechanical and Vehicle Operation Engineering as well as graduate students, it will also be a handy reference for college teachers, researchers and practical engineers.

图书在版编目(CIP)数据

结构动力学讲义 / 周智辉，文颖，曾庆元编著. —2 版. — 北京 ：人民交通出版社股份有限公司，2017.8

ISBN 978-7-114-13990-1

Ⅰ. ①结… Ⅱ. ①周… ②文… ③曾… Ⅲ. ①结构动力学—高等学校—教材 Ⅳ. ①O342

中国版本图书馆 CIP 数据核字(2017)第 160696 号

书　　名：结构动力学讲义（第二版）
著 作 者：周智辉　文　颖　曾庆元
责任编辑：李　喆　周　宇
出版发行：人民交通出版社股份有限公司
地　　址：(100011)北京市朝阳区安定门外外馆斜街 3 号
网　　址：http://www.ccpress.com.cn
销售电话：(010)59757973
总 经 销：人民交通出版社股份有限公司发行部
经　　销：各地新华书店
印　　刷：北京盈盛恒通印刷有限公司
开　　本：787×1092　1/16
印　　张：12.25
字　　数：290 千
版　　次：2015 年 10 月　第 1 版
　　　　　2017 年 8 月　第 2 版
印　　次：2017 年 8 月　第 2 版　第 1 次印刷
书　　号：ISBN 978-7-114-13990-1
定　　价：38.00 元

第二版前言

我在长沙铁道学院（现为中南大学）读硕士研究生时，学习结构动力学，采用的教材就是本书油印稿。当时，学到曾老师提出的弹性系统动力学总势能不变值原理与形成系统矩阵的"对号入座"法则，敬仰之情油然而生。因为在结构动力学这一传统经典力学领域，能够有创新、有发展，谈何容易。此后有幸追随曾老师攻读博士学位，从事车桥系统振动研究十余年，研究过程中，用到动力学的方法与概念时，总不忘温习油印稿中的相关章节，从中汲取养分，该书稿一直是我手边最重要的工具书。直到2012年，曾老师提议将此书稿整理出版，尽管他当时年近九旬，仍然提出修改补充意见，安排我和文颖对原书稿进行完善。历经3年，书稿终于在2015年10月出版面世。当我把新出版的书呈送到曾老师面前时，虽未见激动之情，但那满意的笑容至今记忆犹新。我知道，他每出一本书，就像一个小孩出生一样，看得很重。然而，万万没有想到，两个月后他住进了医院，并且再也没有回到他熟悉的校园，就这样永远地离开了他身边的人。现在想起，书稿得以及时面世，他能看一眼自己的作品，是何等庆幸，否则，我们将留下永远的遗憾。

对老师最好的纪念是继承他的事业并将其发扬光大。《结构动力学讲义》书稿虽已出版，并不表示它已经完美无缺。我们在教学与科研的过程中，还在不断地思考如何让书稿做得更好一些。同时，很多同行朋友还有学生在阅读本书后，也给我们提出了许多中肯的建议，我们将这些一一记在笔记本上。恰逢此时出版社提议将原稿修改再版。我们也借此机会将近两年的思考反映到新的书稿之中，对原稿部分章节做了适当调整，具体如下：(1)除第1章外，其他各章开头增加了一段简短的导言，简述本章与其他章节的衔接关系。(2)第一版2.4、2.5与2.6节讲述了非驻定势场与第一类拉格朗日方程等内容，这部分难度较大，同时在工程中应用很少，故将相关内容删除。(3)将第一版5.1与5.2节形成系统矩阵的"对号入座"法则提到第2章，使其置于运动方程建立的体系之中，这样可以更好地体现联合运用弹性系统动力学总势能不变值原理与此法则建立系统运动方程的优势。(4)将第一版第5章标题改为"多自由度体系反应计算的振型叠加法"，并添加了"体系自由度缩减"一节，着重阐述结构动力学自由度的概念，方便读者理解结构静力与动力自由度之间的区别和联系。如此一来，第3、4、5章依次讲述多自由度体系（也包括连续体系）运动方程解耦为单自由度运动方程的方法、单自由度运动方程求解以及多自由度体系反应分析等内容，编排更趋一体，连贯性更强。(5)对结构振动分类、广义力以及哈密尔顿原理等细节性内容作了适当补充。

尽管追求完美一直是我们整理书稿的初衷，但是限于作者水平，错漏之处仍然难免，敬请各位同行朋友继续批评指正,我们的联系邮箱为:zzhyy@ csu. edu. cn。

最后,向为本书稿完善工作献出劳动与智慧的朋友表示由衷的谢意。在此特别感谢人民交通出版社领导、李喆与周宇编辑长期以来对我们的鼓励与支持。

作 者

2017 年 7 月

第一版前言

1980年以来,我为长沙铁道学院(现为中南大学)桥梁、轨道、岩土工程、应用力学等专业讲授硕士生课程“结构动力学”。当时,我感到按一般顺序即由单自由度讲到多自由度,许多概念不便交代,如线性体系的微振动、主振动、振动按固有振型展开等。另外,觉得“结构动力学”的根本内容是能量原理的应用;而阐述能量原理如何应用于结构振动分析,必须针对多自由度体系。因此,讲授中先论述多自由度体系的振动分析,得出振型叠加法;然后,问题归结为单自由度体系的振动分析。这样,与一般著作的顺序不一致,学生复习不便,便提议印发讲稿。该讲稿在长沙铁道学院一直沿用30余年,油印稿尽管能够一定程度地满足本校研究生的教学需要,但为了让更多学生或科研工作者读到该书稿,决定在原稿的基础上做一定的修改补充将其出版。

本讲义共分为7章。第1章介绍结构振动的基本概念。第2章介绍运动方程的建立,除拉格朗日方程与哈密尔顿原理等经典理论外,还叙述了本人提出的弹性系统动力学总势能不变值原理。第3章为线性微振动的正则化方程,从一般多自由度系统出发,推导出解耦的正则化方程,从而将多自由度系统线性微振动方程转化为单自由度方程的求解。第4章为单自由度体系的振动,一方面继续阐述第3章留下的单自由度方程的求解问题,另一方面引出了动力学的一些物理概念。第5章为结构振动问题的矩阵分析,本章特色在于运用本人提出的形成系统矩阵“对号入座”法则,建立矩阵形式的系统运动方程。第6章为频率和振型的近似计算,介绍了瑞利能量法、瑞利—里兹法、矩阵迭代法以及子空间迭代法求解结构自振特性的原理与过程。第7章介绍了逐步积分法,阐述了逐步积分法的基本思路,介绍了几种代表性的逐步积分方法,并对解的稳定性与精度分析作了详细阐述。

在本讲义整理出版的过程中,我重新梳理了原稿的思路,提出了补充和完善意见。周智辉和文颖两位副教授根据补充和完善意见,查阅相关文献,完成了对原书稿的整理工作。硕士研究生林立科、杨露、钱志东、刘国、姜博、刘征宇、李特完成了本书稿文字打印和图表绘制工作。

本讲义出版过程中,得到了人民交通出版社和周宇编辑的大力支持,在此表示衷心的感谢。

由于作者水平有限,书中的错漏之处在所难免,敬请广大读者提出宝贵意见。

2015年5月

目 录

第1章　结构振动引论

1.1　结构振动问题的重要性

移动车辆、强风、地震、机械制造偏差引起的不平衡力等外部作用都迫使结构发生振动。在不利情况下，振动使结构不能正常使用，噪声强烈，甚至破坏。

1847年英国Chester铁路桥在列车通过时由于剧烈振动而导致桥梁垮塌，首次引出了车桥系统振动分析问题。1940年11月美国塔科马(Tacoma)吊桥在18m/s的大风中动力失稳而破坏，震惊当时的桥梁工程界。1957年武汉长江大桥通车典礼，公路桥面上人山人海、桥梁摇晃，晃动持续到晚上人群散去为止。1966年四川渡口两座钢拱桥由于大量群众聚集而出现晃动，使该桥限制运营。2001年，上海铁路局发现南京长江大桥128m下承简支钢桁梁在提速货物列车通过时，晃动较大，横向振幅超过9mm，担心该梁横向刚度不能满足列车安全运行要求，对桥上列车走行安全性与舒适性进行了评估。

最近几十年，全球处于地震高发期，如1960年智利地震、1976年中国唐山地震、1985年墨西哥地震、1995年日本阪神地震、2001年印度地震以及2008年中国汶川地震，给所在国家经济建设和人们生命财产安全造成了严重破坏。为了减少或避免地震对工程结构物的破坏，必须对一些重点建设项目和地震高设防地区的结构物进行抗震设计。飞机机翼的颤振、发动机的异常振动，曾多次造成飞机事故。在机械工程中，振动影响精密仪器及一些设备的功能，降低机械加工的精度和光洁度，加剧机械部件的疲劳和磨损。振动也有有利的一面，各种发生器，钟表及一些生产设备的振动传输、振动筛选、振动研磨、振动打桩等都是利用机械振动的有利特点。

研究结构振动的目的在于：了解结构振动的机理和规律，从中引出防止或降低振动危害的方法，例如在机械中设法消除或隔离有害振动，在桥梁中防止动力失稳和危害正常使用的振动。

1.2　结构动力学的主要内容

1. 振动位形描述

由于惯性力是导致结构振动的根本原因，因此对惯性力的描述至关重要。惯性力与结构质量有关，其大小为质量与加速度之积，其方向与加速度方向相反。实际结构的质量是连续分布的，因而实际结构中惯性力的大小与方向也是连续分布的，若要准确考虑和确定结构的全部惯性力,就必须确定结构的振动位形,为此需掌握任意时刻振动位形的描述方法。振动位形一般由结构质点的位置坐标决定。例如:精确地描述简支梁在竖平面的振动需要获取沿梁长度方向连续分布质点的位置坐标 $v_n(n=1,2,\cdots)$,如图 1-2-1a)所示。这在实际振动分析中非常困难,也无十分必要。作为满足工程精度要求的结构振动近似分析,可将梁划分为有限区段(单元),区段的振动变位由其节点变位来描述。进一步说,梁的动位移可由节点位移来表示。或者将具有分布质量的梁简化为集中质量系,梁的振动位形由各集中质量(节点)的振动坐标确定,如图 1-2-1b)所示。选取合适的振动坐标描述结构振动位形实质是结构动力学计算模型的抽象,关系到计算工作的简繁和计算结果的精粗,是结构振动分析非常重要的第一步。

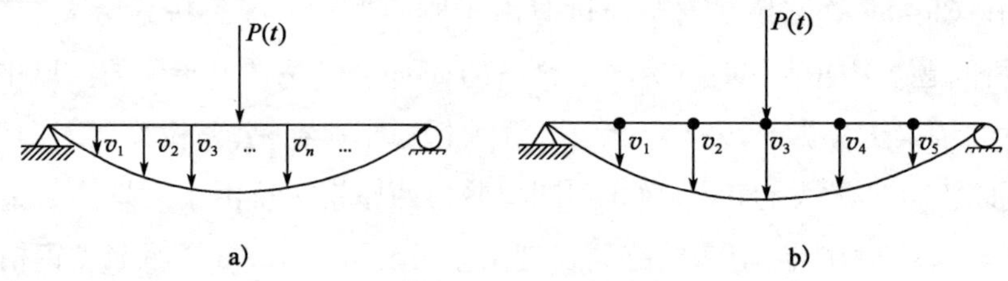

图 1-2-1　梁的振动位形描述

a)分布质量;b)集中质量

2. 激振源分析

引起结构振动的各种因素统称为激振源,实际结构振动的激励源很复杂且受随机因素支配。例如列车对桥梁的动力作用就是很复杂的激扰,它包括轮对蛇行引起的轮轨接触力、车辆惯性偏载、轨道表面空间不平顺产生的附加力等。这些激扰一般难以用确定性的数学式定量描述,但满足统计规律性。地震对结构的动力输入用地震时记录的地震动加速度波表示,但不同地区相同级别的地震加速度波不能用统一的数学式表示,具有随机性。同样,风力对建筑物的作用也是随机的。上述动力作用统称为随机荷载。

实际工程中也存在特殊的振动激励,尽管任意时刻的振动幅值随机变化,但这些变化均是围绕某一确定性均值发生微小波动,这类激励用随时间按确定性规律变化的函数来表述已具有足够的精度。例如匀速转动的转子偏心引起的谐振激扰。

根据激扰作用能否用确定性数学方法描述,结构振动激励分为两大类:

(1)随机性动力荷载——荷载随时间的变化规律不能精确表述,每次试验均得出差异较大的荷载量值,但可由概率论描述量值的统计规律特征。

(2)确定性动力荷载——荷载随时间的变化完全清楚,通过不同次试验能得出基本相同(考虑试验记录误差)的荷载值。其典型形式如图 1-2-2 所示。

确定性动力荷载包括周期性荷载与非周期性荷载。其中,周期性荷载可分为简谐荷载[图 1-2-2a)]与复杂周期荷载[图 1-2-2b)];非周期性荷载可分为持续时间极短的冲击荷载

[如冲击波或爆炸波,图 1-2-2c)]和具有一定持续时间荷载[如实测地震激励,图 1-2-2d),确定性分析时将它视为确定性荷载]。

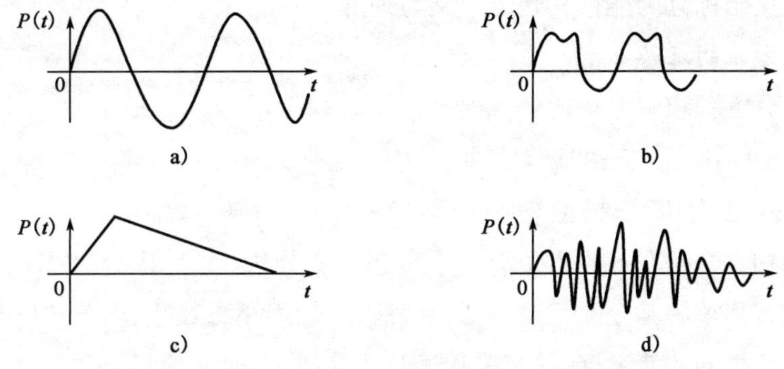

图 1-2-2　典型确定性振动激扰时程

a)简谐荷载;b)复杂周期荷载;c)冲击荷载;d)任意非周期性荷载

3. 振动耗能机理与阻尼力

结构振动过程中出现的机械能耗散机制(阻尼)很复杂,至今未完全分析清楚。与能量耗散相对应的结构振动阻尼力可由下列因素引起:固体材料变形时的内摩擦,结构连接部位的摩擦(例如钢结构螺栓连接处的摩擦),混凝土裂纹的张开与闭合,结构构件与非结构构件之间的摩擦(如梁与支座的摩擦),结构周围外部介质引起的阻尼(如空气、流体的影响等)。确切了解阻尼对结构振动的影响,需要先建立各类型阻尼力的数学表达式,这部分内容将在 4.7 节阻尼理论中详细介绍。

4. 振动微分方程的建立

这是解决结构振动问题的关键,也是前述各项工作的落脚点。有很多结构的振动问题无法解决,关键在于不知如何建立具有明确边界条件的振动微分方程,例如研究车轨桥振动问题,必需建立列车—轨道—桥梁系统空间振动方程,而不是分别建立列车、轨道和桥梁运动方程后再进行迭代求解。因为车轮—钢轨相互作用力、位移衔接条件尚属未知,分别建立方程并迭代求解难以得出满足轮轨约束条件的车轨桥系统振动适定解。

建立振动微分方程的主要途径包括:直接动力平衡法和能量方法。采用广义坐标的概念,建立描述结构振动位形的多自由度模型。此时,结构振动规律可用下面微分方程组描述(代表动力平衡方程)

$$\boldsymbol{M}\ddot{\boldsymbol{q}} + \boldsymbol{C}\dot{\boldsymbol{q}} + \boldsymbol{K}\boldsymbol{q} = \boldsymbol{Q} \tag{1-2-1}$$

式中:$\boldsymbol{q}$——广义坐标(位移)列阵;

$\dot{\boldsymbol{q}}$——广义速度列阵;

$\ddot{\boldsymbol{q}}$——广义加速度列阵;

$\boldsymbol{M}$——质量矩阵;

C——阻尼矩阵;

K——刚度矩阵;

Q——与广义坐标互为能量共轭的广义力列阵。

5.振动微分方程的求解

线性振动微分方程求解方法比较成熟,可分成以下两大类:

(1)常系数线性振动方程的解法:主要包括经典方法——数值积分法(如 Euler 方法,Runge-Kutta 方法)、变分方法、振型叠加法、逐步积分法、加权残数法。

(2)变系数线性振动微分方程的解法:主要包括变分法、逐步积分法、加权残数法。

非线性振动方程求解至今无普遍的分析解法,一般用小参数法、变分法以及加权残数法求解。随着电子计算机的快速发展,较多采用逐步积分法。

6.振动测试

振动测试主要目的是检验理论分析结果的正确性、修正理论分析模型和测定理论分析中需要的参数和资料,例如结构各阶固有振动频率、振型,阻尼系数,作为动力输入的地震加速度资料等都是振动测试内容,它们是结构振动分析的基础。

1.3　振动分类

(1)按激扰因素是否定性为随机作用,振动分为确定性振动与随机振动。

(2)按激扰因素的类型,振动分为自由振动、强迫振动、自激振动和参数激振。

①自由振动——外部扰动导致系统偏离初始平衡位置或系统具备初始速度,扰动迅速撤除后系统发生的振动,称为自由振动。

②强迫振动——系统在持续外界激扰下发生的振动,分为与振动初始条件相关的瞬态振动和具有与激扰相同频率的稳态振动。由于阻尼作用,瞬态振动快速衰减,故强迫振动又称为稳态振动。

③自激振动——由系统自身运动引发和控制的振动称为自激振动。分析自激振动时,首先要确定系统的组成部分,此外还要弄清各部分相互作用和系统能量输入与消耗的过程。系统做自激振动时,以系统某一部分的周期振动从外界获取能量,其激振力是系统本身运动的位移、速度和加速度的函数。在自然界里、工程技术中,乃至在人们的日常生活中自激振动无处不在,例如发动机的活塞运动、钟表运动、美国塔科马(Tacoma)桥风致振动以及微风中的树叶振动等。

仔细观察树叶在风力作用下的摆动过程,当微风吹向迎风而立的树叶时,风对叶片的推动使枝条弯曲,改变了叶片的迎风角度。一部分气流沿叶片滑过,减弱了风对叶片的正压力。于是枝条的弹性恢复力使叶片回归原处。如此重复不已,表现为树叶的顺风摆动现象。

归纳一下上述过程:作为恒定能源的风并非周期变化,但它对叶片的作用力是周期变化的。变化的原因在于叶片自身的运动控制了风对叶片的作用。也就是说,叶片的运动成为风力能源的控制阀。这种类型的振动称为自激振动。

④参数激振——外力作用使系统的参数按一定规律变化,由于改变系统参数而产生的振动。摆长作周期性变化的单摆运动是参数激振的一个简单例子[图 1-3-1a)],考虑单摆微振动,其运动方程为$\ddot{\phi}+2\frac{\dot{l}}{l}\dot{\phi}+\frac{g}{l}\phi=0$,推导过程见例 2-3,可见外力作用使系统参数随摆长 l 按一定规律变化,在系统运动方程中外力并不体现在荷载项。

另一例子是受周期变化轴向压力作用下直杆发生振幅逐渐增大的横向振动[图 1-3-1b)]。轴向力影响直杆横向弯曲振动,周期性变化的轴向力导致横向弯曲振动方程中的参数发生周期性改变(具体方程见文献[2]第 17 章),当作用力频率 $\overline{\omega}$ 与压杆横向振动固有频率 ω 满足一定关系,即 $\overline{\omega}=2\omega/K(K=1,2,3,\cdots)$ 时,压杆横向振幅越来越大[图 1-3-1c)],以致丧失稳定性,这就是杆件轴线方向激扰力周期性变化激起杆件横向共振现象。

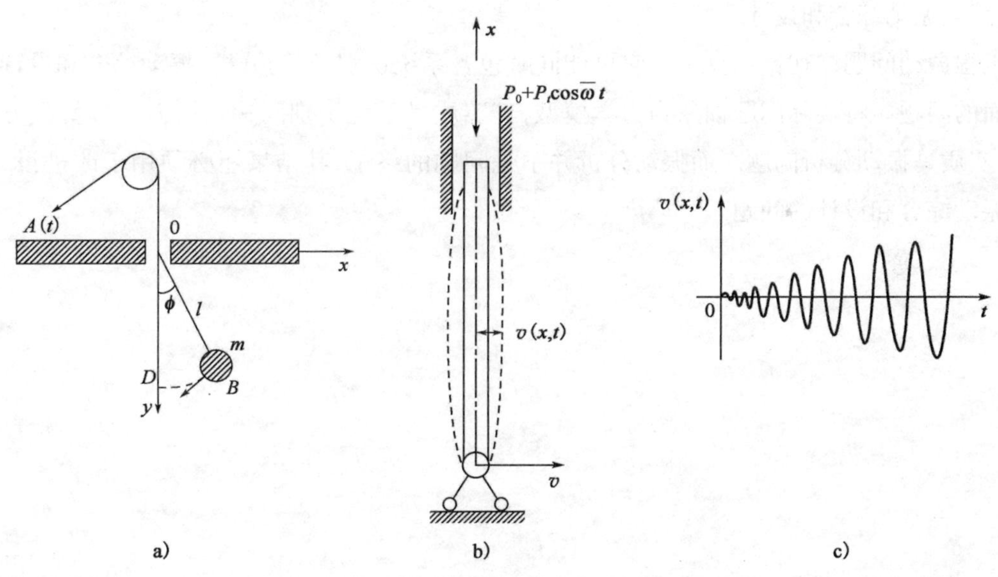

图 1-3-1　参数激振实例与响应特性

a)变化摆长的单摆运动;b)直杆横向振动失稳;c)参数共振响应曲线

(3)按描述系统振动的微分方程是否为线性,振动分为线性振动和非线性振动。

①线性振动——系统在线性阻尼和线弹性恢复力作用下发生的微幅振动,即作用于振动系统的内部抵抗力均可表示成系统状态变量(如速度,位移)的线性函数。

②非线性振动——系统振动状态用非线性阻尼、非线性刚度表征。例如,地震引起的结构破坏性倒塌,强风作用下柔性结构的大幅振动均属于非线性振动。

1.4　振动问题的几种提法

系统受外界激扰作用发生振动,而表述系统振动状态的物理量(如加速度、速度以及位移等)称为响应,也称为反应。激扰称为系统动力输入,响应称为输出,两者由系统的振动特性(质量特性 M、刚度特性 K、阻尼特性 C)联系着,如图 1-4-1 所示。

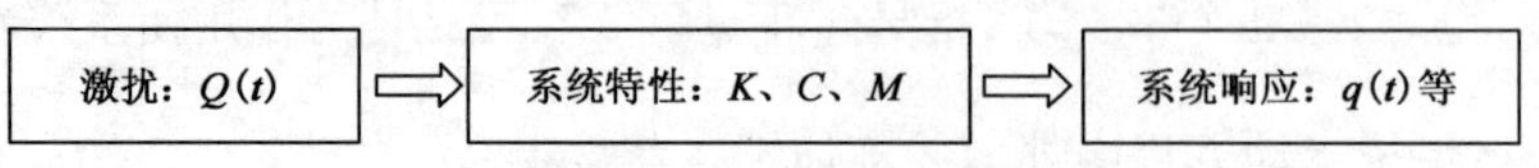

图 1-4-1　描述系统振动的三要素

三者中知其两者就可求第三者,故有以下几种提法:

(1)在外部激扰与系统特性已知的情况下,求系统响应,称为振动分析。

(2)在系统特性与系统响应已知的情况下,反推系统输入特性,称为振动环境预测。

(3)在外部激扰与系统响应均为已知的情况下,确定系统特性称为振动特性测定或系统识别(辨识)。也可改为下面的提法:给定外部激扰,如何设计系统,使得系统响应满足指定条件,这就是振动综合和设计。

工程振动问题往往错综复杂。它可能同时包含系统识别、振动分析、振动综合和设计等几个方面的问题。将实际问题抽象为力学模型,其实质是系统识别问题。按力学模型列方程求解,其实质是振动分析问题。而振动分析并不是问题的终了,其结果还必须用于改进设计,这就是振动综合和设计的问题。

第 2 章　运动方程的建立

除应用牛顿第二定律可直接导出运动系统控制微分方程外，其余建立运动方程的方法都是基于达朗贝尔原理(D'Alembert's Principle)，将动力问题转化为动力平衡问题，并运用能量方法简化列式。建立系统运动方程的方法包括：

(1)牛顿第二定律(Newton's Second Law of Motion)。

(2)虚位移原理(Principle of Virtual Displacements)。

(3)拉格朗日方程(Lagrange's Equations)。

(4)哈密尔顿原理(Hamilton's Principle)。

(5)弹性系统动力学总势能不变值原理(Principle of Total Potential Energy with Stationary Value in Elastic System Dynamics)以及形成系统矩阵的"对号入座"法则(The"Set in Right Position" Rule for Formulating System Matrices)❶。

第(1)(2)种方法在经典力学教材上多有阐述，这里不再赘述。下面主要讲述第(3)~(5)种方法，并进行比较。

2.1　系统的约束、广义坐标及自由度

运动方程描述系统振动形态的变化规律。振动形态的表述与系统约束、广义坐标及自由度等概念相关，故建立运动方程之前，先介绍这些概念。

1. 约束质点系及自由质点系

讨论系统振动时选取地球作为参照系，取固结于地球的笛卡尔坐标系(如图 2-1-1 所示)，该坐标系称为基础坐标系。0 表示坐标系原点。桥梁、房屋等都固结在地球上，不能自由运动，只能作满足外部约束条件的运动。这种系统称为约束质点系，或称非自由质点系。天空中的飞机、飞鸟等能相对于地球(即基础坐标系)沿各方向自由运动，称为自由质点系。其中每个质点在满足系统内部约束条件外，都可以相对于基础坐标系在各方向自由运动。

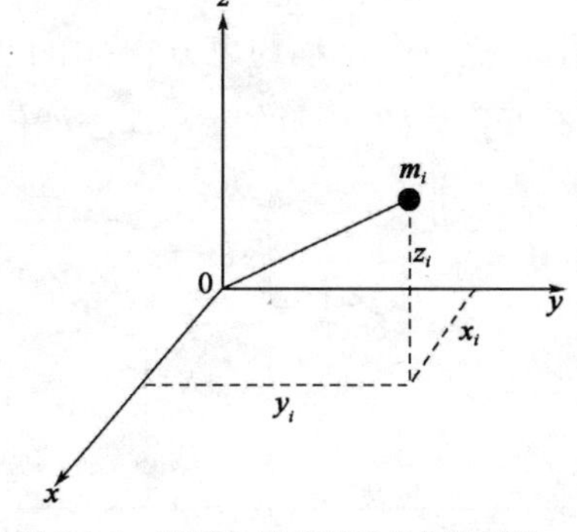

图 2-1-1　基础坐标系下质点位置描述

---

❶此原理与此法则由曾庆元院士提出，可以方便地建立具有复杂动力作用的系统有限元方程，已成功解决列车—轨道—桥梁等复杂系统振动方程的建立问题。

2. 约束分类及其数学表述

对质点的位置和速度所施加的几何或运动学的限制称为约束,通过约束方程表示。例如结构边界条件就是一类约束方程。下面简要介绍常见的约束分类。

(1)根据约束方程所涉及的状态变量分为几何约束和运动约束:

几何约束——只限制系统质点的位置。例如图 2-1-2 中质点 m 的位置坐标(x,y,z)必须满足方程

$$x^2+y^2+z^2=l^2 \tag{2-1-1}$$

式(2-1-1)称为约束方程,l 为刚杆的长度。由式(2-1-1)可解出 $z=\pm\sqrt{l^2-(x^2+y^2)}$,可见只要知道 x、y 即知道 z,故描述质点 m 在 t 时刻空间位置坐标 $x(t)$、$y(t)$、$z(t)$ 中只有两个坐标是相互独立的。也可取球坐标 $\psi(t)$、$\varphi(t)$ 表示质点 m 的位置,两者是相互独立的,故独立坐标的选择不是唯一的。

运动约束——不仅限制质点位置,还限制质点的运动速度。例如图 2-1-3 所示圆柱滚筒沿水平地面 x 方向运动,其质心 C 的位置必须满足

$$z_C=R \tag{2-1-2}$$

式(2-1-2)为几何约束方程。若只能滚动,不能滑动,则滚筒与地面接触点 D 的速度为零,即

$$\dot{x}_C-R\dot{\varphi}=0 \tag{2-1-3}$$

式(2-1-3)为运动约束方程。经过积分,可得 $x_C=R\varphi+c$(c 为积分常数),运动约束变为几何约束。但是,有些运动约束方程不能积分为几何约束方程。如图 2-1-4 所示,冰刀在冰面上的运动可以简化为杆 AB 在一平面上的运动,而质心 C 的速度 v_C 始终沿 AB 的方向,它在 x 和 y 方向上的两个分速度 $\dot{x}_C$、$\dot{y}_C$ 应满足关系式

$$\frac{\dot{y}_C}{\dot{x}_C}=\tan\theta \quad 或 \quad \dot{x}_C\sin\theta-\dot{y}_C\cos\theta=0$$

上式是一个运动约束方程,由于杆 AB 和 x 轴夹角 θ 随着体系运动而不断变化,故上式是一个不可积分的运动约束方程。如何判别运动约束方程是否可积,可参考文献[12]。

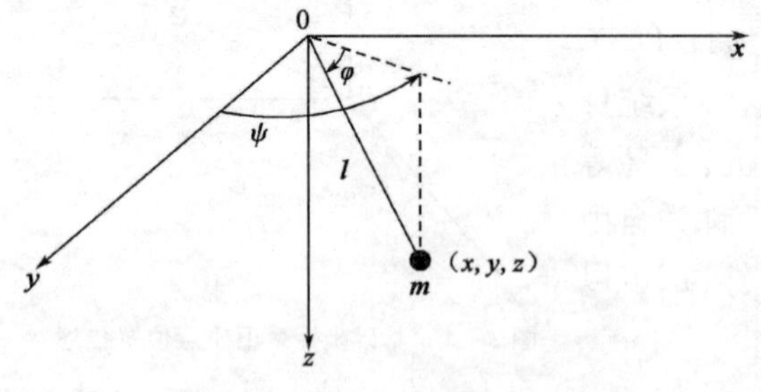

图 2-1-2　描述质点运动的独立坐标

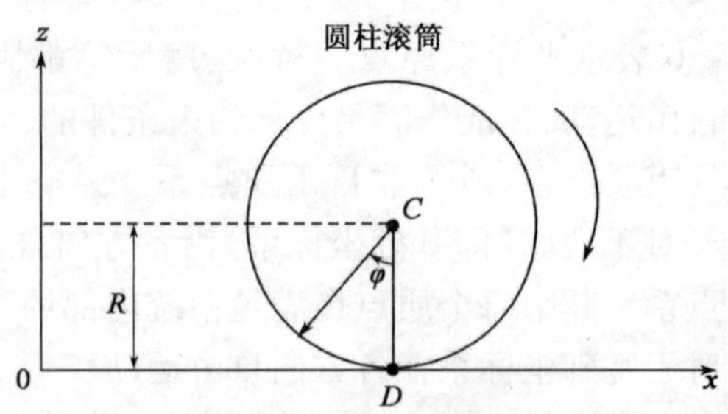

图 2-1-3　圆柱筒水平滚动

(2)根据约束方程是否显含时间变量分为稳定(定常)约束和非稳定(非定常)约束:

稳定约束——约束方程不显含时间变量 t,式(2-1-1)、式(2-1-2)与式(2-1-3)表示的约束

均为稳定约束。

设力学体系由 l 个质点组成，稳定约束方程一般表达式为

$$f_c(\boldsymbol{r}_1,\cdots,\boldsymbol{r}_l,\dot{\boldsymbol{r}}_1,\cdots,\dot{\boldsymbol{r}}_l)=0$$

或
$$f_c(x_1,y_1,z_1,\cdots,x_l,y_l,z_l,\dot{x}_1,\dot{y}_1,\dot{z}_1,\cdots,\dot{x}_l,\dot{y}_l,\dot{z}_l)=0 \tag{2-1-4}$$

式中：　$\boldsymbol{r}_i$——第 i 个质点的位置矢量；

$\dot{\boldsymbol{r}}_i$——第 i 个质点的速度矢量；

(x_i,y_i,z_i)——基础坐标系下的第 i 个质点的坐标分量；

$(\dot{x}_i,\dot{y}_i,\dot{z}_i)$——基础坐标系下的第 i 个质点的速度分量，$i=1,2,\cdots,l$。

非稳定约束——约束方程显含时间变量 t，例如图 2-1-5 所示平面摆的悬支点 j 按 $y_0=a\sin\omega t$ 正弦模式沿铅垂方向上下运动，则质点 m 的约束方程为

$$x^2+(y-a\sin\omega t)^2=l^2 \tag{2-1-5}$$

非稳定约束的一般表达式为

$$f_c(\boldsymbol{r}_1,\cdots,\boldsymbol{r}_l,\dot{\boldsymbol{r}}_1,\cdots,\dot{\boldsymbol{r}}_l,t)=0$$

或
$$f_c(x_1,y_1,z_1,\cdots,x_l,y_l,z_l,\dot{x}_1,\dot{y}_1,\dot{z}_1,\cdots,\dot{x}_l,\dot{y}_l,\dot{z}_l,t)=0 \tag{2-1-6}$$

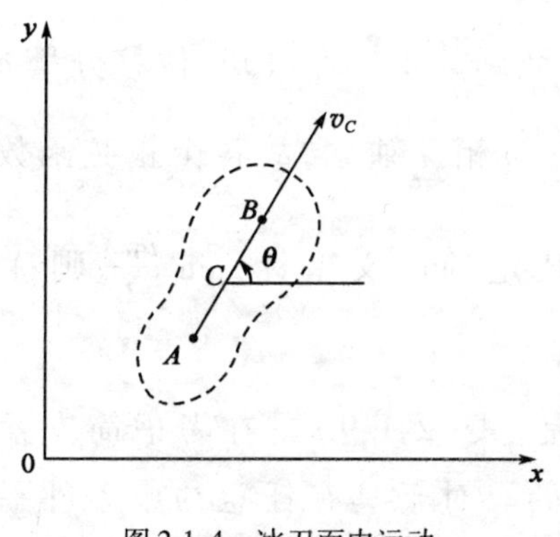

图 2-1-4　冰刀面内运动

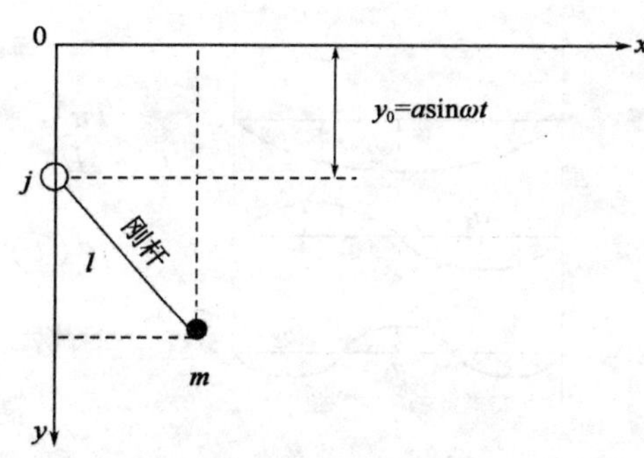

图 2-1-5　作垂向运动的单摆

(3)根据约束方程是否显含质点速度项分为完整约束和非完整约束：

完整约束——几何约束和可积分的运动约束称为完整约束，其约束方程不包含坐标对时间的导数（速度分量）。其一般表示式为

$$f_c(\boldsymbol{r}_1,\cdots,\boldsymbol{r}_l,t)=0$$

或
$$f_c(x_1,y_1,z_1,\cdots,x_l,y_l,z_l,t)=0 \tag{2-1-7}$$

非完整约束——不可积分的运动约束称为非完整约束，其约束方程包含坐标对时间 t 的导数。其一般表示式为

$$f_c(\boldsymbol{r}_1,\cdots,\boldsymbol{r}_l,\dot{\boldsymbol{r}}_1,\cdots,\dot{\boldsymbol{r}}_l,t)=0$$

或 $$f_c(x_1, y_1, z_1, \cdots, x_l, y_l, z_l, \dot{x}_1, \dot{y}_1, \dot{z}_1, \cdots, \dot{x}_l, \dot{y}_l, \dot{z}_l, t) = 0 \tag{2-1-8}$$

如前所述,图 2-1-3 圆柱筒水平滚动的约束均为完整约束。图 2-1-4 所示冰面上运动的冰刀对应运动约束方程不可积分,属于非完整约束。因此,如果给定了一个含有质点速度的约束方程,那么就应当研究是否可以通过该方程对时间的积分得到式(2-1-7)形式的方程。若这是可以的,则约束是完整的。反之就是非完整约束。

所有约束均为完整约束的质点系称为完整系统,只要存在一个或一个以上非完整约束的质点系称为非完整系统。

3. 广义坐标与自由度

完全描述系统振动位形的独立变量称为广义坐标。例如,考虑图 2-1-6 中梁在铅垂面内振动,梁截面的竖向挠度 $V(X,t)$ 决定梁竖向振动位形,但它不是广义坐标,原因是相邻截面的挠度必须是连续的。因此各个截面的挠度不是可以独立改变的量,所以不能直接用挠度作为系统广义坐标。

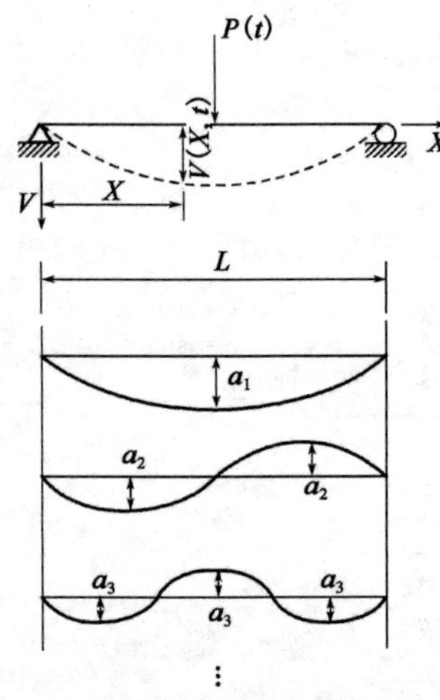

图 2-1-6　简支梁竖向振动位形描述

根据简支梁的边界约束条件,梁的振动位形可用傅立叶级数展成

$$V(X,t) = \sum_{i=1}^{\infty} a_i(t) \sin \frac{i\pi X}{L} \tag{2-1-9}$$

其中,由各正弦函数正交性可知,位移分量 $a_i(t)\sin\frac{i\pi X}{L}$,$(i=1,2,3,\cdots)$ 相互独立,故各个正弦函数的幅值 $a_i(t)$ 可以作为待定的广义坐标,$\sin\frac{i\pi X}{L}$ 则称为振型函数。

需要注意的是,式(2-1-9)是在考虑简支梁边界条件的基础上建立的。对于具有任意约束条件平面梁的振动位形宜用有限元法描述,将全梁分成 n 个单元,N 个节点[如图 2-1-7a)所示],梁单元的振动位移 $v(x,t)$ 由节点竖向位移 v 及节点截面转角 v' $\left[v' = \frac{\partial v}{\partial x}\right.$,如图 2-1-7b)所示$\left.\right]$通过单元形函数插值得到,故有

$$v(x,t) = \boldsymbol{N}\boldsymbol{q}_e \tag{2-1-10}$$

式中:$\boldsymbol{q}_e = \{v_i(t) \quad v_i'(t) \quad v_j(t) \quad v_j'(t)\}^{\mathrm{T}}$——单元节点位移列向量;

$\boldsymbol{N} = \{N_1(x) \quad N_2(x) \quad N_3(x) \quad N_4(x)\}$——单元形函数矩阵。

形函数 $N_1(x)$、$N_2(x)$、$N_3(x)$ 和 $N_4(x)$ 的物理意义如图 2-1-8 所示。

由图 2-1-8 可知,节点竖向位移和转角所引起的梁位移是相互独立的,故梁各节点位移参

数 $v_i(t)$、$v_i'(t)$ $(i=1,2,\cdots,N)$ 可选为广义坐标，它们的意义类似于图 2-1-6 中的 a_i，只是这里以单元为研究对象，而不是全梁，适用于任意截面及支承条件的平面梁结构振动分析。式 (2-1-10) 中平面梁单元形函数解析表达式见 2.8 节。

任一时刻，在约束许可的条件下，能自由变化的独立变量的数目，称为体系的自由度，常以 n 表示。对于具有完整约束的体系，自由度 n 与广义坐标数相等。有的文献上说：自由度的数目等于为了完全确定体系形状所必需的独立坐标数目。显然这是针对完整体系说的。下面给出完整体系广义坐标数的计算方法，假设约束数为 k_1，体系质点数为 l，质点（节点）自由度数为 n_0，则体系的自由度数 $n=n_0l-k_1$。

例如，由图 2-1-7 所示简支梁端部约束条件知，竖向位移 $v_1(t)$ 和 $v_N(t)$ 均为零，两者是几何约束方程，具有 N 个节点的平面梁竖向振动自由度数为 $n=2N-2$。

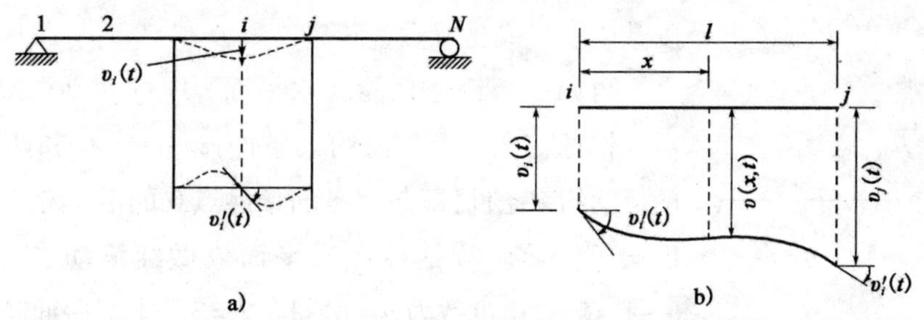

图 2-1-7　平面梁单元挠曲位移模型

a) 单元划分示意图；b) 单元位移模型

又如，考虑图 2-1-9 双摆的平面内运动。体系几何约束方程为 $x_1^2+y_1^2=l_1^2$，$(x_2-x_1)^2+(y_2-y_1)^2=l_2^2$。体系质点数 $l=2$，故自由度数 $n=2l-2=2$。因此，可从集中质量的位置坐标对 (x_1,y_1) 及 (x_2,y_2) 中各任选 1 个坐标作为描述双摆运动构型的广义坐标，可确保广义坐标的独立性。再次说明广义坐标不是唯一确定的。

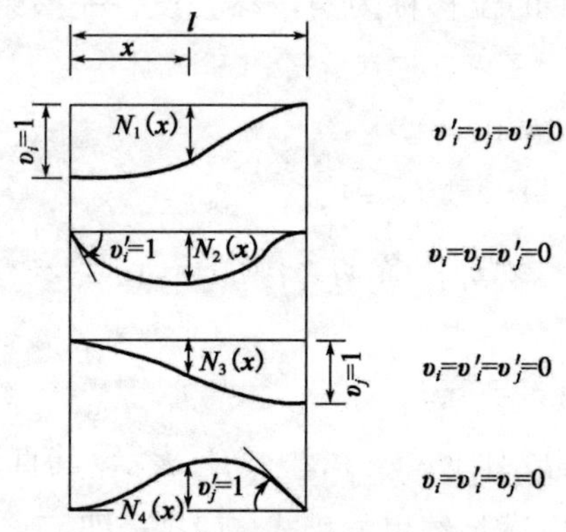

图 2-1-8　平面梁单元位移形函数

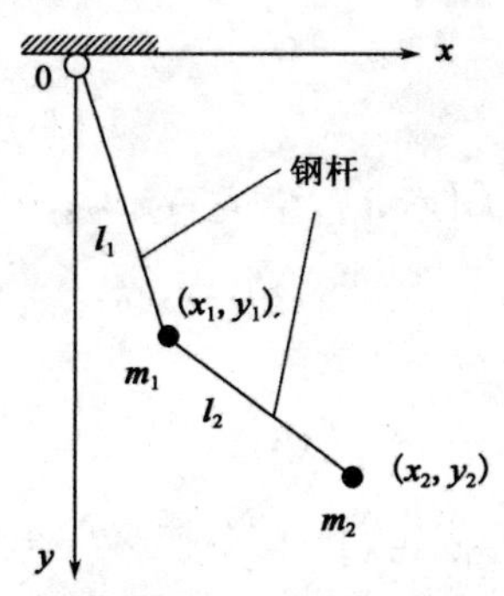

图 2-1-9　双摆面内运动

对于非完整系统,设体系的完整约束数为 k_1,非完整约束数为 k_2,因为非完整约束还限制质点的速度,使有些广义坐标在固定时刻 t 不能自由变更,故此时非完整体系广义坐标仍为 n_0l-k_1,体系自由度数为 $n=n_0l-k_1-k_2$。

仍以前述冰刀面内运动为例(图 2-1-4),杆 AB 在平面上的运动可用 3 个坐标来描述,取质心 C 的坐标 x_C、y_C 和杆 AB 的方向角 θ 为体系相互独立的坐标,故体系广义坐标数为 3,而根据体系非完整约束条件可知,体系质心速度分量应满足下面关系式

$$\dot{x}_C\sin\theta-\dot{y}_C\cos\theta=0$$

从而当固定时间,满足体系约束条件的虚位移 δx_C、δy_C 应满足关系式

$$\delta x_C\sin\theta-\delta y_C\cos\theta=0$$

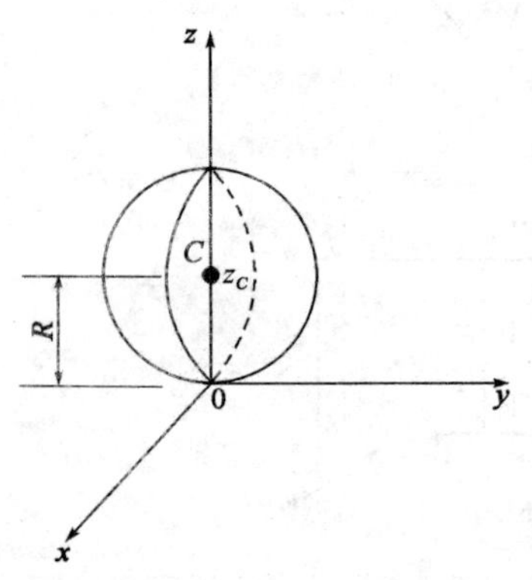

图 2-1-10　圆球在水平面内的滚动

这样,三个广义坐标 x_C、y_C 和 θ 虽是独立的,但虚位移 δx_C 和 δy_C 存在一个约束条件,故系统的自由度为 $n=3-1=2$。自由度数少于广义坐标数。

再如一个钢球只能在水平面 $x0y$ 内滚动,如图 2-1-10 所示。钢球存在一个几何约束条件:$z_C-R=0$ 和两个不可积分的运动约束条件:即与水平面接触点 0 的沿 x 和 y 方向瞬时速度均等于零。故钢球在水平面内做纯滚动,广义坐标数为 $6-1=5$,自由度数为 $n=6-1-2=3$。本书后面各章节主要针对完整系统展开论述,关于非完整系统的详细内容见文献[12]。

2.2　系统的实位移、可能位移与虚位移

当一个包含 l 个质点的非自由系统在某一初始条件下运动,其内各质点的位置矢量 $\boldsymbol{r}_i(i=1,2,\cdots,l)$ 既满足动力学微分方程和初始条件,又满足所有约束方程,称此种运动为真实运动,意为实际上发生的运动。在真实运动中各质点所产生的位移称为实位移。设一完整系统,其约束方程为

$$f_c(\boldsymbol{r}_1,\boldsymbol{r}_2,\cdots,\boldsymbol{r}_l,t)=0$$

或
$$f_c(x_1,y_1,z_1,x_2,y_2,z_2,\cdots,x_l,y_l,z_l,t)=0\qquad(c=1,2,\cdots,s)\tag{2-2-1}$$

出于简化,用 $x_1,x_2,x_3,x_4,x_5,x_6,\cdots,x_{3l-2},x_{3l-1},x_{3l}$ 分别代替 $x_1,y_1,z_1,x_2,y_2,z_2,\cdots,x_l,y_l,z_l$,式(2-2-1)可改写为

$$f_c(x_1,x_2,\cdots,x_{3l},t)=0\qquad(c=1,2,\cdots,s)\tag{2-2-2}$$

假定时间由 t 变化到 $t+\mathrm{d}t$,质点产生的微小实位移用 $\mathrm{d}\boldsymbol{r}_i(i=1,2,\cdots,l)$ 表示[其直角坐标形式可表示为 $\mathrm{d}x_i(i=1,2,\cdots,3l)$],位移后的系统也应满足约束方程式(2-2-2),即

$$f_c(x_1+\mathrm{d}x_1,x_2+\mathrm{d}x_2,\cdots,x_{3l}+\mathrm{d}x_{3l},t+\mathrm{d}t)=0$$

将上式按泰勒级数展开,略去二阶及以上微分项得

$$f_c(x_1 + \mathrm{d}x_1, x_2 + \mathrm{d}x_2, \cdots, x_{3l} + \mathrm{d}x_{3l}, t + \mathrm{d}t)$$
$$= f_c(x_1, x_2, \cdots, x_{3l}, t) + \frac{\partial f_c}{\partial x_1}\mathrm{d}x_1 + \frac{\partial f_c}{\partial x_2}\mathrm{d}x_2 + \cdots + \frac{\partial f_c}{\partial x_{3l}}\mathrm{d}x_{3l} + \frac{\partial f_c}{\partial t}\mathrm{d}t = 0$$

应用式(2-2-2),得到

$$\frac{\partial f_c}{\partial x_1}\mathrm{d}x_1 + \frac{\partial f_c}{\partial x_2}\mathrm{d}x_2 + \cdots + \frac{\partial f_c}{\partial x_{3l}}\mathrm{d}x_{3l} + \frac{\partial f_c}{\partial t}\mathrm{d}t = 0$$

或简写为

$$\sum_{i=1}^{3l} \frac{\partial f_c}{\partial x_i}\mathrm{d}x_i + \frac{\partial f_c}{\partial t}\mathrm{d}t = 0 \qquad (c = 1, 2, \cdots, s) \tag{2-2-3}$$

对于稳定约束情况,f_c 不显含时间 t,故有

$$\sum_{i=1}^{3l} \frac{\partial f_c}{\partial x_i}\mathrm{d}x_i = 0 \qquad (c = 1, 2, \cdots, s) \tag{2-2-4}$$

只满足式(2-2-3)或式(2-2-4)的无穷小的位移称为可能位移。由于不要求可能位移满足动力学方程和初始条件,只需满足约束方程,故它不唯一。显然实位移因其满足约束条件,所以也是可能位移,它是许多可能位移中的一个。又因为实位移要同时满足动力学微分方程和初始条件,所以它只有唯一解。

例如,一质点 m 被约束在一个半径为 R 固定的球面上运动(图 2-2-1),其约束方程为

$$x^2 + y^2 + z^2 = R^2$$

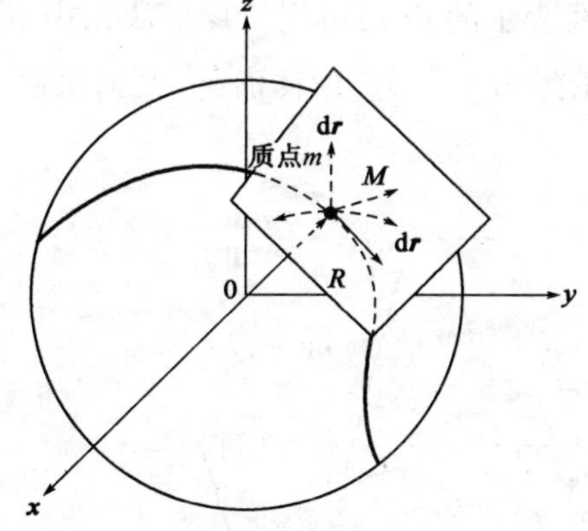

图 2-2-1　实位移、可能位移示意图

假定质点运动 $\mathrm{d}t$ 且 $\mathrm{d}t \to 0$ 时,应满足 $x\mathrm{d}x + y\mathrm{d}y + z\mathrm{d}z = 0$ 或 $\boldsymbol{r} \cdot \mathrm{d}\boldsymbol{r} = 0$

可见,满足上述方程的 $\mathrm{d}\boldsymbol{r}$ 或 $\mathrm{d}x$、$\mathrm{d}y$、$\mathrm{d}z$ 有无数多个,它们就是在球面上 M 点(x, y, z)处切平面上的任意矢量 $\mathrm{d}\boldsymbol{r}$(图中画出 5 个),这些都是可能位移。而质点 m 的实位移既要满足约束条件又要满足动力学方程和初始条件,所以只有在球面 M 点处切平面上并与 M 点真实轨迹相切的那一个位移(图中用实线表示)才是实位移。显然它只是可能位移中的一个。

虚位移是在某固定时刻体系在约束许可情况下假想的微小位移,记为 $\delta\boldsymbol{r}_i (i = 1, 2, \cdots, l)$ 或 $\delta x_i (i = 1, 2, \cdots, 3l)$。根据虚位移与自由度的概念可知,体系独立的虚位移数等于其自由度数,也等于其独立的运动方程数。在某固定时刻 t,系统发生虚位移 $\delta x_i (i = 1, 2, \cdots, 3l)$ 后,系统也应满足约束方程式(2-2-2),即

$$f_c(x_1 + \delta x_1, x_2 + \delta x_2, \cdots, x_{3l} + \delta x_{3l}, t) = 0$$

将上式按泰勒级数展开,略去二阶及以上微分项得

$$f_c(x_1+\delta x_1,x_2+\delta x_2,\cdots,x_{3l}+\delta x_{3l},t)$$
$$=f_c(x_1,x_2,\cdots,x_{3l},t)+\frac{\partial f_c}{\partial x_1}\delta x_1+\frac{\partial f_c}{\partial x_2}\delta x_2+\cdots+\frac{\partial f_c}{\partial x_{3l}}\delta x_{3l}=0$$

应用式(2-2-2),得到

$$\frac{\partial f_c}{\partial x_1}\delta x_1+\frac{\partial f_c}{\partial x_2}\delta x_2+\cdots+\frac{\partial f_c}{\partial x_{3l}}\delta x_{3l}=0$$

或简写为

$$\sum_{i=1}^{3l}\frac{\partial f_c}{\partial x_i}\delta x_i=0 \qquad (c=1,2,\cdots,s) \tag{2-2-5}$$

比较式(2-2-3)和式(2-2-5)可知,δx_i 和 $\mathrm{d}x_i$ 所满足的方程不相同。前者是与时间无关,而后者是与时间有关。在非稳定约束情况下,因约束是随时间而变动,某一时刻的虚位移,可以把约束在该时刻加以"冻结",在其约束允许条件下的位移,即为质点的虚位移。因此,它不一定是可能位移,更不一定是实位移。

例如,质点 m 在水平面上做曲线运动[图 2-2-2a)],水平面若是固定的,即为稳定约束。质点 m 的实位移是在水平面上,且在 M 点的切线方位,其指向也可以确定(用实线表示的 $\mathrm{d}\boldsymbol{r}$)。而可能位移是在水平面上,过 M 点的任意方向上的位移(用虚线表示的 $\mathrm{d}\boldsymbol{r}$),它是无数多个。虚位移与可能位移一样是在水平面上,过 M 点的任意方向上的位移(用虚线表示的 $\delta\boldsymbol{r}$),也是无数多个。

水平面若以匀速率 v 做上升运动[图 2-2-2b)],这是非稳定约束,此时质点 m 的实位移是从 t 瞬时平面 I 上 M 点到 $t+\mathrm{d}t$ 瞬时平面 II 上 M' 点(用实线表示的 $\mathrm{d}\boldsymbol{r}$),可能位移是从 t 瞬时平面 I 上 M 点到 $t+\mathrm{d}t$ 瞬时平面 II 上任意一点(用虚线表示的 $\mathrm{d}\boldsymbol{r}$)。而虚位移仍在 t 瞬时平面 I 上,可取为 M 点任意方向上的位移(用虚线表示的 $\delta\boldsymbol{r}$)。

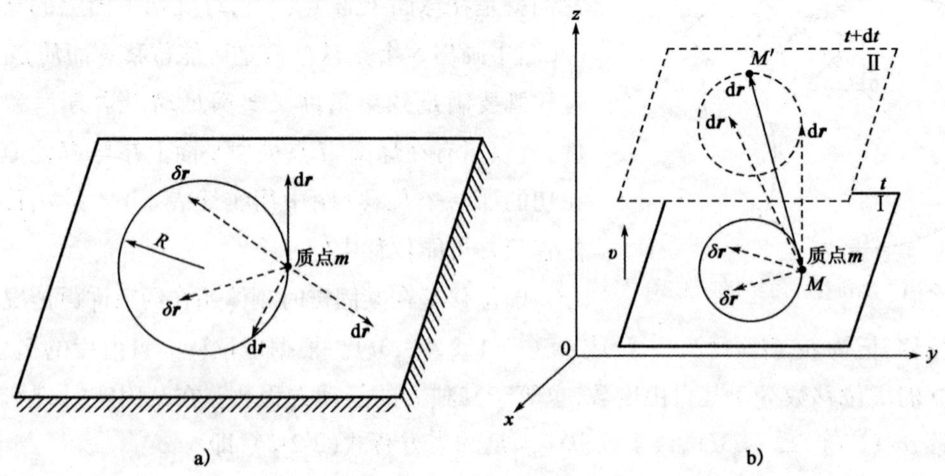

图 2-2-2 实位移、可能位移及虚位移示意图

a)稳定约束;b)非稳定约束

2.3 广 义 力

设一个由 l 个质点组成的完整约束系统,受到 s 个完整约束,系统的自由度 $n=3l-s$,系统的位置可用 n 个广义坐标 $q_1,q_2,\cdots,q_n$ 确定。任一质点 $m_k(k=1,2,\cdots,l)$ 的空间位置 $\boldsymbol{r}_k$ 可表示为广义坐标 $q_1,q_2,\cdots,q_n$ 和时间 t 的函数,即

$$\boldsymbol{r}_k=\boldsymbol{r}_k(q_1,q_2,\cdots,q_n,t)$$

若约束为稳定约束,则上式可表示为

$$\boldsymbol{r}_k=\boldsymbol{r}_k(q_1,q_2,\cdots,q_n) \tag{2-3-1}$$

由于描述系统位置的广义坐标彼此独立,故它们可以独立变化。其中每一个广义坐标的变分就相当于系统的一个独立虚位移。因此,各个质点的虚位移 $\delta\boldsymbol{r}_k$ 可以表示为各独立虚位移 $\delta q_1,\delta q_2,\cdots,\delta q_n$ 的函数。对式(2-3-1)进行变分可得

$$\delta\boldsymbol{r}_k=\sum_{m=1}^{n}\frac{\partial\boldsymbol{r}_k}{\partial q_m}\delta q_m \tag{2-3-2}$$

设质点 m_k 所受力为 $\boldsymbol{F}_k$,于是在虚位移 $\delta\boldsymbol{r}_k$ 上所做虚功为

$$\delta W_k=\boldsymbol{F}_k\cdot\delta\boldsymbol{r}_k \tag{2-3-3}$$

将式(2-3-2)代入式(2-3-3)有

$$\delta W_k=\boldsymbol{F}_k\cdot\sum_{m=1}^{n}\frac{\partial\boldsymbol{r}_k}{\partial q_m}\delta q_m=\sum_{m=1}^{n}\boldsymbol{F}_k\cdot\frac{\partial\boldsymbol{r}_k}{\partial q_m}\delta q_m \tag{2-3-4}$$

质点系的虚功为

$$\delta W=\sum_{k=1}^{l}\sum_{m=1}^{n}\boldsymbol{F}_k\cdot\frac{\partial\boldsymbol{r}_k}{\partial q_m}\delta q_m=\sum_{m=1}^{n}\sum_{k=1}^{l}\boldsymbol{F}_k\cdot\frac{\partial\boldsymbol{r}_k}{\partial q_m}\delta q_m\equiv\sum_{m=1}^{n}Q_m\delta q_m \tag{2-3-5}$$

定义

$$Q_m=\sum_{k=1}^{l}\boldsymbol{F}_k\cdot\frac{\partial\boldsymbol{r}_k}{\partial q_m} \tag{2-3-6}$$

Q_m 为对应于广义坐标 q_m 的广义力。对于质点系而言,$\boldsymbol{F}_k$ 代表作用于该系统的外力与内力。当系统内力所做虚功之和为零时(如理想约束系统),只需考虑外力虚功。由式(2-3-5)可以求出对应于各广义坐标的广义力。此外,也可以用以下方法计算广义力。

(1)式(2-3-6)写成投影形式:

$$Q_m=\sum_{k=1}^{l}\left(F_{kx}\frac{\partial x_k}{\partial q_m}+F_{ky}\frac{\partial y_k}{\partial q_m}+F_{kz}\frac{\partial z_k}{\partial q_m}\right) \tag{2-3-7}$$

式中:$\boldsymbol{F}_{kx}$、$\boldsymbol{F}_{ky}$、$\boldsymbol{F}_{kz}$——质点 m_k 所受力 $\boldsymbol{F}_k$ 在 x、y、z 轴上的投影;

x_k、y_k、z_k——m_k 的位置坐标。当 x_k、y_k、z_k 可容易表示为广义坐标的函数时,由式(2-3-7)求 Q_m 很方便。

(2)由于各广义坐标是相互独立的,可以令 δq_m 不为零,其余广义虚位移均为零,此时系统对 δq_m 的虚功为 δW_m,则 q_m 对应的广义力可按下式计算:

$$Q_m = \frac{\delta W_m}{\delta q_m} \tag{2-3-8}$$

在以上论述中,当 $\boldsymbol{F}_k(k=1,2,\cdots,l)$ 包含作用在质点系所有力(包括系统外力与内力)时,Q_m 为所有作用力对应于广义坐标 q_m 的广义力,此时可以得出广义力形式的平衡方程

$$Q_m = 0 \quad (m = 1,2,\cdots,n) \tag{2-3-9}$$

当 $\boldsymbol{F}_k(k=1,2,\cdots,l)$ 仅包含作用在质点系部分力时,Q_m 为该部分作用力对应于广义坐标 q_m 的广义力。例如,在 2.5 节拉格朗日方程(2-5-11)中的广义力是除惯性力外其他作用力对应的那部分广义力。

【例 2-1】 图 2-3-1 所示的双摆系统,P_1 和 P_2 为作用于质点 m_1 和 m_2 上的外力。广义坐标选择 φ_1 和 φ_2,求作用力 P_1 和 P_2 对应的广义力。

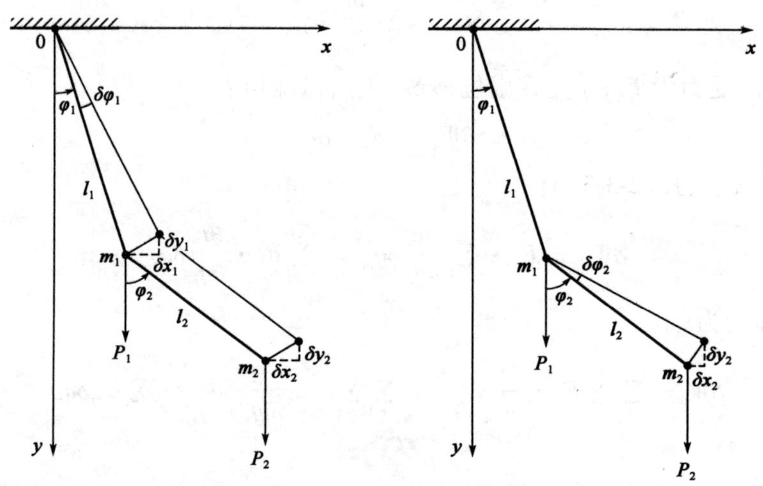

图 2-3-1 双摆系统广义力计算图式

解:方法一

$$F_{1x} = F_{2x} = F_{1z} = F_{2z} = 0, F_{1y} = P_1, F_{2y} = P_2$$

由于 F_{1x}、F_{2x}、F_{1z}、F_{2z} 为零。因此,只需写出由广义坐标 φ_1 和 φ_2 表达的 y_1 和 y_2 即可,即

$$y_1 = l_1\cos\varphi_1$$

$$y_2 = l_1\cos\varphi_1 + l_2\cos\varphi_2$$

$$\frac{\partial y_1}{\partial \varphi_1} = -l_1\sin\varphi_1, \frac{\partial y_1}{\partial \varphi_2} = 0$$

$$\frac{\partial y_2}{\partial \varphi_1} = -l_1\sin\varphi_1, \frac{\partial y_2}{\partial \varphi_2} = -l_2\sin\varphi_2$$

于是有

$$Q_1 = F_{1y}\frac{\partial y_1}{\partial \varphi_1} + F_{2y}\frac{\partial y_2}{\partial \varphi_1} = -(P_1 + P_2)l_1\sin\varphi_1$$

$$Q_2 = F_{1y}\frac{\partial y_1}{\partial \varphi_2} + F_{2y}\frac{\partial y_2}{\partial \varphi_2} = -P_2 l_2\sin\varphi_2$$

方法二

先令 $\delta\varphi_1$ 不等于零，$\delta\varphi_2$ 等于零，相应直角坐标系下虚位移为

$$\delta x_1 = l_1\delta\varphi_1\cos\varphi_1, \delta y_1 = -l_1\delta\varphi_1\sin\varphi_1$$

$$\delta x_2 = l_1\delta\varphi_1\cos\varphi_1, \delta y_2 = -l_1\delta\varphi_1\sin\varphi_1$$

质点系作用力 P_1 和 P_2 对 $\delta\varphi_1$ 的虚功为

$$\delta W_1 = P_1\delta y_1 + P_2\delta y_2 = -P_1 l_1\delta\varphi_1\sin\varphi_1 - P_2 l_1\delta\varphi_1\sin\varphi_1$$

将其代入式(2-3-8)可求得

$$Q_1 = -(P_1 + P_2)l_1\sin\varphi_1$$

再令 $\delta\varphi_2$ 不等于零，$\delta\varphi_1$ 等于零，相应直角坐标系下虚位移为

$$\delta x_1 = 0, \delta y_1 = 0$$

$$\delta x_2 = l_2\delta\varphi_2\cos\varphi_2, \delta y_2 = -l_2\delta\varphi_2\sin\varphi_2$$

质点系作用力 P_1 和 P_2 对 $\delta\varphi_2$ 的虚功为

$$\delta W_2 = P_1\delta y_1 + P_2\delta y_2 = -P_2 l_2\delta\varphi_2\sin\varphi_2$$

相应可得

$$Q_2 = -P_2 l_2\sin\varphi_2$$

【例2-2】 图2-3-2所示的弹簧—质量系统，P_1、P_2 为分别作用于质点 m_1、m_2 上的外力，广义坐标选为 v_1、v_2，求解作用于系统所有力对应的广义力。

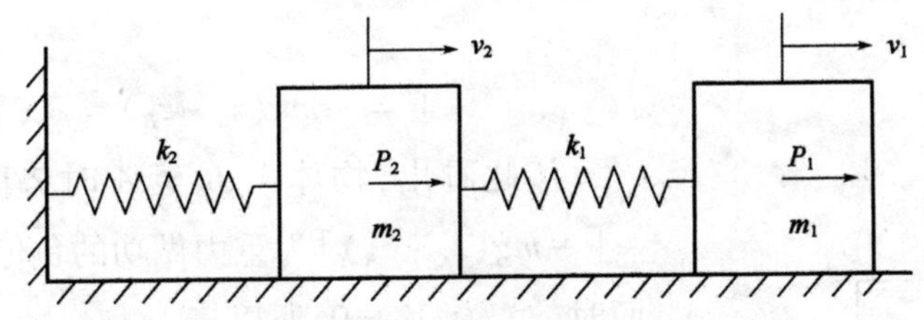

图2-3-2 多质量—弹簧系统广义力计算图式

解：当系统产生一定的虚位移 δv_1 与 δv_2 时，作用于系统的外力和内力所做虚功如下：

(1)外力 P_1、P_2 所做的虚功为：$P_1\delta v_1 + P_2\delta v_2$。

(2)弹簧 k_1 分别作用于 m_1、m_2 的力 $k_1(v_1 - v_2)$ 为一组系统内力，这组内力对 m_1、m_2 所做虚功为：$-k_1(v_1 - v_2)\delta v_1 + k_1(v_1 - v_2)\delta v_2$。

(3)假想将弹簧 k_2 切除，弹簧 k_2 作用于 m_2 的弹性力 $k_2 v_2$ 可视为外力，该力所做虚功为：

$-k_2v_2\delta v_2$。

综合得到所有力的总虚功为

$$\begin{aligned}\delta W &= P_1\delta v_1 + P_2\delta v_2 - k_1(v_1 - v_2)\delta v_1 + k_1(v_1 - v_2)\delta v_2 - k_2v_2\delta v_2 \\ &= (P_1 - k_1v_1 + k_1v_2)\delta v_1 + (P_2 + k_1v_1 - k_1v_2 - k_2v_2)\delta v_2\end{aligned}$$

由式(2-3-5)可得

$$Q_1 = P_1 - k_1v_1 + k_1v_2, Q_2 = P_2 + k_1v_1 - k_1v_2 - k_2v_2$$

Q_1、Q_2 分别为系统所有作用力对应于广义坐标 v_1、v_2 的广义力。

$Q_1 = 0, Q_2 = 0$ 即为广义力形式的平衡方程。

若该系统为动力系统,系统广义坐标 v_1、v_2 随时间变化,在以上推导基础上,补充惯性力所做虚功:$-m_1\ddot{v}_1\delta v_1 - m_2\ddot{v}_2\delta v_2$。此时作用于该动力系统所有力所做总虚功为:

$$\begin{aligned}\delta W &= P_1\delta v_1 + P_2\delta v_2 - k_1(v_1 - v_2)\delta v_1 + k_1(v_1 - v_2)\delta v_2 - k_2v_2\delta v_2 - m_1\ddot{v}_1\delta v_1 - m_2\ddot{v}_2\delta v_2 \\ &= (P_1 - k_1v_1 + k_1v_2 - m_1\ddot{v}_1)\delta v_1 + (P_2 + k_1v_1 - k_1v_2 - k_2v_2 - m_2\ddot{v}_2)\delta v_2\end{aligned}$$

同样,由式(2-3-5)可得

$$Q_1 = P_1 - k_1v_1 + k_1v_2 - m_1\ddot{v}_1, Q_2 = P_2 + k_1v_1 - k_1v_2 - k_2v_2 - m_2\ddot{v}_2$$

Q_1、Q_2 分别为该动力系统所有作用力(包括惯性力)对应于广义坐标 v_1、v_2 的广义力。$Q_1 = 0, Q_2 = 0$ 即为广义力形式的动力平衡方程。

2.4 有势力与势能

根据机械能守恒原理,物体从某一高度自由下落时重力做功转化为物体的动能。因此,物体在此高度处具有一定的能量,称为势能。物体从高度 z 返回至参考平面时重力做的功反映物体由高度 z 处到参考平面的势能变化。例如,图 2-4-1 所示物体(质量为 m)由 B 移至 A,重力做功

$$W = -mg(z_A - z_B) = -(V_A - V_B) \tag{2-4-1}$$

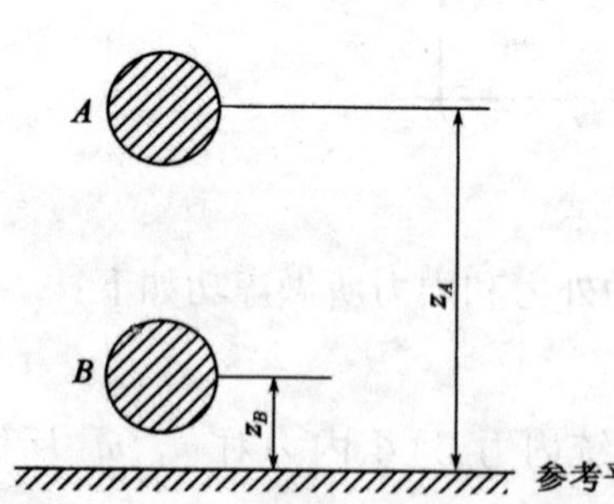

图 2-4-1 物体势能(位势)的计算

从此看出,物体由 B 至 A 时势能的变化 $V_A - V_B = -[-mg(z_A - z_B)]$ 为重力做功的负值。当 B 处于参考平面时,$z_B = 0, V_B = 0$,所以

$$V_A = -(-mgz_A) \tag{2-4-2}$$

这说明物体在 A 处的势能等于物体由参考平面至 A 处时重力做功的负值,这是计算重力势能的准则。

上述重力势能计算准则同样适用于弹性系统内力势能的计算。例如,图 2-4-2 所示弹簧刚度为 k,其在 x_2、x_1

位置的势能分别为弹性内力由零点至 x_2、x_1 做功的负值，故有

$$V_2 = -W_2 = -\left(-\frac{1}{2}kx_2^2\right), V_1 = -W_1 = -\left(-\frac{1}{2}kx_1^2\right) \tag{2-4-3}$$

式(2-4-3)中括弧内的负号是由于弹性内力作用方向与弹簧位移方向相反。因此，弹簧由位置 x_1 至 x_2 时的势能变化等于弹簧内力由 x_1 至 x_2 做功的负值。

$$V_2 - V_1 = -\left[-\frac{k}{2}(x_2^2 - x_1^2)\right] \tag{2-4-4}$$

需要注意的是，弹性力假定为位移的线性函数，故式(2-4-3)中有系数1/2；由于物体在重力作用下位移与到地心距离相比可以忽略不计，物体重力可视为常量，与其位移无关，故势能计算式(2-4-2)中无系数1/2。

上面所讲的重力与弹性力具有以下特点：

(1)力的大小和方向完全由受力物体的位置决定。

(2)物体从位置 A 移到位置 B，如图2-4-3所示，力做功只决定于初始位置 A 和终了位置 B 的状态，而与运动路径无关。

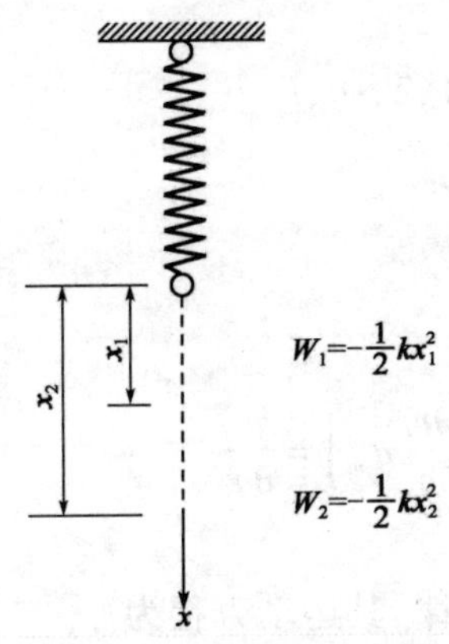

图2-4-2　弹簧弹性力做功

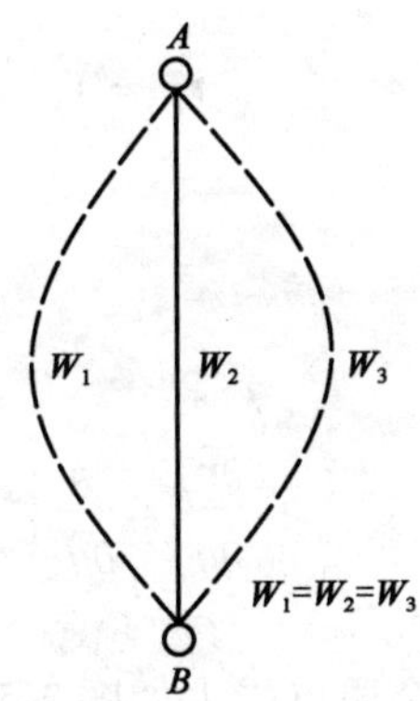

图2-4-3　有势力做功与路径无关

具有这些特点的力称为有势力，若先取体系的某一位置 B 作为体系势能的“零位置”，则任意位置 A 的势能定义为体系从位置 A 移至 B 过程中有势力做功之和。有势力做功仅与体系先后的位置有关，而与路径无关。因此，确定了体系势能的“零位置”后，体系的任意状态的势能将是质点位置的单值函数，可表示为

$$V = V(x, y, z) \tag{2-4-5}$$

函数 V 称为势函数，当体系位置发生微小变化时，体系势能的变化可表示为

$$\mathrm{d}V = -\mathrm{d}W = -(f_x\mathrm{d}x + f_y\mathrm{d}y + f_z\mathrm{d}z) \tag{2-4-6}$$

式中：f_x、f_y、f_z——有势力 $\boldsymbol{f}$ 的三个分量。

由式(2-4-6)可得到

$$f_x = -\frac{\partial V}{\partial x},\ f_y = -\frac{\partial V}{\partial y},\ f_z = -\frac{\partial V}{\partial z} \tag{2-4-7}$$

所以有势力 $\boldsymbol{f}$ 可写成

$$\boldsymbol{f} = -\nabla V \tag{2-4-8}$$

式中:∇——梯度函数,$\nabla = \left\{\frac{\partial}{\partial x} \quad \frac{\partial}{\partial y} \quad \frac{\partial}{\partial z}\right\}$。

2.5 拉格朗日方程

设质点系(质点数为 l)共有 s 个约束方程,即

$$f_c(x_1,y_1,z_1,\cdots,x_l,y_l,z_l,t) = 0 \qquad (c = 1,2,\cdots,s) \tag{2-5-1}$$

式中,$x_k = x_k(q_1,q_2,\cdots,q_n,t)$,$y_k = y_k(q_1,q_2,\cdots,q_n,t)$,$z_k = z_k(q_1,q_2,\cdots,q_n,t)$,$(k = 1,2,\cdots,l)$。

体系振动位形可用 n 个广义坐标 $q_1,q_2,\cdots,q_n$ 描述,所有质点的矢径 $\boldsymbol{r}_k$ 可以表示成广义坐标的函数,即

$$\boldsymbol{r}_k = \boldsymbol{r}_k(q_1,q_2,\cdots,q_n,t) \qquad (k = 1,2,\cdots,l)$$

故有

$$\dot{\boldsymbol{r}}_k = \frac{\mathrm{d}\boldsymbol{r}_k}{\mathrm{d}t} = \sum_{m=1}^{n}\frac{\partial \boldsymbol{r}_k}{\partial q_m}\dot{q}_m + \frac{\partial \boldsymbol{r}_k}{\partial t} \tag{2-5-2}$$

$$\frac{\partial \dot{\boldsymbol{r}}_k}{\partial \dot{q}_i} = \frac{\partial}{\partial \dot{q}_i}\left[\sum_{m=1}^{n}\frac{\partial \boldsymbol{r}_k}{\partial q_m}\dot{q}_m + \frac{\partial \boldsymbol{r}_k}{\partial t}\right] = \frac{\partial}{\partial \dot{q}_i}\left[\sum_{m=1}^{n}\frac{\partial \boldsymbol{r}_k}{\partial q_m}\dot{q}_m\right] = \frac{\partial \boldsymbol{r}_k}{\partial q_i} \tag{2-5-3}$$

体系第 k 个质点受力如图 2-5-1 所示,根据牛顿第二定律,其运动方程为

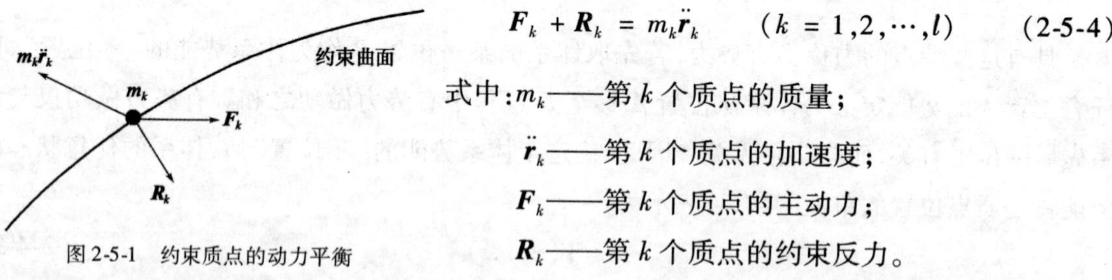

图 2-5-1 约束质点的动力平衡

$$\boldsymbol{F}_k + \boldsymbol{R}_k = m_k\ddot{\boldsymbol{r}}_k \qquad (k = 1,2,\cdots,l) \tag{2-5-4}$$

式中:m_k——第 k 个质点的质量;

$\ddot{\boldsymbol{r}}_k$——第 k 个质点的加速度;

$\boldsymbol{F}_k$——第 k 个质点的主动力;

$\boldsymbol{R}_k$——第 k 个质点的约束反力。

若体系约束为理想约束,则约束反力所做虚功为零,即 $\sum_{k=1}^{l}(\boldsymbol{R}_k \cdot \delta\boldsymbol{r}_k) = 0$。若体系约束不是理想约束,则可以将约束反力分成理想约束反力与非理想约束反力两类,前者所做虚功为零,后者可以视为作用于体系的主动力,并入到 $\boldsymbol{F}_k$ 中,这样质点运动方程的形式仍为式(2-5-4)。

体系虚功方程为

$$\sum_{k=1}^{l}(\boldsymbol{F}_k\cdot\delta\boldsymbol{r}_k-m_k\ddot{\boldsymbol{r}}_k\cdot\delta\boldsymbol{r}_k)=-\sum_{k=1}^{l}(\boldsymbol{R}_k\cdot\delta\boldsymbol{r}_k)=0 \tag{2-5-5}$$

根据前述虚位移的概念,$\delta\boldsymbol{r}_k$ 是在时间 t 不变的条件下对质点位置的变分,故

$$\delta\boldsymbol{r}_k=\sum_{i=1}^{n}\frac{\partial\boldsymbol{r}_k}{\partial q_i}\delta q_i \tag{2-5-6}$$

所以有

$$\sum_{k=1}^{l}\left[(\boldsymbol{F}_k-m_k\ddot{\boldsymbol{r}}_k)\cdot\left(\sum_{i=1}^{n}\frac{\partial\boldsymbol{r}_k}{\partial q_i}\delta q_i\right)\right]=0$$

调换求和次序,得

$$\sum_{i=1}^{n}\left[\delta q_i\sum_{k=1}^{l}(\boldsymbol{F}_k-m_k\ddot{\boldsymbol{r}}_k)\cdot\frac{\partial\boldsymbol{r}_k}{\partial q_i}\right]=0$$

因 δq_i 是独立的和任意的,故每个 δq_i 的系数为零

$$\sum_{k=1}^{l}(\boldsymbol{F}_k-m_k\ddot{\boldsymbol{r}}_k)\cdot\frac{\partial\boldsymbol{r}_k}{\partial q_i}=0 \tag{2-5-7}$$

或

$$\sum_{k=1}^{l}\left(m_k\ddot{\boldsymbol{r}}_k\cdot\frac{\partial\boldsymbol{r}_k}{\partial q_i}\right)=\sum_{k=1}^{l}\left(\boldsymbol{F}_k\cdot\frac{\partial\boldsymbol{r}_k}{\partial q_i}\right) \tag{2-5-8}$$

体系动能可表示为 $T=\frac{1}{2}\sum_{k=1}^{l}(m_k\dot{\boldsymbol{r}}_k\cdot\dot{\boldsymbol{r}}_k)$,考虑式(2-5-2)与式(2-5-3),可以得到

$$\frac{\partial T}{\partial q_i}=\sum_{k=1}^{l}\left[m_k\dot{\boldsymbol{r}}_k\cdot\frac{\partial\dot{\boldsymbol{r}}_k}{\partial q_i}\right]=\sum_{k=1}^{l}\left[m_k\dot{\boldsymbol{r}}_k\cdot\left(\sum_{m=1}^{n}\frac{\partial^2\boldsymbol{r}_k}{\partial q_i\partial q_m}\dot{q}_m+\frac{\partial^2\boldsymbol{r}_k}{\partial q_i\partial t}\right)\right]$$

$$\frac{\partial T}{\partial\dot{q}_i}=\sum_{k=1}^{l}\left(m_k\dot{\boldsymbol{r}}_k\cdot\frac{\partial\dot{\boldsymbol{r}}_k}{\partial\dot{q}_i}\right)=\sum_{k=1}^{l}\left(m_k\dot{\boldsymbol{r}}_k\cdot\frac{\partial\boldsymbol{r}_k}{\partial q_i}\right)$$

$$\begin{aligned}\frac{\mathrm{d}}{\mathrm{d}t}\left(\frac{\partial T}{\partial\dot{q}_i}\right)&=\frac{\mathrm{d}}{\mathrm{d}t}\left[\sum_{k=1}^{l}\left(m_k\dot{\boldsymbol{r}}_k\cdot\frac{\partial\boldsymbol{r}_k}{\partial q_i}\right)\right]\\&=\sum_{k=1}^{l}\left(m_k\ddot{\boldsymbol{r}}_k\cdot\frac{\partial\boldsymbol{r}_k}{\partial q_i}\right)+\sum_{k=1}^{l}\left[m_k\dot{\boldsymbol{r}}_k\cdot\frac{\mathrm{d}}{\mathrm{d}t}\left(\frac{\partial\boldsymbol{r}_k}{\partial q_i}\right)\right]\\&=\sum_{k=1}^{l}\left(m_k\ddot{\boldsymbol{r}}_k\cdot\frac{\partial\boldsymbol{r}_k}{\partial q_i}\right)+\sum_{k=1}^{l}\left[m_k\dot{\boldsymbol{r}}_k\cdot\left(\sum_{m=1}^{l}\frac{\partial^2\boldsymbol{r}_k}{\partial q_i\partial q_m}\dot{q}_m+\frac{\partial^2\boldsymbol{r}_k}{\partial q_i\partial t}\right)\right]\end{aligned}$$

所以

$$\sum_{k=1}^{l}\left(m_k\ddot{\boldsymbol{r}}_k\cdot\frac{\partial\boldsymbol{r}_k}{\partial q_i}\right)=\frac{\mathrm{d}}{\mathrm{d}t}\left(\frac{\partial T}{\partial\dot{q}_i}\right)-\frac{\partial T}{\partial q_i} \tag{2-5-9}$$

令 $\sum_{k=1}^{l}(\boldsymbol{F}_k\cdot\delta\boldsymbol{r}_k)=\sum_{m=1}^{n}Q_m\delta q_m$,当虚位移 δq_i 不为零,其他虚位移为零,并考虑式(2-5-6),可以得到

$$Q_i=\sum_{k=1}^{l}\left(\boldsymbol{F}_k\cdot\frac{\partial\boldsymbol{r}_k}{\partial q_i}\right) \tag{2-5-10}$$

将式(2-5-9)与式(2-5-10)代入式(2-5-8)可得出拉格朗日方程

$$\frac{\mathrm{d}}{\mathrm{d}t}\left(\frac{\partial T}{\partial \dot{q}_i}\right)-\frac{\partial T}{\partial q_i}=Q_i \qquad (i=1,2,\cdots,n) \tag{2-5-11}$$

式中:Q_i——作用于体系的主动力(也包括非理想约束反力)对应于广义坐标 q_i 的广义力。考虑到约束反力(仅包括理想约束反力)的虚功为零,其对应的广义力为零, Q_i 也可理解为主动力与约束反力对应的广义力,是除惯性力外其他作用力对应广义力。

从式(2-5-9)也可以看出,$\frac{\mathrm{d}}{\mathrm{d}t}\left(\frac{\partial T}{\partial \dot{q}_i}\right)-\frac{\partial T}{\partial q_i}$是惯性力对应于广义坐标 q_i 的广义力的负值,称 $-\left[\frac{\mathrm{d}}{\mathrm{d}t}\left(\frac{\partial T}{\partial \dot{q}_i}\right)-\frac{\partial T}{\partial q_i}\right]$为广义惯性力。拉格朗日方程(2-5-11)表示所有作用力对应于广义坐标 q_i 的广义力应等于零,与式(2-3-9)本质上是一致的。

下面分析广义力 Q_i,一般情况下作用于各质点的主动力 $\boldsymbol{F}_k$ 可写成有势力与非有势力之和。故有

$$\boldsymbol{F}_k=\boldsymbol{f}_k+\boldsymbol{\varphi}_k=-\nabla_k V+\boldsymbol{\varphi}_k \tag{2-5-12}$$

式中:V——质点系的总势能,包括外部有势力势能和内势能,外部有势力势能可能显含时间 t;

$\boldsymbol{\varphi}_k$——作用于第 k 个质点的非有势力,例如媒质阻力等;

$$\nabla_k=\left\{\frac{\partial}{\partial x_k} \quad \frac{\partial}{\partial y_k} \quad \frac{\partial}{\partial z_k}\right\}$$

将式(2-5-12)代入式(2-5-10),得

$$Q_i=\sum_{k=1}^{l}\left(\boldsymbol{F}_k\cdot\frac{\partial \boldsymbol{r}_k}{\partial q_i}\right)=-\sum_{k=1}^{l}\left(\nabla_k V\cdot\frac{\partial \boldsymbol{r}_k}{\partial q_i}\right)+\sum_{k=1}^{l}\left(\boldsymbol{\varphi}_k\cdot\frac{\partial \boldsymbol{r}_k}{\partial q_i}\right)$$

而

$$\sum_{k=1}^{l}\left(\nabla_k V\cdot\frac{\partial \boldsymbol{r}_k}{\partial q_i}\right)=\sum_{k=1}^{l}\left(\frac{\partial V}{\partial x_k}\frac{\partial x_k}{\partial q_i}+\frac{\partial V}{\partial y_k}\frac{\partial y_k}{\partial q_i}+\frac{\partial V}{\partial z_k}\frac{\partial z_k}{\partial q_i}\right)=\frac{\partial V}{\partial q_i}$$

又令

$$Q_i'=\sum_{k=1}^{l}\left(\boldsymbol{\varphi}_k\cdot\frac{\partial \boldsymbol{r}_k}{\partial q_i}\right) \tag{2-5-13}$$

所以

$$Q_i=-\frac{\partial V}{\partial q_i}+Q_i' \tag{2-5-14}$$

可见,广义力 Q_i 可表示为广义有势力与广义非有势力之和。

所以

$$\frac{\mathrm{d}}{\mathrm{d}t}\left(\frac{\partial T}{\partial \dot{q}_i}\right)-\frac{\partial (T-V)}{\partial q_i}=Q_i' \tag{2-5-15}$$

质点系动能和势能之差 $T-V$,称为拉格朗日函数,记作 L,即 $L=T-V$,而势能 $V=V(q_1,q_2,\cdots,q_n,t)$,它只依赖于广义坐标 q_i 和 t,而不依赖于 $\dot{q}_i$,故有$\frac{\partial L}{\partial \dot{q}_i}=\frac{\partial T}{\partial \dot{q}_i}$,所以

$$\frac{\mathrm{d}}{\mathrm{d}t}\left(\frac{\partial L}{\partial \dot{q}_i}\right)-\frac{\partial L}{\partial q_i} = Q_i' \tag{2-5-16}$$

这就是拉格朗日方程(也称为第二类拉格朗日方程)的最终形式。如果约束是不稳定的,外势场是非驻定的[31],L 可能显含时间 t,即 $L=L(q_1,q_2,\cdots,q_n,\dot{q}_1,\dot{q}_2,\cdots,\dot{q}_n,t)$,$L$ 的变量 q_i 和 $\dot{q}_i$ 称为拉格朗日变量。

【例 2-3】 试用拉格朗日方程推导图 2-5-2所示质点 m 的运动方程。

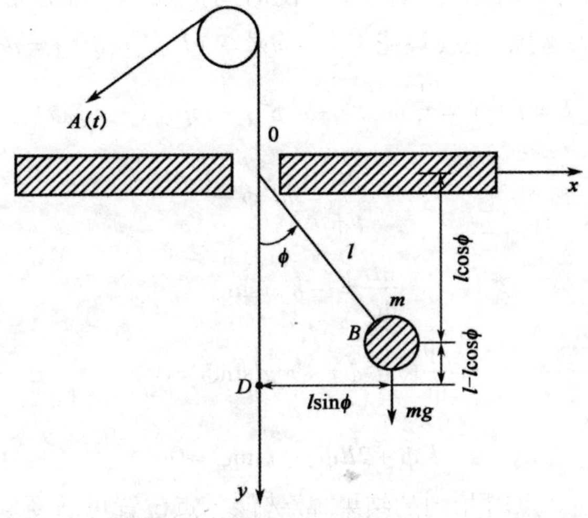

图 2-5-2　变长单摆

解:0 为坐标原点,势能零点亦取在 0 点。取 ϕ 为该质点的广义坐标。有势力为 mg,$Q'=0$,质点直角坐标 $x=l\sin\phi$,$y=l\cos\phi$,所以

$$\dot{x}=\frac{\mathrm{d}}{\mathrm{d}t}(l\sin\phi)=\dot{l}\sin\phi+l\cos\phi\dot{\phi}$$

$$\dot{y}=\frac{\mathrm{d}}{\mathrm{d}t}(l\cos\phi)=\dot{l}\cos\phi-l\sin\phi\dot{\phi}$$

动能 $T=\frac{1}{2}m(\dot{x}^2+\dot{y}^2)$

$$=\frac{1}{2}m[(\dot{l}\sin\phi+l\cos\phi\dot{\phi})^2+(\dot{l}\cos\phi-l\sin\phi\dot{\phi})^2]$$

$$=\frac{1}{2}m(\dot{l}^2+l^2\dot{\phi}^2)$$

质点势能 V 为重力在 0 至 B 位置的路径上做功的负值,所以

$$V=-mgl\cos\phi$$

代入拉格朗日方程 $\frac{\mathrm{d}}{\mathrm{d}t}\left(\frac{\partial L}{\partial \dot{q}}\right)-\frac{\partial L}{\partial q}=0$

$\dot{q}=\dot{\phi}$,$q=\phi$,$L=T-V=\frac{1}{2}m(\dot{l}^2+l^2\dot{\phi}^2)+mgl\cos\phi$,所以

$\frac{\partial L}{\partial \dot{\phi}}=ml^2\dot{\phi}, \frac{\partial L}{\partial \phi}=-mgl\sin\phi, \frac{\mathrm{d}}{\mathrm{d}t}(ml^2\dot{\phi})+mgl\sin\phi=0$

即 $l^2\ddot{\phi}+2l\dot{l}\dot{\phi}+gl\sin\phi=0$,即为非线性运动方程。若 ϕ 角很小,则有 $\sin\phi=\phi$,$\ddot{\phi}+2\frac{\dot{l}}{l}\dot{\phi}+\frac{g}{l}\phi=0$,即为变系数线性方程。式中第二项相当于阻尼项。当 $\dot{l}$ 为正时,为正阻尼,振幅将随时间衰减。当 $\dot{l}$ 为负时,为负阻尼,振幅将不断随时间扩大。若将势能零点取在单摆最低点 D 点,动能 T 仍与上同,因为坐标不变,势能 $V=-mg[-(l-l\cos\phi)]=mgl(1-\cos\phi)$

$$L=T-V=\frac{1}{2}m(\dot{l}^2+l^2\dot{\phi}^2)-mgl(1-\cos\phi)$$

所以

$$\frac{\partial L}{\partial \dot{\phi}}=ml^2\dot{\phi}$$

$$\frac{\partial L}{\partial \phi}=-mgl\sin\phi$$

$$\frac{\mathrm{d}}{\mathrm{d}t}(ml^2\dot{\phi})+mgl\sin\phi=0$$

即

$$l^2\ddot{\phi}+2l\dot{l}\dot{\phi}+gl\sin\phi=0$$

得到与势能零点选在 0 点时相同的结果,故势能零点位置可随便取。

2.6 哈密尔顿原理

拉格朗日方程适用于离散体系(有限自由度)运动方程的建立。对于连续体(无限自由度),宜用哈密尔顿原理。两者都建立在虚位移原理基础之上,故两者可以相互推导,即从拉格朗日方程可以导出哈密尔顿原理,从哈密尔顿原理也可以引出拉格朗日方程。哈密尔顿原理属于动力学中的变分原理,可由变分理论引出,但不如由拉格朗日方程推导简便。下面按后者引出。

设以体系各广义坐标的虚位移 δq_i 乘以式(2-5-16)并求和,然后在 t_1 和 t_2 两个固定时间内积分,得

$$\int_{t_1}^{t_2}\sum_{i=1}^{n}\frac{\mathrm{d}}{\mathrm{d}t}\left(\frac{\partial L}{\partial \dot{q}_i}\right)\delta q_i\mathrm{d}t-\int_{t_1}^{t_2}\sum_{i=1}^{n}\frac{\partial L}{\partial q_i}\delta q_i\mathrm{d}t=\int_{t_1}^{t_2}\sum_{i=1}^{n}Q'_i\delta q_i\mathrm{d}t \tag{2-6-1}$$

而

$$\int_{t_1}^{t_2}\sum_{i=1}^{n}\frac{\mathrm{d}}{\mathrm{d}t}\left(\frac{\partial L}{\partial \dot{q}_i}\right)\delta q_i\mathrm{d}t=\int_{t_1}^{t_2}\sum_{i=1}^{n}\delta q_i\mathrm{d}\left(\frac{\partial L}{\partial \dot{q}_i}\right)=\sum_{i=1}^{n}\left[\frac{\partial L}{\partial \dot{q}_i}\delta q_i\right]_{t_1}^{t_2}-\int_{t_1}^{t_2}\sum_{i=1}^{n}\left(\frac{\partial L}{\partial \dot{q}_i}\delta \dot{q}_i\right)\mathrm{d}t$$

代入式(2-6-1)式得

$$\sum_{i=1}^{n}\left[\frac{\partial L}{\partial \dot{q}_i}\delta q_i\right]_{t_1}^{t_2}-\int_{t_1}^{t_2}\sum_{i=1}^{n}\left(\frac{\partial L}{\partial \dot{q}_i}\delta \dot{q}_i+\frac{\partial L}{\partial q_i}\delta q_i\right)\mathrm{d}t=\int_{t_1}^{t_2}\sum_{i=1}^{n}Q'_i\delta q_i\mathrm{d}t \tag{2-6-2}$$

因系统的初始与终了位置是给定的，即有 t_1、t_2 时刻 $\delta q_i=0$，得到

$$\sum_{i=1}^{n}\left[\frac{\partial L}{\partial \dot{q}_i}\delta q_i\right]_{t_1}^{t_2}=0 \tag{2-6-3}$$

此外，因为 $L=L(q_1,q_2,\cdots,q_n,\dot{q}_1,\dot{q}_2,\cdots,\dot{q}_n,t)$，在自变量 t 保持不变的条件（体现虚位移原理的本质）下有

$$\delta L=\sum_{i=1}^{n}\frac{\partial L}{\partial \dot{q}_i}\delta \dot{q}_i+\sum_{i=1}^{n}\frac{\partial L}{\partial q_i}\delta q_i \tag{2-6-4}$$

令 $\delta W_{nc}=\sum_{i=1}^{n}Q'_i\delta q_i$，同时将式(2-6-3)与式(2-6-4)代入式(2-6-2)，可得哈密尔顿原理

$$\int_{t_1}^{t_2}\delta L\mathrm{d}t+\int_{t_1}^{t_2}\delta W_{nc}\mathrm{d}t=0$$

或

$$\int_{t_1}^{t_2}\delta(T-V)\mathrm{d}t+\int_{t_1}^{t_2}\delta W_{nc}\mathrm{d}t=0 \tag{2-6-5}$$

式中：W_{nc}——体系所有非有势力做的功；

δ——在时间间隔 t_1 到 t_2 内的变分。

当无非有势力时，$\delta W_{nc}=0$，则得

$$\int_{t_1}^{t_2}\delta L\mathrm{d}t=0 \quad 或 \quad \int_{t_1}^{t_2}\delta(T-V)\mathrm{d}t=0 \tag{2-6-6}$$

与一般变分法类似，由哈密尔顿原理得出连续体系的振动微分方程可以是常系数的线性的，也可以是变系数的，非线性的。当为变系数微分方程时，则很难求解。此时可用 Rayleigh-Ritz 法，通过哈密尔顿原理求解就非常方便，特别是应用电算更方便。此外，哈密尔顿原理不明显使用惯性力和弹性力，而分别用对动能和势能的变分代替。因而，对这两项来讲，仅涉及标量处理，即能量。而虚功原理中，尽管虚功本身是标量，但用来计算虚功的力与虚位移是矢量。这些是哈密尔顿原理的主要优点。

【例 2-4】 试用哈密尔顿原理推导图 2-6-1 所示质点 m 的运动方程。

解：图 2-6-1 所示的单自由度振动体系，其静力位移为 v_{st}，振动位移 $v(t)$ 从静力平衡位置算起，这样重力 mg 与弹性力 kv_{st} 已自相平衡。

质量 m 的动能 $T=\frac{1}{2}m\dot{v}^2$

体系的势能 $V=\frac{1}{2}kv^2$

非有势力做功的变分等于非有势力在位移变分（或称虚位移）δv 上做的功，即

$$\delta W_{nc}=P\delta v-c\dot{v}\delta v$$

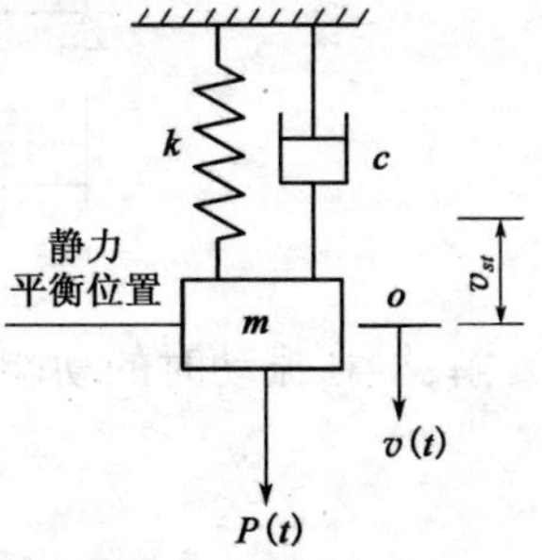

图 2-6-1 单自由度振动体系

将以上各式代入哈密尔顿原理,得

$$\int_{t_1}^{t_2}(m\dot{v}\delta\dot{v} - kv\delta v + P\delta v - c\dot{v}\delta v)\mathrm{d}t = 0$$

又因为

$$\begin{aligned}\int_{t_1}^{t_2} m\dot{v}\delta\dot{v}\mathrm{d}t &= \int_{t_1}^{t_2} m\dot{v}\frac{\mathrm{d}(\delta v)}{\mathrm{d}t}\mathrm{d}t \\ &= [m\dot{v}\delta v]_{t_1}^{t_2} - \int_{t_1}^{t_2} m\ddot{v}\delta v\mathrm{d}t \\ &= m\dot{v}\delta v|_{t=t_2} - m\dot{v}\delta v|_{t=t_1} - \int_{t_1}^{t_2} m\ddot{v}\delta v\mathrm{d}t \\ &= -\int_{t_1}^{t_2} m\ddot{v}\delta v\mathrm{d}t\end{aligned}$$

所以

$$\int_{t_1}^{t_2}(-m\ddot{v} - c\dot{v} - kv + P)\delta v\mathrm{d}t = 0$$

由于 δv 的任意性,有

$$m\ddot{v} + c\dot{v} + kv = P$$

上式即为该体系运动方程。

【例 2-5】 图 2-6-2 所示为一变截面直梁,假设梁长为 L,取梁的中性轴为 ox 轴,并将原点取在梁的左端,在该坐标系里梁的单位长度分布质量为 $m(x)$,弯曲刚度为 $EI(x)$,单位长度的横向振动荷载为 $p(x,t)$。设梁中性轴上的横向位移为 $v(x,t)$,若此位移的初始位置是梁在自重作用下的静平衡位置,则在计算动力响应时,自重的影响可以不予考虑。下面用哈密尔顿原理来推导变截面直梁的运动方程。

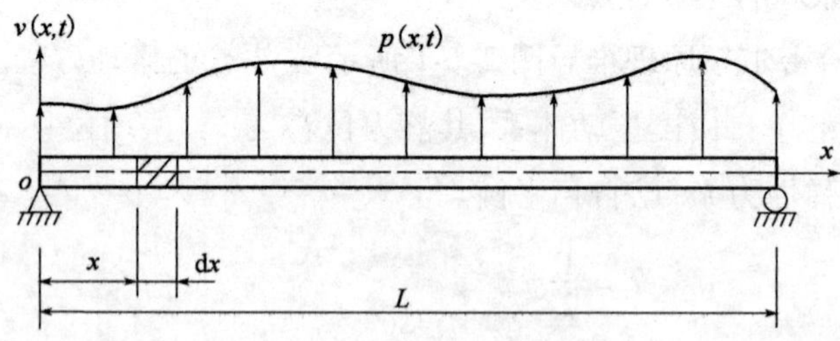

图 2-6-2 简支梁横向振动示意图

解:梁在振动时的动能为

$$T = \frac{1}{2}\int_0^L m(x)\left(\frac{\partial v}{\partial t}\right)^2\mathrm{d}x \tag{2-6-7}$$

梁在振动时的势能为

$$V = \frac{1}{2}\int_0^L EI(x)\left(\frac{\partial^2 v}{\partial x^2}\right)^2 \mathrm{d}x \tag{2-6-8}$$

外荷载 $p(x,t)$（非有势力）所做的功 W_{nc} 为

$$W_{nc} = \int_0^L p(x,t)v(x,t)\,\mathrm{d}x \tag{2-6-9}$$

根据哈密尔顿原理有

$$\int_{t_1}^{t_2}\delta(T-V)\,\mathrm{d}t + \int_{t_1}^{t_2}\delta W_{\mathrm{nc}}\,\mathrm{d}t = 0 \tag{2-6-10}$$

将式(2-6-7)、式(2-6-8)及式(2-6-9)代入式(2-6-10)，进行分部积分后有

$$\begin{aligned}
\int_{t_1}^{t_2}\delta T\mathrm{d}t &= \int_{t_1}^{t_2}\frac{1}{2}\int_0^L m(x)\delta\left(\frac{\partial v}{\partial t}\right)^2\mathrm{d}x\mathrm{d}t \\
&= \int_{t_1}^{t_2}\int_0^L m(x)\dot{v}\delta\dot{v}\,\mathrm{d}x\mathrm{d}t \\
&= \int_0^L m(x)\dot{v}\delta v\Big|_{t_1}^{t_2}\mathrm{d}x - \int_{t_1}^{t_2}\int_0^L m(x)\ddot{v}\,\delta v\mathrm{d}x\mathrm{d}t \\
&= -\int_{t_1}^{t_2}\int_0^L m(x)\ddot{v}\,\delta v\mathrm{d}x\mathrm{d}t \\
&= -\int_{t_1}^{t_2}\int_0^L m(x)\frac{\partial^2 v}{\partial t^2}\delta v\mathrm{d}x\mathrm{d}t
\end{aligned} \tag{2-6-11}$$

$$\begin{aligned}
\int_{t_1}^{t_2}\delta V\mathrm{d}t &= \int_{t_1}^{t_2}\frac{1}{2}\int_0^L EI(x)\delta\left(\frac{\partial^2 v}{\partial x^2}\right)^2\mathrm{d}x\mathrm{d}t = \int_{t_1}^{t_2}\int_0^L EI(x)v''\delta v''\mathrm{d}x\mathrm{d}t \\
&= \int_{t_1}^{t_2}\left\{EI(x)v''\delta v'\Big|_0^L - \int_0^L\frac{\partial}{\partial x}[EI(x)v'']\delta v'\mathrm{d}x\right\}\mathrm{d}t \\
&= \int_{t_1}^{t_2}\left\{EI(x)v''\delta v'\Big|_0^L - \frac{\partial}{\partial x}[EI(x)v'']\delta v\Big|_0^L + \int_0^L\frac{\partial^2}{\partial x^2}[EI(x)v'']\delta v\mathrm{d}x\right\}\mathrm{d}t \\
&= \int_{t_1}^{t_2}\int_0^L\frac{\partial^2}{\partial x^2}[EI(x)v'']\delta v\mathrm{d}x\mathrm{d}t = \int_{t_1}^{t_2}\int_0^L\frac{\partial^2}{\partial x^2}\left[EI(x)\frac{\partial^2 v}{\partial x^2}\right]\delta v\mathrm{d}x\mathrm{d}t
\end{aligned} \tag{2-6-12}$$

$$\int_{t_1}^{t_2}\delta W_{\mathrm{nc}}\mathrm{d}t = \int_{t_1}^{t_2}\int_0^L p(x,t)\delta v\mathrm{d}x\mathrm{d}t \tag{2-6-13}$$

则式(2-6-10)可写成

$$-\int_{t_1}^{t_2}\int_0^L m(x)\frac{\partial^2 v}{\partial t^2}\delta v\mathrm{d}x\mathrm{d}t - \int_{t_1}^{t_2}\int_0^L\frac{\partial^2}{\partial x^2}\left[EI(x)\frac{\partial^2 v}{\partial x^2}\right]\delta v\mathrm{d}x\mathrm{d}t + \int_{t_1}^{t_2}\int_0^L p(x,t)\delta v\mathrm{d}x\mathrm{d}t = 0 \tag{2-6-14}$$

整理后可得

$$\int_{t_1}^{t_2}\int_0^L\left\{-m(x)\frac{\partial^2 v}{\partial t^2}-\frac{\partial^2}{\partial x^2}\left[EI(x)\frac{\partial^2 v}{\partial x^2}\right]+p(x,t)\right\}\delta v\mathrm{d}x\mathrm{d}t=0 \tag{2-6-15}$$

因为 δv 是任意的,故要使上式成立,必须有

$$-m(x)\frac{\partial^2 v}{\partial t^2}-\frac{\partial^2}{\partial x^2}\left[EI(x)\frac{\partial^2 v}{\partial x^2}\right]+p(x,t)=0 \tag{2-6-16}$$

即可得到变截面简支梁横向振动微分方程

$$\frac{\partial^2}{\partial x^2}\left[EI(x)\frac{\partial^2 v}{\partial x^2}\right]+m(x)\frac{\partial^2 v}{\partial t^2}=p(x,t) \tag{2-6-17}$$

2.7 弹性系统动力学总势能不变值原理

2.7.1 导言

建立系统运动方程的主要方法包括:①利用达朗培尔(D'Alembert)原理的直接平衡法(常称为动静法),一般用于列出系统典型微元体的动力平衡条件,对于建立具有任意荷载分布和边界约束条件下系统运动方程则比较困难;②第二类拉格朗日方程,需确定广义坐标和计算广义力,不如采用一般坐标和一般物理作用力来得方便,此外,它与有限单元法共同用于系统振动方程的建立,相当不便,不能发挥有限单元法的优势;③哈密尔顿(Hamilton)原理,需要对时间区间$[t_1,t_2]$进行积分,给实际应用带来不便,同样不能发挥有限元法优势;④弹性体系动力学虚功原理[6,8]比较方便,但文献[6,8]都未考虑阻尼力作用。考虑到列车—轨道(桥梁)时变系统的轮轨接触关系非常复杂,上述方法都不能用来建立能考虑轮轨位移衔接条件(车轮位移=钢轨位移+轨道不平顺+轮轨相对位移)的系统空间振动方程,无法得出系统响应的适定解,必须另辟蹊径。

文献[9]指出:"从数学上看,代表虚功原理的等式,以及与虚功原理相联系的数学上的恒等式,是最重要的数学关系。有了它们,其他各个能量原理(定理)的数学证明就都不难了。"这段论述十分精辟。事实正是这样,在静力学中,由虚功原理导出了势能驻值(文献[11]称为不变值)原理,卡氏(Castigliano)定理以及功的互等定理;在动力学中,基于虚功原理,导出了第二类拉格朗日方程及哈密尔顿原理[1]。因此,虚功原理是力学分析中的根本原理。

研究证明[10]:在应变能函数及外力势能可以显式给出的条件下,按最小势能原理计算比用虚功原理计算容易。文献[9]也给出相同结论:"从应用上看,在求解个别的具体问题时,最小势能原理和最小余能原理用得最多。"文献[14]假定惯性力和阻尼力的变分为零,得出速度和加速度的变分都等于零,由此导出瞬时最小势能原理,将体系应变能与惯性力、阻尼力及干扰力做功负值之和称为体系总势能。由体系动能的变分知,速度变分不能等于零;否则动能变分等于零,哈密尔顿最小作用原理不成立,所以文献[14]的假定不符合实际。而无此假定,就

导不出瞬时最小势能原理。因此,此原理不能成立。

30多年前,曾庆元院士为了建立列车—桥梁时变系统振动方程,用达朗培尔原理,将动力问题转化为动力平衡问题,基于静力学总势能不变值原理的建立思想,由虚功原理导出了弹性系统动力学总势能不变值原理(以下简称"此原理")[22-24]。同时深刻认识到:分析动力系统时,在应用了达朗培尔原理和虚功原理之后,所有作用于系统的力都可以视为有势力(因为虚位移过程中,时间变量t瞬时固定,作用于系统的力不变化),从而提出了弹性动力系统总势能的概念及此原理。由此原理又导出了形成系统动力矩阵的"对号入座"法则[23-24](简称"此法则",见本书第5章)。此原理与此法则的联合使用,使任何复杂系统空间振动方程均可简便建立。1980年,考虑轮轨竖向密贴、横向允许有相对位移,由此原理和此法则首次建立了列车—桥梁时变系统空间振动方程。1997年,开始研究列车脱轨分析方法,2000年成功去掉轮轨竖向密贴的基本假定,考虑轮轨空间位移衔接条件,首次建立了能够较精确模拟轮轨接触状态的列车—轨道(桥梁)系统空间振动方程,首次在计算机上再现了长大列车车轮脱轨全过程计算[25]。

2.7.2 虚功原理及静力学总势能不变值原理的主要思想

为阐明弹性系统动力学总势能不变值原理,首先介绍虚功原理与静力学总势能不变值原理的思想与物理概念。

虚功原理由平衡力系对系统无限小虚位移做功之和等于零[11,7,27]或由能量守恒原理[9]导出。虚位移是人们想象的满足系统变形协调条件(约束条件)的任意小位移[7],与系统的实际作用力无关[27],因而称为虚位移。文献[27]第100页写道:"设一质点在任意力系下维持平衡,不论因任何原因而有任意移位,则此力系所做之总功等于零,此即质点之虚功理论也。所以称为虚功者,即因力系与移位两者之一系虚设,且各自独立不相牵制,此虚功理论之基本概念。"文献[6]由弹性力学三个平衡方程乘以虚位移,经过数学演证,导出如下虚功方程

$$\int_s \boldsymbol{\varphi}^{\mathrm{T}} \delta \boldsymbol{u} \mathrm{d}s + \int_v \boldsymbol{X}^{\mathrm{T}} \delta \boldsymbol{u} \mathrm{d}v = \int_v \delta \boldsymbol{\varepsilon}^{\mathrm{T}} \boldsymbol{\sigma} \mathrm{d}v \tag{2-7-1}$$

式(2-7-1)左边为面力$\boldsymbol{\varphi}$和体力$\boldsymbol{X}$做的外力虚功之和δW,右边为系统的虚应变能δU_i,故式(2-7-1)简写为[6]

$$\delta W = \delta U_i \tag{2-7-2}$$

因为力做功W的负值为其势能U_e,故$\delta W = -\delta U_e$,代入式(2-7-2),得出虚功原理更简洁的表示式

$$\delta_{\varepsilon} U = \delta_{\varepsilon}(U_i + U_e) = 0 \tag{2-7-3}$$

式(2-7-3)称为系统总位能(亦称势能)驻值原理[6],其中$U = U_i + U_e$为系统总势能,U_e为外力位能(即势能)。文献[11]将式(2-7-3)看成是$U = U_i + U_e$具有不变值的数学条件,并称"$U = U_i + U_e =$不变值"为势能不变值定理。文献[6]第28页强调指出:"加到变分号δ的下标

ε,是强调只有弹性应变和位移是变分的。在计算外力位能 U_e 时,应该看到,所有的位移均被认为是变量,而对应的力则是指定的(即不变化——作者)。”这段话的中心思想是强调对系统总势能变分时,要保持式(2-7-3)的虚功原理本质,外力和应力保持不变,只有位移和应变变分,让式(2-7-3)中的 δ 始终保持式(2-7-1)中 δ 对位移和应变变分的作用。不能因为将虚功原理式(2-7-1)表为总势能驻值原理式(2-7-3),就使变分号 δ 的意义背离式(2-7-1)中表示虚位移和虚应变的本意,而把 δ 看作一个对总势能 U 的数学变分符号。

例如,假定图 2-7-1a)所示的荷载 P 在静力平衡位置 B 时的势能为 V_B,梁在静力平衡位置发生虚位移 $\delta\Delta$,则荷载 P 将做虚功 $\delta W = P\delta\Delta$。根据前述势能的定义,则有 $\delta V_B = -\delta W = -P\delta\Delta$。由虚位移原理的物理概念可知,虚位移过程中作用于结构上的力大小,作用方向均不变化,故有 $\delta V_B = \delta(-P\Delta)$,$V_B = -P\Delta + V_0$($V_0$ 表示梁初始位置势能大小,在本例中取为零)。因此,荷载 P 的势能为 $V_B = -P\Delta$,Δ 代表梁在 P 作用点沿 P 力方向的位移。

对于平面梁的振动分析问题,如固定时间 t,动荷载 $P(t)$ 的作用方向和大小就不变了。因此动力分析问题中的动荷载势能亦可用上述思路计算。例如图 2-7-1b),某时刻 t,梁在动力荷载 $P(t)$ 作用下呈现通过位置 D 的振动位形,此时 $P(t)$ 在位置 D 的势能为 $V = -P(t)v(t)$。

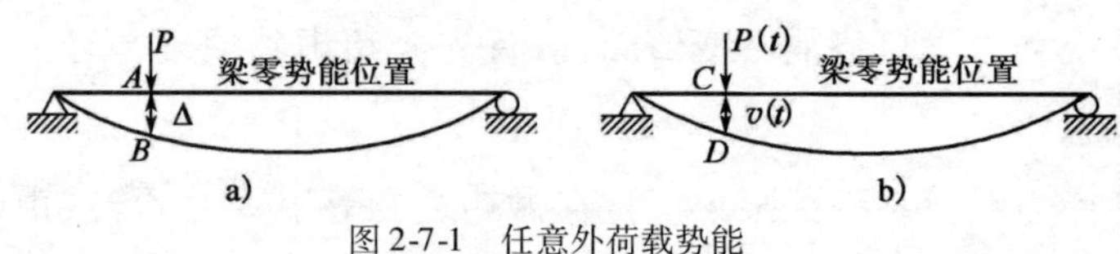

图 2-7-1 任意外荷载势能

a)静力作用梁;b)动力作用梁

根据上述论述,可总结出两点:①虚位移是想象的平衡系统任意小的变形协调位移,是一种可能发生的趋势,与系统中的外力和应力无关;它不是实际位移,不破坏力系平衡,故虚位移过程中外力和内力是不变化的;②将式(2-7-1)中的虚位移和虚应变符号前的 δ 移到积分号外,即得到弹性系统总势能驻值原理。式(2-7-3)中 δ 的这种移动,不引起系统外力和应力的变化;故作系统总势能 U 的一阶变分时,只应对位移 $\boldsymbol{u}$ 和应变 $\boldsymbol{\varepsilon}$ 变分,对外力和应力不应变分,这样才能保证由式(2-7-3)返回到式(2-7-1),这恰好反映了虚功原理的要求。

2.7.3 弹性系统动力学总势能不变值原理的推导[22]

在引入达朗培尔原理(D'Alembert's Principle)并考虑阻尼力作用后,弹性系统动力学问题即转化为动力平衡问题,其平衡方程的一般形式为

$$\boldsymbol{f}_s = \boldsymbol{f}_m + \boldsymbol{f}_c - \boldsymbol{F}\mathrm{sign}\dot{\boldsymbol{u}} + \boldsymbol{P}(t) + \boldsymbol{Q} \tag{2-7-4}$$

式中: $\boldsymbol{f}_s$——系统弹性力矢量列阵;

$\boldsymbol{f}_m = \int_v -\rho\ddot{\boldsymbol{u}}\mathrm{d}v$——系统惯性力矢量列阵;

$\boldsymbol{f}_c = \int_v -c\dot{\boldsymbol{u}}\mathrm{d}v$——系统黏滞阻尼力矢量列阵;

$\boldsymbol{F}$——系统库仑摩擦力矢量列阵；

$\boldsymbol{P}(t)$——系统干扰力矢量列阵；

$\boldsymbol{Q}$——系统重力矢量列阵。

在给定瞬时 t,式(2-7-4)两边乘以系统虚位移 $\delta\boldsymbol{u}$,并考虑弹性力虚功 $\delta\boldsymbol{u}^{\mathrm{T}}\boldsymbol{f}_s$ 为系统虚应变能 U_i 的变分 δU_i,得出

$$\delta U_i = -\int_v \delta\boldsymbol{u}^{\mathrm{T}}\rho\ddot{\boldsymbol{u}}\mathrm{d}v - \int_v \delta\boldsymbol{u}^{\mathrm{T}}c\dot{\boldsymbol{u}}\mathrm{d}v - \delta\boldsymbol{u}^{\mathrm{T}}\boldsymbol{F}\mathrm{sign}\dot{\boldsymbol{u}} + \delta\boldsymbol{u}^{\mathrm{T}}\boldsymbol{P}(t) + \delta\boldsymbol{u}^{\mathrm{T}}\boldsymbol{Q} \tag{2-7-5}$$

式(2-7-5)即为弹性系统动力学虚功原理的一般表示式,与文献[6]第180页的“式(10.3)”同,只是式(2-7-5)考虑了阻尼力虚功。与式(2-7-1)表示的静力学虚功原理一样,式(2-7-5)可表为如下简洁的形式

$$\delta_\varepsilon(U_i + V_m + V_c + V_F + V_P + V_g) = \delta_\varepsilon\Pi_d = 0 \tag{2-7-6}$$

式中： U_i——系统弹性应变能；

$V_m = -\int_v -\boldsymbol{u}^{\mathrm{T}}\rho\ddot{\boldsymbol{u}}\mathrm{d}v$——系统惯性力做功负值；

$V_c = -\int_v -\boldsymbol{u}^{\mathrm{T}}c\dot{\boldsymbol{u}}\mathrm{d}v$——系统黏滞阻尼力做功负值；

$V_F = -(-\boldsymbol{u}^{\mathrm{T}}\boldsymbol{F}\mathrm{sign}\dot{\boldsymbol{u}})$——系统库仑摩擦力做功负值；

$V_P = -\boldsymbol{u}^{\mathrm{T}}\boldsymbol{P}(t)$——系统干扰力做功负值；

$V_g = -\boldsymbol{u}^{\mathrm{T}}\boldsymbol{Q}$——系统重力势能。

因为对平衡系统应用虚位移时,时间瞬时固定,所有作用于系统的力都不变,它们做功只与位移的起始位置和终了位置有关,而与力作用点的运动路径无关,符合有势力的定义,所以它们都可视为有势力。这样,V_m、V_c、V_F、V_P 分别为系统惯性力、阻尼力、库仑摩擦力、干扰力的势能。因此,我们称

$$\Pi_d = U_i + V_m + V_c + V_F + V_P + V_g \tag{2-7-7}$$

为弹性系统动力学总势能,它也是系统 Π_d 的一般计算式。

仿照式(2-7-3),我们称式(2-7-6)为弹性系统动力学总势能不变值原理,式中变分号 δ 的右下标 ε 同样是强调对弹性系统动力学总势能 Π_d 变分时,要保持式(2-7-6)的虚功原理本质,即只对弹性应变和位移变分,惯性力、阻尼力、干扰力、重力等力素分量均不变分,即在计算 V_m、V_c、V_P、V_F、V_g 时,所有应变及位移均被认为是变量,而对应的力则是指定的。式(2-7-6)的物理意义为:在引入达朗培尔原理之后,在给定瞬时 t,弹性系统动力学总势能 Π_d 的一阶变分必须等于零,Π_d 取不变值。一般泛函取驻值是根据泛函变分原理得出的。这里总势能 Π_d 取不变值是根据虚功原理得出的,显然没有理由要求按变分法计算 Π_d 的一阶变分,而只应根据虚功原理的物理概念对 Π_d 中的应变和位移分量进行变分。

综上所述,由弹性系统动力学总势能不变值原理建立系统运动方程的基本步骤如下:首先

推求作用于体系各作用力势能,得出运动体系的总势能Π_d;再由$\delta_\varepsilon\Pi_d=0$的条件引出体系振动微分方程。弹性系统动力学总势能不变值原理的最大优势是系统动力学建模过程中不必区分有势力和非有势力,也不必顾及外势场是否驻定以及约束是否稳定。

为了检验弹性系统动力学总势能不变值原理列式的正确性与简便性,列举如下3个算例。

【例2-6】　试用弹性系统动力学总势能不变值原理推导图2-7-2所示质点m的运动方程。

解:用弹性系统动力学总势能不变值原理建立振动方程的思路如下:沿用拉格朗日方法所使用的坐标系,势能零点取为0点,选取任意时刻t时体系振动状态为研究对象,见图2-7-2。

由图知:

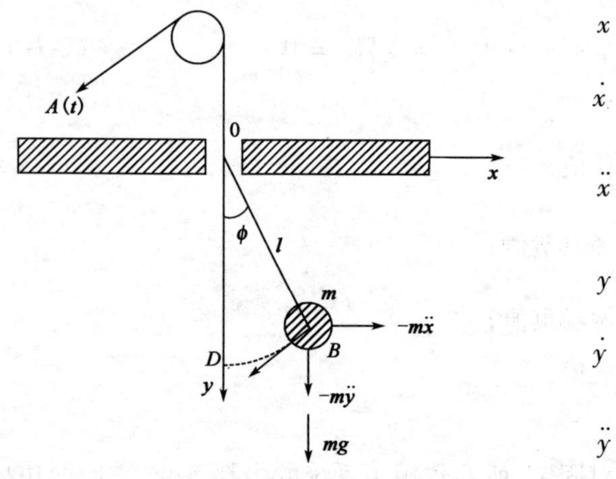

图2-7-2　变长单摆的动力平衡状态

$$x=l\sin\phi$$

$$\dot{x}=\dot{l}\sin\phi+l\cos\phi\dot{\phi}$$

$$\ddot{x}=\frac{\mathrm{d}\dot{x}}{\mathrm{d}t}=\frac{\mathrm{d}}{\mathrm{d}t}(\dot{l}\sin\phi+l\cos\phi\dot{\phi})$$

$$y=l\cos\phi$$

$$\dot{y}=\dot{l}\cos\phi-l\sin\phi\dot{\phi}$$

$$\ddot{y}=\frac{\mathrm{d}}{\mathrm{d}t}(\dot{l}\cos\phi-l\sin\phi\dot{\phi})$$

故体系总势能为

$$\Pi_d=-mgl\cos\phi-(-m\ddot{x}x)-(-m\ddot{y}y)$$

$$=-mgl\cos\phi+m\frac{\mathrm{d}}{\mathrm{d}t}(\dot{l}\sin\phi+l\cos\phi\dot{\phi})l\sin\phi+m\frac{\mathrm{d}}{\mathrm{d}t}(\dot{l}\cos\phi-l\sin\phi\dot{\phi})l\cos\phi$$

$$\delta_\varepsilon\Pi_d=mgl\sin\phi\delta\phi+m\frac{\mathrm{d}}{\mathrm{d}t}(\dot{l}\sin\phi+l\cos\phi\dot{\phi})l\cos\phi\delta\phi+m\frac{\mathrm{d}}{\mathrm{d}t}(\dot{l}\cos\phi-l\sin\phi\dot{\phi})(-l\sin\phi\delta\phi)$$

$$=\delta\phi[ml^2\ddot{\phi}+2ml\dot{l}\dot{\phi}+mgl\sin\phi]=0$$

因为$\delta\phi\neq0$,所以$ml^2\ddot{\phi}+2ml\dot{l}\dot{\phi}+mgl\sin\phi=0$

即$l^2\ddot{\phi}+2l\dot{l}\dot{\phi}+gl\sin\phi=0$

若取D为势能零点,则

$$\Pi_d=-[-mgl(1-\cos\phi)]+m\frac{\mathrm{d}}{\mathrm{d}t}(\dot{l}\sin\phi+l\cos\phi\dot{\phi})l\sin\phi+m\frac{\mathrm{d}}{\mathrm{d}t}(\dot{l}\cos\phi-l\sin\phi\dot{\phi})l\cos\phi$$

由$\delta_\varepsilon\Pi_d=0$仍得同样的结果。推导中注意质点发生虚位移时,约束反力不做功。

【例 2-7】 图 2-7-3 所示系统中，质量 M 用弹簧（弹簧刚度为 k）连接于活动质点 o，质量 M 与 o 都限定在同一水平面沿 x 轴做直线运动，o 点的运动规律已知为 $x_0(t)$。另外在质量 M 上悬挂一物理摆，摆锤质量为 m，其重心 C 至悬挂点的距离为 l，摆绕其重心轴的回转半径为 ρ，试列出该系统的运动方程。

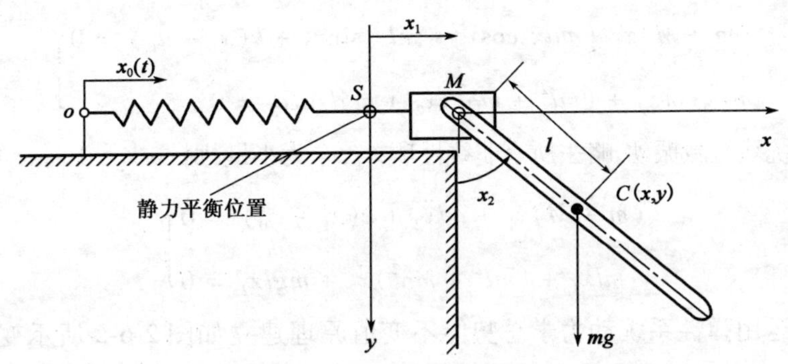

图 2-7-3　平面机构运动状态描述

解：该系统振动位形由图示广义坐标 x_1、x_2 描述，C 点坐标：$x = l\sin x_2 + x_1$，$y = l\cos x_2$，所以

$$\dot{x} = l\cos x_2\dot{x}_2 + \dot{x}_1$$

$$\ddot{x} = l\cos x_2\ddot{x}_2 - l\sin x_2\dot{x}_2^2 + \ddot{x}_1$$

$$\dot{y} = -l\sin x_2\dot{x}_2$$

$$\ddot{y} = -l\sin x_2\ddot{x}_2 - l\dot{x}_2^2\cos x_2$$

惯性力位势　$V_m = -(-m\ddot{x}x - m\ddot{y}y - M\ddot{x}_1x_1 - m\rho^2\ddot{x}_2x_2)$

$$= m(l\cos x_2\ddot{x}_2 - l\sin x_2\dot{x}_2^2 + \ddot{x}_1)(l\sin x_2 + x_1) +$$

$$m(-l\sin x_2\ddot{x}_2 - l\dot{x}_2^2\cos x_2)l\cos x_2 + M\ddot{x}_1x_1 + m\rho^2\ddot{x}_2x_2$$

重力位势（势能零点取在 S 点）　$V_g = -mgl\cos x_2$

弹簧应变能　$U_i = \dfrac{1}{2}k(x_1 - x_0)^2$

系统弹性总势能　$\Pi_d = V_m + V_g + U_i$

由 $\delta_\varepsilon\Pi_d = 0$，得

$$m(l\cos x_2\ddot{x}_2 - l\sin x_2\dot{x}_2^2 + \ddot{x}_1)(l\cos x_2\delta x_2 + \delta x_1) +$$

$$m(-l\sin x_2\ddot{x}_2 - l\dot{x}_2^2\cos x_2)(-l\sin x_2\delta x_2) + M\ddot{x}_1\delta x_1 +$$

$$m\rho^2\ddot{x}_2\delta x_2 + mgl\sin x_2\delta x_2 + k(x_1 - x_0)\delta x_1 = 0$$

按 δx_1，δx_2 集合，得

$$\delta x_1[(m+M)\ddot{x}_1+ml\cos x_2\ddot{x}_2-ml\sin x_2\dot{x}_2^2+k(x_1-x_0)]+$$
$$\delta x_2[m(l^2\cos^2x_2\ddot{x}_2-l^2\sin x_2\cos x_2\dot{x}_2^2+\ddot{x}_1l\cos x_2+$$
$$l^2\sin^2x_2\ddot{x}_2+l^2\sin x_2\cos x_2\dot{x}_2^2)+m\rho^2\ddot{x}_2+mgl\sin x_2]=0$$

因为$\delta x_1\neq0$,$\delta x_2\neq0$,所以

$$\left.\begin{aligned}(m+M)\ddot{x}_1+ml\ddot{x}_2\cos x_2-ml\dot{x}_2^2\sin x_2+k(x_1-x_0)=0\\ ml\ddot{x}_1\cos x_2+(ml^2+m\rho^2)\ddot{x}_2+mgl\sin x_2=0\end{aligned}\right\}$$

若仅考虑系统线性微振动,略去所有非线性项,x_1,x_2 为小量,则 $\cos x_2\approx1$,$\sin x_2\approx x_2$,故上式为

$$\left.\begin{aligned}(m+M)\ddot{x}_1+ml\ddot{x}_2+k(x_1-x_0)=0\\ ml\ddot{x}_1+(ml^2+m\rho^2)\ddot{x}_2+mglx_2=0\end{aligned}\right\}$$

【例 2-8】 运用弹性系统动力学总势能不变值原理建立如图 2-6-2 所示变截面简支梁的运动方程,其他条件同[例 2-5]。

解:按照弹性系统动力学总势能不变值原理式(2-7-6)计算如下:

梁体弯曲应变能为

$$U_i=\frac{1}{2}\int_0^L EI(x)\left(\frac{\partial^2v}{\partial x^2}\right)^2\mathrm{d}x$$

外力做功负值(梁端支反力做功为零,故只计入横向动荷载 $p(x,t)$ 做功)为

$$V_P=-\int_0^L p(x,t)v\mathrm{d}x$$

梁体惯性力做功负值为

$$V_m=\int_0^L m(x)\left(\frac{\partial v}{\partial t}\right)^2v\mathrm{d}x$$

对 U_i 作一阶变分并由分部积分得

$$\begin{aligned}\delta U_i&=\int_0^L EI(x)\frac{\partial^2v}{\partial x^2}\delta\left(\frac{\partial^2v}{\partial x^2}\right)\mathrm{d}x\\&=EI(x)\frac{\partial^2v}{\partial x^2}\delta\left(\frac{\partial v}{\partial x}\right)\bigg|_0^L-\int_0^L\frac{\partial}{\partial x}\left(EI(x)\frac{\partial^2v}{\partial x^2}\right)\delta\left(\frac{\partial v}{\partial x}\right)\mathrm{d}x\\&=EI(x)\frac{\partial^2v}{\partial x^2}\delta\left(\frac{\partial v}{\partial x}\right)\bigg|_0^L-\frac{\partial}{\partial x}\left(EI(x)\frac{\partial^2v}{\partial x^2}\right)\delta v\bigg|_0^L+\int_0^L\frac{\partial^2}{\partial x^2}\left(EI(x)\frac{\partial^2v}{\partial x^2}\right)\delta v\mathrm{d}x\\&=\int_0^L\frac{\partial^2}{\partial x^2}\left(EI(x)\frac{\partial^2v}{\partial x^2}\right)\delta v\mathrm{d}x\end{aligned}$$

V_P 的一阶变分为

$$\delta V_p=-\int_0^L p(x,t)\delta v\mathrm{d}x$$

V_m 的一阶变分为

$$\delta V_m = \int_0^L m(x)\left(\frac{\partial v}{\partial t}\right)^2 \delta v \mathrm{d}x$$

将 δU_i、δV_P 及 δV_m 的计算式代入式(2-7-6),整理得出

$$\int_0^L \left\{\frac{\partial^2}{\partial x^2}\left[EI(x)\frac{\partial^2 v}{\partial x^2}\right] + m(x)\frac{\partial^2 v}{\partial t^2} - p(x,t)\right\}\delta v \mathrm{d}x = 0$$

要使上式满足,必有

$$\frac{\partial^2}{\partial x^2}\left[EI(x)\frac{\partial^2 v}{\partial x^2}\right] + m(x)\frac{\partial^2 v}{\partial t^2} = p(x,t)$$

本例计算结果与[例 2-5]用哈密尔顿原理计算结果完全相同,但不需要在 t_1 至 t_2 的时间段内积分,较为简便。

从上述实例可以看出,基于弹性系统动力学总势能不变值原理建立体系运动方程的优点为:不需记住拉格朗日方程,不要计算与广义坐标对应的广义力;只要列出系统动力学总势能,对其进行位移变分,而变分运算比较简单。实践证明用弹性系统动力学总势能不变值原理推导运动方程物理概念清晰,过程简洁,具有广泛的适用性。

2.8　静力系统形成系统矩阵的“对号入座”法则

由结构力学知,结构刚度矩阵可通过刚度法生成或者由柔度法生成柔度矩阵并求逆而得到,但是计算过程较繁,需要逐一计算矩阵各元素的量值。众所周知,结构受力平衡可由能量变分原理来描述。曾庆元院士在文献[20,21]中提出在使用势能驻值原理时保留位移参数的一阶变分,形成单元刚度矩阵、总体刚度矩阵及荷载列阵,整个思想概括为形成系统矩阵的“对号入座”法则。现简要说明如下,为下节推导体系动力特性矩阵做准备。

设体系有 n 个待求位移参数 $C_i(i=1,2,\cdots,n)$,其弹性总势能为 Π,它是 C_i 的函数。由势能驻值原理,Π 的一阶变分等于零,即

$$\delta\Pi = \sum_{i=1}^{n}\frac{\partial\Pi}{\partial C_i}\delta C_i = 0 \tag{2-8-1}$$

由于位移参数的一阶变分 δC_i 是可以任意选择的微量,不能等于零,故必有

$$\frac{\partial\Pi}{\partial C_i} = 0 \qquad (i = 1,2,\cdots,n) \tag{2-8-2}$$

式(2-8-2)表示体系的 n 个平衡方程,它原意是表示当 Π 对 C_i 变分时,就得到体系第 i 个平衡方程,但从 $\frac{\partial\Pi}{\partial C_i}=0$ 中看不出这个意思,因为其中可能包含其他位移参数。为此,将式(2-8-1)改写成如下形式

$$\delta\Pi = \delta C_1 \frac{\partial \Pi}{\partial C_1} + \delta C_2 \frac{\partial \Pi}{\partial C_2} + \cdots + \delta C_n \frac{\partial \Pi}{\partial C_n} = 0 \tag{2-8-3}$$

要使式(2-8-3)满足,必须有

$$\left.\begin{aligned} \delta C_1 \frac{\partial \Pi}{\partial C_1} &= 0 \\ \delta C_2 \frac{\partial \Pi}{\partial C_2} &= 0 \\ &\vdots \\ \delta C_n \frac{\partial \Pi}{\partial C_n} &= 0 \end{aligned}\right\} \tag{2-8-4}$$

因为$\delta C_i \neq 0 (i=1,2,\cdots,n)$,故式(2-8-4)亦是$n$个平衡方程。与式(2-8-2)的区别是它包含了$\delta C_i$,此$\delta C_i$表示与之相乘的$\frac{\partial \Pi}{\partial C_i}=0$是体系的第$i$个平衡方程。这样,在将$\delta\Pi$的各项放入刚度矩阵和荷载列阵的过程中,$\delta C_i$表示第$i$"行"。另外,$\frac{\partial \Pi}{\partial C_i}=0$中可能包含位移参数$C_j(j=1,2,\cdots,n)$。位移参数$C_j$的序号$j$则表示刚度矩阵的第$j$"列"。因此,式(2-8-4)中各个与$\delta C_i$及$C_j$相乘的系数应放在刚度矩阵的第$i$"行"和第$j$"列"并进行累加,这就是形成刚度矩阵的"对号入座"法则。$\delta C_i \frac{\partial \Pi}{\partial C_i}=0$中不包含位移参数$C_j$的项,应反号(因荷载列阵移至平衡方程右侧而需反号)后放在荷载列阵的第i"行"并进行累加。这就是形成荷载列阵的"对号入座"法则。

式(2-8-3)与式(2-8-4)应用于单元,就得出单元矩阵,应用于整个结构,就得出结构总体矩阵。结构中的某些部件,例如桁架桥中的桥门架、横联等,不便将其看作一个单元;有些荷载作用于节点,而不是作用于那一个单元。对于这些情况,应用组拼单元刚度矩阵得出总体刚度矩阵及组拼单元荷载列阵得出总体荷载列阵的一般作法,就不便处理。将这些部件的应变能及这些荷载的位势计入结构的弹性总势能,应用式(2-8-3),就可方便地考虑它们的作用。

采用结构坐标系,不需要坐标变换及荷载向节点的移置,整个有限元计算都是根据式(2-8-3)有条不紊地完成,相当简便。下面举几个例子说明形成系统矩阵的"对号入座"法则的应用。

【例 2-9】　平面铰接桁架[图 2-8-1a)]的有限元分析。

解:各节点编号及节点位移模式如图 2-8-1b)所示,假定各杆件轴向刚度EA为常数,A为杆件截面积。θ为斜腹杆$\overline{41}$与下弦杆$\overline{42}$的夹角。

铰接杆ij两端的位移如图 2-8-2 所示,两端沿杆轴方向的位移分别为

$$\bar{u}_i = u_i \cos\theta + v_i \sin\theta$$

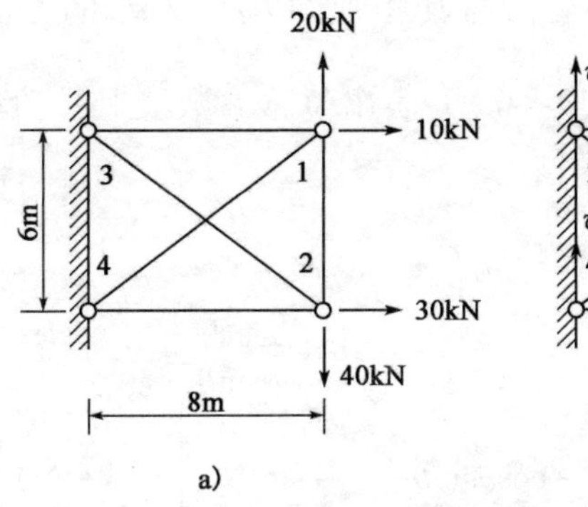

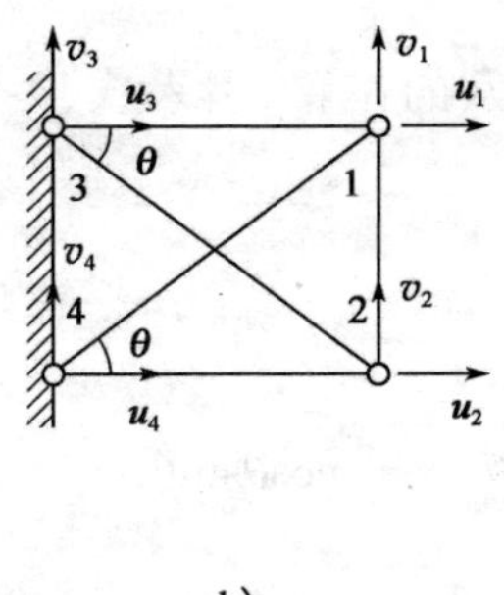

图 2-8-1　平面铰接桁架

a) 平面铰接桁架受力图；b) 节点编号及节点位移模式

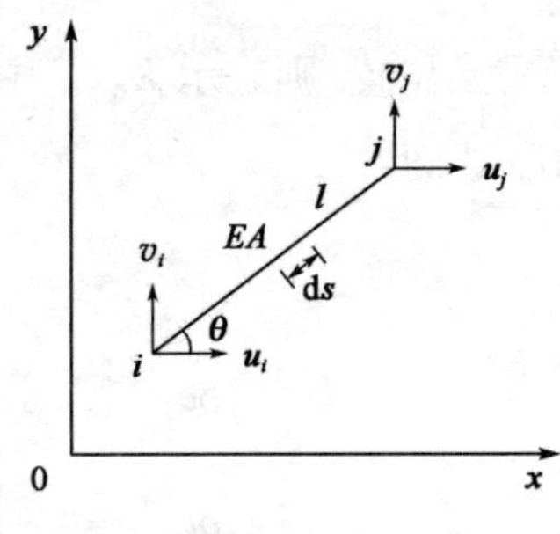

图 2-8-2　上斜杆位移模式

$$\bar{u}_j = u_j\cos\theta + v_j\sin\theta$$

上斜杆应变能

$$U_{上斜杆} = \int_V \frac{1}{2}\sigma\varepsilon \mathrm{d}V = \frac{E}{2}\int_V \varepsilon^2 \mathrm{d}V = \frac{E}{2}\int_0^l \left(\frac{\bar{u}_j - \bar{u}_i}{l}\right)^2 A\mathrm{d}s = \frac{EA}{2l}(\bar{u}_j - \bar{u}_i)^2$$

其一阶变分为

$$\delta U_{上斜杆} = \frac{EA}{l}(\bar{u}_j - \bar{u}_i)(\delta\bar{u}_j - \delta\bar{u}_i)$$

式中：ε——$\varepsilon = \dfrac{\bar{u}_j - \bar{u}_i}{l}$；

V——杆件体积；

δ——位移参数的一阶变分，以下同此。

考虑到

$$\bar{u}_j - \bar{u}_i = (-u_i + u_j)\cos\theta + (-v_i + v_j)\sin\theta = \boldsymbol{N}_1\boldsymbol{q}_e \tag{2-8-5}$$

$$\delta\bar{u}_j - \delta\bar{u}_i = \boldsymbol{N}_1\delta\boldsymbol{q}_e \tag{2-8-6}$$

式中

$$\boldsymbol{N}_1 = \{-\cos\theta \quad -\sin\theta \quad \cos\theta \quad \sin\theta\} \tag{2-8-7}$$

$$\boldsymbol{q}_e = \{u_i \quad v_i \quad u_j \quad v_j\}^{\mathrm{T}}$$

$$\delta\boldsymbol{q}_e = \{\delta u_i \quad \delta v_i \quad \delta u_j \quad \delta v_j\}^{\mathrm{T}}$$

得

$$\delta U_{上斜杆} = \delta\boldsymbol{q}_e^{\mathrm{T}}\frac{EA}{l}\boldsymbol{N}_1^{\mathrm{T}}\boldsymbol{N}_1\boldsymbol{q}_e \tag{2-8-8}$$

同理，得出图 2-8-1 中下斜杆（图 2-8-3）应变能一阶变分式

$$\delta U_{下斜杆} = \delta\boldsymbol{q}_e^{\mathrm{T}}\frac{EA}{l}\boldsymbol{N}_2^{\mathrm{T}}\boldsymbol{N}_2\boldsymbol{q}_e \tag{2-8-9}$$

式中：$\boldsymbol{N}_2 = \{-\cos\theta \quad \sin\theta \quad \cos\theta \quad -\sin\theta\}$。　(2-8-10)

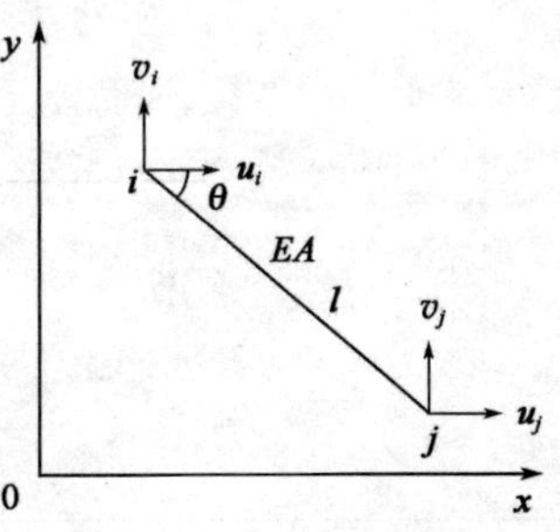

图 2-8-3　下斜杆位移模式

式(2-8-8)中,$\frac{EA}{l}\boldsymbol{N}_1^{\mathrm{T}}\boldsymbol{N}_1$ 为上斜杆的单元刚度矩阵 $\boldsymbol{K}^e_{上斜杆}$,与其相乘的 $\delta\boldsymbol{q}_e^{\mathrm{T}}$ 及 $\boldsymbol{q}_e$ 的"行""列"交叉位置,则表示 $\boldsymbol{K}^e_{上斜杆}$ 中对应元素的位置,引入式(2-8-7)并表出位移参数及其一阶变分的序号,得

$$\boldsymbol{K}^e_{上斜杆}=\begin{matrix} \\ \delta u_i \\ \delta v_i \\ \delta u_j \\ \delta v_j \end{matrix}\ \frac{EA}{l}\begin{matrix} u_i & v_i & u_j & v_j \\ \left[\begin{matrix} \cos^2\theta & \cos\theta\sin\theta & -\cos^2\theta & -\cos\theta\sin\theta \\ \cos\theta\sin\theta & \sin^2\theta & -\cos\theta\sin\theta & -\sin^2\theta \\ -\cos^2\theta & -\cos\theta\sin\theta & \cos^2\theta & \cos\theta\sin\theta \\ -\cos\theta\sin\theta & -\sin^2\theta & \cos\theta\sin\theta & \sin^2\theta \end{matrix}\right] \end{matrix} \tag{2-8-11}$$

同理,得出下斜杆单元刚度矩阵

$$\boldsymbol{K}^e_{下斜杆}=\begin{matrix} \\ \delta u_i \\ \delta v_i \\ \delta u_j \\ \delta v_j \end{matrix}\ \frac{EA}{l}\begin{matrix} u_i & v_i & u_j & v_j \\ \left[\begin{matrix} \cos^2\theta & -\cos\theta\sin\theta & -\cos^2\theta & \cos\theta\sin\theta \\ -\cos\theta\sin\theta & \sin^2\theta & \cos\theta\sin\theta & -\sin^2\theta \\ -\cos^2\theta & \cos\theta\sin\theta & \cos^2\theta & -\cos\theta\sin\theta \\ \cos\theta\sin\theta & -\sin^2\theta & -\cos\theta\sin\theta & \sin^2\theta \end{matrix}\right] \end{matrix} \tag{2-8-12}$$

水平铰接杆(图 2-8-4)的应变能

$$U_{水平杆}=\frac{EA}{2l}(u_j-u_i)^2$$

其一阶变分为

$$\delta U_{水平杆}=\frac{EA}{l}(u_j-u_i)(\delta u_j-\delta u_i)=\frac{EA}{l}(\delta u_j u_j-\delta u_j u_i-\delta u_i u_j+\delta u_i u_i)$$

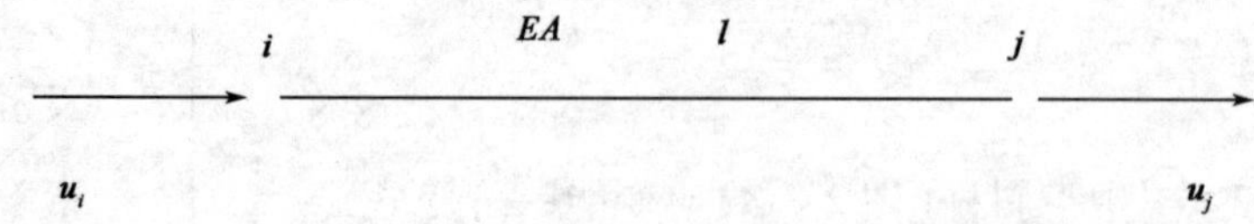

图 2-8-4　水平杆位移模式

由它直接写出其单元刚度矩阵

$$\boldsymbol{K}^e_{水平杆}=\begin{matrix}\delta u_i\\ \delta u_j\end{matrix}\ \frac{EA}{l}\ \overset{\begin{matrix}u_i & \quad u_j\end{matrix}}{\begin{bmatrix}1 & -1\\ -1 & 1\end{bmatrix}} \tag{2-8-13}$$

同理,得出竖杆(图 2-8-5)单元刚度矩阵

$$\boldsymbol{K}^e_{竖杆}=\begin{matrix}\delta v_i\\ \delta v_j\end{matrix}\ \frac{EA}{l}\ \overset{\begin{matrix}v_i & \quad v_j\end{matrix}}{\begin{bmatrix}1 & -1\\ -1 & 1\end{bmatrix}} \tag{2-8-14}$$

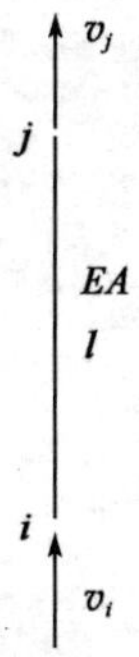

图 2-8-5　竖杆位移模式

建立该平面桁架的总体刚度矩阵与荷载列阵,具体如下。按图 2-8-1,取每根杆件作为一个单元,该桁架弹性总势能为

$$\Pi = U_{上水平杆} + U_{上斜杆} + U_{下斜杆} + U_{下水平杆} + U_{竖杆} - 20v_1 + 40v_2 - 10u_1 - 30u_2$$

其一阶变分

$$\delta\Pi = \delta U_{上水平杆} + \delta U_{上斜杆} + \delta U_{下斜杆} + \delta U_{下水平杆} + \delta U_{竖杆} - 20\delta v_1 + 40\delta v_2 - 10\delta u_1 - 30\delta u_2$$

$$= \begin{Bmatrix}\delta u_3\\ \delta u_1\end{Bmatrix}^{\mathrm T}\boldsymbol{K}^e_{上水平杆}\begin{Bmatrix}u_3\\ u_1\end{Bmatrix} + \begin{Bmatrix}\delta u_4\\ \delta v_4\\ \delta u_1\\ \delta v_1\end{Bmatrix}^{\mathrm T}\boldsymbol{K}^e_{上斜杆}\begin{Bmatrix}u_4\\ v_4\\ u_1\\ v_1\end{Bmatrix} + \begin{Bmatrix}\delta u_3\\ \delta v_3\\ \delta u_2\\ \delta v_2\end{Bmatrix}^{\mathrm T}\boldsymbol{K}^e_{下斜杆}\begin{Bmatrix}u_3\\ v_3\\ u_2\\ v_2\end{Bmatrix} +$$

$$\begin{Bmatrix}\delta u_4\\ \delta u_2\end{Bmatrix}^{\mathrm T}\boldsymbol{K}^e_{下水平杆}\begin{Bmatrix}u_4\\ u_2\end{Bmatrix} + \begin{Bmatrix}\delta v_2\\ \delta v_1\end{Bmatrix}^{\mathrm T}\boldsymbol{K}^e_{竖杆}\begin{Bmatrix}v_2\\ v_1\end{Bmatrix} - \begin{Bmatrix}\delta u_1\\ \delta v_1\\ \delta u_2\\ \delta v_2\end{Bmatrix}^{\mathrm T}\begin{Bmatrix}10\\ 20\\ 30\\ -40\end{Bmatrix}$$

$$= 0 \tag{2-8-15}$$

将式(2-8-11)~式(2-8-14)代入上式并按 δu_1、δv_1、δu_2、δv_2、δu_3、δv_3、δu_4、δv_4 集合,得

$$\delta\boldsymbol{q}^{\mathrm T}\boldsymbol{K}\boldsymbol{q} = \delta\boldsymbol{q}^{\mathrm T}\boldsymbol{Q} \tag{2-8-16}$$

式中

$$\boldsymbol{q} = \{u_1 \quad v_1 \quad u_2 \quad v_2 \quad u_3 \quad v_3 \quad u_4 \quad v_4\}^{\mathrm T}$$

$$\delta\boldsymbol{q} = \{\delta u_1 \quad \delta v_1 \quad \delta u_2 \quad \delta v_2 \quad \delta u_3 \quad \delta v_3 \quad \delta u_4 \quad \delta v_4\}^{\mathrm T}$$

得到总体刚度矩阵

$$\boldsymbol{K}=\frac{EA}{3\,000}\begin{array}{c} \\ \delta u_1 \\ \delta v_1 \\ \delta u_2 \\ \delta v_2 \\ \delta u_3 \\ \delta v_3 \\ \delta u_4 \\ \delta v_4 \end{array}\begin{array}{c} \begin{array}{cccccccc} u_1 & v_1 & u_2 & v_2 & u_3 & v_3 & u_4 & v_4 \end{array} \\ \begin{bmatrix} 567 & 144 & 0 & 0 & -375 & 0 & -192 & -144 \\ 144 & 608 & 0 & -500 & 0 & 0 & -144 & -108 \\ 0 & 0 & 567 & -144 & -192 & 144 & -375 & 0 \\ 0 & -500 & -144 & 608 & 144 & -108 & 0 & 0 \\ -375 & 0 & -192 & 144 & 567 & -144 & 0 & 0 \\ 0 & 0 & 144 & -108 & -144 & 108 & 0 & 0 \\ -192 & -144 & -375 & 0 & 0 & 0 & 567 & 144 \\ -144 & -108 & 0 & 0 & 0 & 0 & 144 & 108 \end{bmatrix} \end{array}$$

总体荷载列阵

$$\begin{array}{c} \begin{array}{cccccccc} \delta u_1 & \delta v_1 & \delta u_2 & \delta v_2 & \delta u_3 & \delta v_3 & \delta u_4 & \delta v_4 \end{array} \\ \boldsymbol{Q}=\{10 \quad 20 \quad 30 \quad -40 \quad 0 \quad 0 \quad 0 \quad 0\}^{\mathrm{T}} \end{array}$$

由式(2-8-15)知:$\boldsymbol{K}=\boldsymbol{K}^e_{上水平杆}+\boldsymbol{K}^e_{上斜杆}+\boldsymbol{K}^e_{下斜杆}+\boldsymbol{K}^e_{下水平杆}+\boldsymbol{K}^e_{竖杆}$,即为各单元刚度矩阵的"组合",此处仅表示基于"对号入座"法则的矩阵拼装关系,而不是数学上的矩阵相加。

因 $\delta\boldsymbol{q}^{\mathrm{T}}\neq 0$,故由式(2-8-16)得结构平衡矩阵方程

$$\boldsymbol{K}\boldsymbol{q}=\boldsymbol{Q} \tag{2-8-17}$$

图 2-8-1 结构的位移边界条件为

$$u_3=v_3=u_4=v_4=0$$

故修改边界条件后的平衡矩阵方程为

$$\boldsymbol{K}_0\boldsymbol{q}_0=\boldsymbol{Q}_0 \tag{2-8-18}$$

此地,$\boldsymbol{K}_0$、$\boldsymbol{Q}_0$、$\boldsymbol{q}_0$ 分别为修改边界条件后的结构总体刚度矩阵、荷载列阵及位移参数列阵,具体为

$$\boldsymbol{K}_0=\begin{array}{c} \\ \delta u_1 \\ \delta v_1 \\ \delta u_2 \\ \delta v_2 \end{array}\frac{EA}{3\,000}\begin{array}{c} \begin{array}{cccc} u_1 & v_1 & u_2 & v_2 \end{array} \\ \begin{bmatrix} 567 & 144 & 0 & 0 \\ 144 & 608 & 0 & -500 \\ 0 & 0 & 567 & -144 \\ 0 & -500 & -144 & 608 \end{bmatrix} \end{array} \tag{2-8-19}$$

$$\boldsymbol{Q}_0=\begin{array}{c} \delta u_1 \\ \delta v_1 \\ \delta u_2 \\ \delta v_2 \end{array}\begin{Bmatrix} 10 \\ 20 \\ 30 \\ -40 \end{Bmatrix},\boldsymbol{q}_0=\begin{Bmatrix} u_1 \\ v_1 \\ u_2 \\ v_2 \end{Bmatrix}$$

解方程(2-8-18),求出节点位移 u_1、v_1、u_2、v_2,再求各杆件的轴向应变和轴力。

上面分析是按照由单元刚度矩阵形成总体刚度矩阵,再修改边界条件,得出 $\boldsymbol{K}_0$ 及 $\boldsymbol{Q}_0$ 的

步骤进行的。为了提高分析效率，对于图 2-8-1 结构，若在计算之初就考虑边界条件，则结构弹性总势能为 $\Pi = U_{上水平杆} + U_{上斜杆} + U_{下斜杆} + U_{下水平杆} + U_{竖杆} - 20v_1 + 40v_2 - 10u_1 - 30u_2$，对 Π 取一阶变分

$$\delta\Pi = \frac{EA}{8}\delta u_1 u_1 + \frac{EA}{10}\left(\frac{4}{5}u_1 + \frac{3}{5}v_1\right)\left(\frac{4}{5}\delta u_1 + \frac{3}{5}\delta v_1\right) + \frac{EA}{10}\left(\frac{4}{5}u_2 - \frac{3}{5}v_2\right)\left(\frac{4}{5}\delta u_2 - \frac{3}{5}\delta v_2\right) +$$

$$\frac{EA}{8}\delta u_2 u_2 + \frac{EA}{6}(v_1\delta v_1 - \delta v_1 v_2 - \delta v_2 v_1 + \delta v_2 v_2) - 20\delta v_1 + 40\delta v_2 - 10\delta u_1 - 30\delta u_2 = 0$$

按 δu_1、δv_1、δu_2、δv_2 集合，应用上述“对号入座”法则整理后，同样得到式(2-8-18)。

【例 2-10】 平面连续梁有限元分析。

解：以图 2-8-6a）所示连续梁为例，假定该梁只能在竖平面产生弯曲变形，无轴向伸缩。将梁分为 N 个单元，$N+1$ 个节点，第 n 个单元的计算图式见图 2-8-6b），节点 i、j 的竖向变位分别为 v_i、v_j，以向下为正；转角位移为 v'_i、v'_j，以顺时针方向旋转为正。

首先，推导单元刚度矩阵 $\boldsymbol{K}^e$ 及单元荷载列阵 $\boldsymbol{Q}^e$。图 2-8-6b）所示平面梁单元的节点位移参数为

$$\boldsymbol{q}_e = \begin{Bmatrix} \boldsymbol{q}_i \\ \boldsymbol{q}_j \end{Bmatrix} \tag{2-8-20}$$

式中 $\boldsymbol{q}_i = \begin{Bmatrix} v_i \\ v'_i \end{Bmatrix}, \boldsymbol{q}_j = \begin{Bmatrix} v_j \\ v'_j \end{Bmatrix}, v' = \dfrac{\mathrm{d}v}{\mathrm{d}z}$。

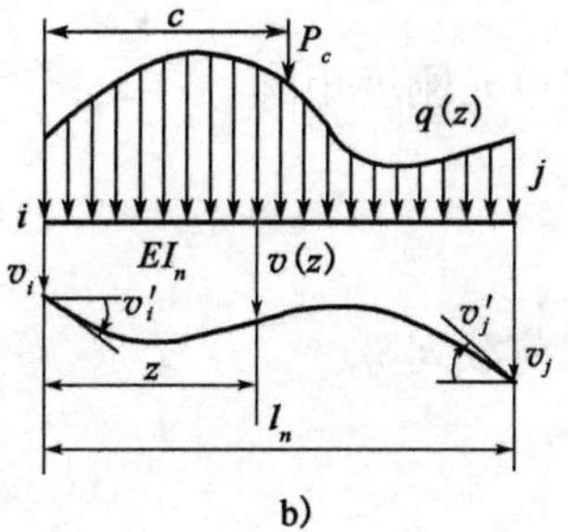

图 2-8-6 连续梁有限元分析

a）单元划分示意图；b）单元位移模型

假定单元竖向挠曲位移函数 $v(z)$ 用下式给出

$$v(z) = a_0 + a_1 z + a_2 z^2 + a_3 z^3 \tag{2-8-21}$$

单元几何边界条件：$z = 0, v(0) = v_i, v'(0) = v'_i$；$z = l_n, v(l_n) = v_j, v'(l_n) = v'_j$，代入式(2-8-21)，得出

$$v(z) = \boldsymbol{N}\boldsymbol{q}_e \tag{2-8-22}$$

式中 $$\boldsymbol{N} = \{N_1 \quad N_2 \quad N_3 \quad N_4\} \tag{2-8-23}$$

$$N_1 = 1 - 3\left(\frac{z}{l_n}\right)^2 + 2\left(\frac{z}{l_n}\right)^3$$

$$N_2 = z - 2\frac{z^2}{l_n} + \frac{z^3}{l_n^2}$$

$$N_3 = 3\left(\frac{z}{l_n}\right)^2 - 2\left(\frac{z}{l_n}\right)^3$$

$$N_4 = -\frac{z^2}{l_n} + \frac{z^3}{l_n^2}$$

单元弯曲应变能 $U_n = \int_0^{l_n} \frac{M\mathrm{d}\theta}{2} = \int_0^{l_n} \frac{EI_n v''}{2} \frac{\mathrm{d}(v')}{\mathrm{d}z}\mathrm{d}z = \frac{EI_n}{2}\int_0^{l_n} (v'')^2 \mathrm{d}z$

单元外荷载位势 $V_n = -\int_0^{l_n} qv\mathrm{d}z - P_c v(c)$

单元弹性总势能 $\Pi_n = U_n + V_n = \frac{EI_n}{2}\int_0^{l_n} (v'')^2\mathrm{d}z - \int_0^{l_n} qv\mathrm{d}z - P_c v(c)$

由势能驻值原理得 $\delta\Pi_n = EI_n\int_0^{l_n} v''\delta v''\mathrm{d}z - \int_0^{l_n} q\delta v\mathrm{d}z - P_c\delta v(c) = 0$

将式(2-8-22)、式(2-8-23)代入上式并考虑 $v'' = \boldsymbol{N}''\boldsymbol{q}_e$,$\delta v'' = \boldsymbol{N}''\delta\boldsymbol{q}_e$,$\delta v = \boldsymbol{N}\delta\boldsymbol{q}_e$,$\delta v(c) = \boldsymbol{N}_{z=c}\delta\boldsymbol{q}_e$,$\int_0^{l_n} q\boldsymbol{N}\delta\boldsymbol{q}_e\mathrm{d}z = \delta\boldsymbol{q}_e^{\mathrm{T}}\int_0^{l_n} q\boldsymbol{N}^{\mathrm{T}}\mathrm{d}z$,$P_c\delta v(c) = P_c\boldsymbol{N}_{z=c}\delta\boldsymbol{q}_e = \delta\boldsymbol{q}_e^{\mathrm{T}} P_c\boldsymbol{N}_{z=c}^{\mathrm{T}}$。

得出
$$\delta\boldsymbol{q}_e^{\mathrm{T}} EI_n\int_0^{l_n} \boldsymbol{N}''^{\mathrm{T}}\boldsymbol{N}''\mathrm{d}z\boldsymbol{q}_e = \delta\boldsymbol{q}_e^{\mathrm{T}}\left(\int_0^{l_n} q\boldsymbol{N}^{\mathrm{T}}\mathrm{d}z + P_c\boldsymbol{N}_{z=c}^{\mathrm{T}}\right) \tag{2-8-24}$$

因 $\delta\boldsymbol{q}_e^{\mathrm{T}} \neq 0$,故

$$\boldsymbol{K}^e\boldsymbol{q}_e = \boldsymbol{Q}^e \tag{2-8-25}$$

式中单元刚度矩阵

$$\boldsymbol{K}^e = EI_n\int_0^{l_n} \boldsymbol{N}''^{\mathrm{T}}\boldsymbol{N}''\mathrm{d}z \tag{2-8-26}$$

单元荷载列阵

$$\boldsymbol{Q}^e = \int_0^{l_n} q\boldsymbol{N}^{\mathrm{T}}\mathrm{d}z + P_c\boldsymbol{N}_{z=c}^{\mathrm{T}} \tag{2-8-27}$$

考虑 $\int_0^{l_n} \boldsymbol{N}''^{\mathrm{T}}\boldsymbol{N}''\mathrm{d}z = \int_0^{l_n} \{N''_1 \quad N''_2 \quad N''_3 \quad N''_4\}^{\mathrm{T}}\{N''_1 \quad N''_2 \quad N''_3 \quad N''_4\}\mathrm{d}z$,并将式(2-8-23)代入式(2-8-26)、式(2-8-27),得

$$\boldsymbol{K}^e = \begin{matrix} \\ \delta v_i \\ \delta v'_i \\ \delta v_j \\ \delta v'_j \end{matrix} \frac{EI_n}{l_n^3} \begin{matrix} \begin{matrix} v_i & v'_i & v_j & v'_j \end{matrix} \\ \begin{bmatrix} 12 & 6l_n & -12 & 6l_n \\ 6l_n & 4l_n^2 & -6l_n & 2l_n^2 \\ -12 & -6l_n & 12 & -6l_n \\ 6l_n & 2l_n^2 & -6l_n & 4l_n^2 \end{bmatrix} \end{matrix} \tag{2-8-28}$$

$$
\boldsymbol{Q}^{e}=\begin{matrix}\delta v_i\\ \\ \delta v_i'\\ \\ \delta v_j\\ \\ \delta v_j'\end{matrix}\left\{\begin{matrix}\dfrac{ql_n}{2}+(N_1)_{z=c}P_c\\ \dfrac{ql_n^2}{12}+(N_2)_{z=c}P_c\\ \dfrac{ql_n}{2}+(N_3)_{z=c}P_c\\ -\dfrac{ql_n^2}{12}+(N_4)_{z=c}P_c\end{matrix}\right\} \tag{2-8-29}
$$

在前述建立典型单元刚度矩阵、单元荷载列阵的基础上,下面建立连续梁的总体刚度矩阵和总体荷载列阵。

结构弹性应变能为 $U=\sum_{n=1}^{N}U_n+\frac{1}{2}k_0v_k^2=\sum_{n=1}^{N}\frac{EI_n}{2}\int_0^{l_n}(v'')^2\mathrm{d}z+\frac{1}{2}k_0v_k^2$,其中 k_0 为中间支承弹簧刚度系数,v_k 为节点 k 的竖向位移。

结构外荷载位势为

$$
V=\sum_{n=1}^{N}V_n-P_sv_s
$$

其中 v_s 为节点 s 的竖向变位。

结构弹性总势能为

$$
\Pi=U+V=\sum_{n=1}^{N}U_n+\frac{1}{2}k_0v_k^2+\sum_{n=1}^{N}V_n-P_sv_s=\sum_{n=1}^{N}\frac{EI_n}{2}\int_0^{l_n}(v'')^2\mathrm{d}z+\frac{1}{2}k_0v_k^2+\sum_{n=1}^{N}V_n-P_sv_s
$$

$$
\begin{aligned}
\delta\Pi&=\delta U+\delta V=\sum_{n=1}^{N}\delta U_n+k_0v_k\delta v_k+\sum_{n=1}^{N}\delta V_n-P_s\delta v_s\\
&=\sum_{n=1}^{N}\delta\boldsymbol{q}_e^{\mathrm{T}}\boldsymbol{K}^e\boldsymbol{q}_e+k_0v_k\delta v_k-\sum_{n=1}^{N}\delta\boldsymbol{q}_e^{\mathrm{T}}\boldsymbol{Q}^e-P_s\delta v_s=0
\end{aligned} \tag{2-8-30}
$$

按结构各节点位移参数的一阶变分集合,得

$$
\delta\boldsymbol{q}^{\mathrm{T}}\boldsymbol{K}\boldsymbol{q}=\delta\boldsymbol{q}^{\mathrm{T}}\boldsymbol{Q} \tag{2-8-31}
$$

$$
\boldsymbol{K}=\sum_{n=1}^{N}\boldsymbol{K}^e+k_0(v_k\delta v_k),\boldsymbol{Q}=\sum_{n=1}^{N}\boldsymbol{Q}^e+P_s(\delta v_s) \tag{2-8-32}
$$

式中:$\boldsymbol{K}$——结构总体刚度矩阵;

$\boldsymbol{Q}$——结构总体荷载列阵;

$\boldsymbol{q}$、$\delta\boldsymbol{q}$——结构位移参数列阵及其一阶变分。

式(2-8-32)再次表示“对号入座”法则的含义,不是数学上的矩阵相加。其中,$k_0v_k\delta v_k$项表示刚度元素 k_0 应累加到总体刚度矩阵中 $v_k\delta v_k$ 对应位置,$P_s\delta v_s$ 项表示荷载 P_s 应累加到总体荷载列阵中 δv_s 对应行。因 $\delta\boldsymbol{q}^{\mathrm{T}}\neq0$,得到结构平衡矩阵方程

$$
\boldsymbol{K}\boldsymbol{q}=\boldsymbol{Q} \tag{2-8-33}
$$

【例 2-11】 求图 2-8-7 所示连续梁的总体刚度矩阵及总体荷载列阵。

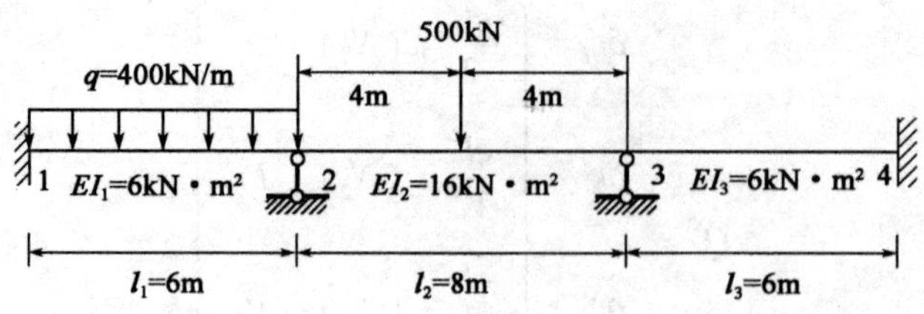

图 2-8-7 连续梁示意图

解:每跨取为一个单元,因节点处无竖向变位,每单元只需取两个节点位移参数 v_i' 及 v_j'。由式(2-8-28)得

$$\boldsymbol{K}_{\overline{12}}^{e}=\begin{matrix} & v_1' & v_2' \\ \delta v_1' & 4 & 2 \\ \delta v_2' & 2 & 4\end{matrix}$$

$$\boldsymbol{K}_{\overline{23}}^{e}=\begin{matrix} & v_2' & v_3' \\ \delta v_2' & 8 & 4 \\ \delta v_3' & 4 & 8\end{matrix}\qquad \boldsymbol{K}_{\overline{34}}^{e}=\begin{matrix} & v_3' & v_4' \\ \delta v_3' & 4 & 2 \\ \delta v_4' & 2 & 4\end{matrix}$$

得到总体刚度矩阵

$$\boldsymbol{K}=\boldsymbol{K}_{\overline{12}}^{e}+\boldsymbol{K}_{\overline{23}}^{e}+\boldsymbol{K}_{\overline{34}}^{e}=\begin{matrix} & v_1' & v_2' & v_3' & v_4' \\ \delta v_1' & 4 & 2 & 0 & 0 \\ \delta v_2' & 2 & 4+8 & 4 & 0 \\ \delta v_3' & 0 & 4 & 8+4 & 2 \\ \delta v_4' & 0 & 0 & 2 & 4\end{matrix}$$

由式(2-8-29),$\boldsymbol{Q}_{\overline{12}}^{e}=\begin{matrix}\delta v_1' \\ \delta v_2'\end{matrix}\begin{Bmatrix}\dfrac{ql_1^2}{12} \\ -\dfrac{ql_1^2}{12}\end{Bmatrix}=\begin{matrix}\delta v_1' \\ \delta v_2'\end{matrix}\begin{Bmatrix}1\,200 \\ -1\,200\end{Bmatrix}$

$$\boldsymbol{Q}_{\overline{23}}^{e}=\begin{matrix}\delta v_2' \\ \delta v_3'\end{matrix}\begin{Bmatrix}P_c(N_2)_{z=\frac{l_2}{2}} \\ P_c(N_4)_{z=\frac{l_2}{2}}\end{Bmatrix}=\begin{matrix}\delta v_2' \\ \delta v_3'\end{matrix}\begin{Bmatrix}500 \\ -500\end{Bmatrix}$$

$$\boldsymbol{Q}_{\overline{34}}^{e}=\begin{matrix}\delta v_3' \\ \delta v_4'\end{matrix}\begin{Bmatrix}0 \\ 0\end{Bmatrix}$$

总体荷载列阵 $\boldsymbol{Q}=\boldsymbol{Q}_{\overline{12}}^{e}+\boldsymbol{Q}_{\overline{23}}^{e}+\boldsymbol{Q}_{\overline{34}}^{e}=\begin{matrix}\delta v_1' \\ \delta v_2' \\ \delta v_3' \\ \delta v_4'\end{matrix}\begin{Bmatrix}1\,200 \\ -700 \\ -500 \\ 0\end{Bmatrix}$

几何边界条件为

$$v'_1 = v'_4 = 0$$

修改边界条件后的总体刚度矩阵及总体荷载列阵为

$$\boldsymbol{K}_0 = \begin{matrix} & v'_2 & v'_3 \\ \delta v'_2 & 12 & 4 \\ \delta v'_3 & 4 & 12 \end{matrix} \qquad \boldsymbol{Q}_0 = \begin{matrix} \delta v'_2 \\ \delta v'_3 \end{matrix} \begin{Bmatrix} -700 \\ -500 \end{Bmatrix}$$

通过以上 3 个实例,总结“对号入座”法则的基本思想如下:

(1)将结构离散为若干单元,选取结构坐标系及各节点位移参数并编号,假定单元位移模式,计算结构弹性总势能 Π。

(2)由单元应变能 U_n 一阶变分 δU_n 形成单元刚度矩阵,由单元外荷载势能 V_n 一阶变分的负值 $-\delta V_n$ 形成单元荷载列阵(这里加一个负号,实际上是将荷载列阵移至平衡方程的右边)。

(3)组拼各单元刚度矩阵并加入不属于任一单元的部件应变能的一阶变分项,得出总体刚度矩阵;组拼各单元荷载列阵并加入仅属于节点的外荷载位势一阶变分的负值,形成总体荷载列阵。

(4)矩阵各元素的位置均按“对号入座”法则确定。“对号入座”法则的根本思想是:位移参数一阶变分的序号代表矩阵的“行”,位移参数序号表示“列”,“行”与“列”相交点决定刚度矩阵元素的位置。

2.9　动力系统形成系统矩阵的“对号入座”法则

弹性系统动力学总势能不变值原理 $\delta_\varepsilon \Pi_d = 0$ 包含了系统应变能的一阶变分 δU_i,干扰力势能及重力势能的一阶变分 $\delta V_p + \delta V_g$,惯性力势能的一阶变分 δV_m,以及阻尼力势能的一阶变分 δV_c。按“对号入座”法则,由 δU_i 形成系统刚度矩阵 $\boldsymbol{K}$,由 $-(\delta V_p + \delta V_g)$ 形成系统荷载列阵 $\boldsymbol{Q}$(因荷载列阵移至平衡方程右边,故加负号),由 δV_m 形成系统的质量矩阵 $\boldsymbol{M}$,由 δV_c 形成系统的阻尼矩阵 $\boldsymbol{C}$。因为 $\delta V_m = \delta C_i \dfrac{\partial V_m}{\partial C_i}$,此时与位移参数一阶变分 δC_i 相乘的 $\dfrac{\partial V_m}{\partial C_i}$ 包含了加速度参数 $\ddot{C}_j$,$\ddot{C}_j$ 中的 j 表示质量矩阵 $\boldsymbol{M}$ 元素的“列”号,故 δV_m 中与 $\delta C_i \ddot{C}_j$ 相乘的系数应放在质量矩阵 $\boldsymbol{M}$ 的第 i“行”与第 j“列”相交叉的位置上。因为 δV_c 中包含了 $\delta C_i \dot{C}_j$,$\dot{C}_j$ 为速度参数,同样,δV_c 中与 $\delta C_i \dot{C}_j$ 相乘的系数应放在系统阻尼矩阵 $\boldsymbol{C}$ 的第 i“行”与第 j“列”交叉的位置上。

【例 2-12】 连续梁在竖平面内的振动分析。

解:进一步考虑例题 2-10 所示连续梁竖向振动分析。取典型梁段如图 2-9-1 所示,其中 $m(z)$,$c(z)$分别为单位长度质量及黏滞阻尼系数,惯性力及阻尼力势能分别为

$$V_m = \sum_{n=1}^{N}\int_0^{l_n} m(z)\ddot{v}(z,t)v(z,t)\,\mathrm{d}z$$

$$V_c = \sum_{n=1}^{N}\int_0^{l_n} c(z)\dot{v}(z,t)v(z,t)\,\mathrm{d}z$$

其中

$$\dot{v}(z,t) = \frac{\mathrm{d}v(z,t)}{\mathrm{d}t} = \frac{\mathrm{d}}{\mathrm{d}t}[\boldsymbol{N}\boldsymbol{q}_e(t)] = \boldsymbol{N}\dot{\boldsymbol{q}}_e(t) \tag{2-9-1}$$

$$\ddot{v}(z,t) = \frac{\mathrm{d}^2 v(z,t)}{\mathrm{d}t^2} = \frac{\mathrm{d}^2}{\mathrm{d}t^2}[\boldsymbol{N}\boldsymbol{q}_e(t)] = \boldsymbol{N}\ddot{\boldsymbol{q}}_e(t) \tag{2-9-2}$$

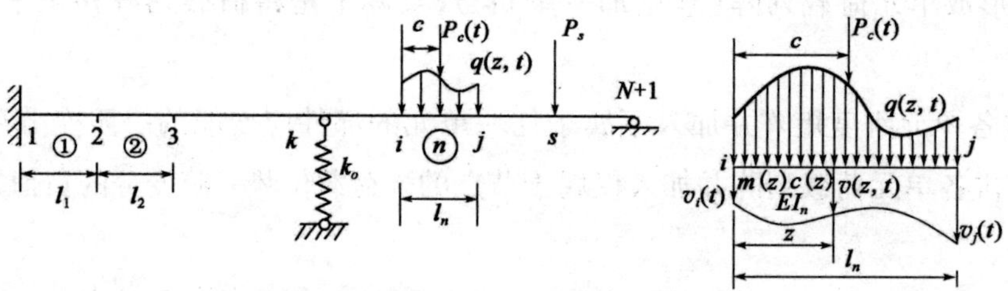

图 2-9-1 连续梁竖平面振动计算

梁在任一时刻 t 的总势能为

$$\Pi_d = \sum_{n=1}^{N}U_n + \frac{1}{2}k_0 v_k^2(t) + \sum_{n=1}^{N}V_n - P_s(t)v_s(t) + \sum_{n=1}^{N}\int_0^{l_n} m(z)\ddot{v}(z,t)v(z,t)\,\mathrm{d}z + \sum_{n=1}^{N}\int_0^{l_n} c(z)\dot{v}(z,t)v(z,t)\,\mathrm{d}z$$

其一阶变分为

$$\delta_\varepsilon \Pi_d = \sum_{n=1}^{N}\delta U_n + k_0 v_k(t)\delta v_k(t) + \sum_{n=1}^{N}\delta V_n - P_s(t)\delta v_s(t) + \sum_{n=1}^{N}\int_0^{l_n} m(z)\ddot{v}(z,t)\delta v(z,t)\,\mathrm{d}z + \sum_{n=1}^{N}\int_0^{l_n} c(z)\dot{v}(z,t)\delta v(z,t)\,\mathrm{d}z = 0$$

为简化书写,以下计算式中的位移参数都不写坐标 z 及时间 t。

将式(2-8-22)、式(2-9-1)、式(2-9-2)代入上式并考虑式(2-8-30),得出

$$\sum_{n=1}^{N}\delta\boldsymbol{q}_e^{\mathrm{T}}\boldsymbol{K}^e\boldsymbol{q}_e + k_0 v_k \delta v_k - \sum_{n=1}^{N}\delta\boldsymbol{q}_e^{\mathrm{T}}\boldsymbol{Q}^e - P_s\delta v_s + \sum_{n=1}^{N}\delta\boldsymbol{q}_e^{\mathrm{T}}\boldsymbol{M}^e\ddot{\boldsymbol{q}}_e + \sum_{n=1}^{N}\delta\boldsymbol{q}_e^{\mathrm{T}}\boldsymbol{C}^e\dot{\boldsymbol{q}}_e = 0 \tag{2-9-3}$$

式中：$\ddot{\boldsymbol{q}}_e = \frac{\mathrm{d}^2}{\mathrm{d}t^2}\begin{Bmatrix}\boldsymbol{q}_i\\ \boldsymbol{q}_j\end{Bmatrix} = \{\ddot{v}_i \quad \ddot{v}'_i \quad \ddot{v}_j \quad \ddot{v}'_j\}^{\mathrm{T}}$，$\dot{\boldsymbol{q}}_e = \frac{\mathrm{d}}{\mathrm{d}t}\begin{Bmatrix}\boldsymbol{q}_i\\ \boldsymbol{q}_j\end{Bmatrix} = \{\dot{v}_i \quad \dot{v}'_i \quad \dot{v}_j \quad \dot{v}'_j\}^{\mathrm{T}}$

单元质量矩阵为

$$\boldsymbol{M}^e = \int_0^{l_n} m(z)\boldsymbol{N}^{\mathrm{T}}\boldsymbol{N}\mathrm{d}z \tag{2-9-4}$$

单元阻尼矩阵为

$$\boldsymbol{C}^e = \int_0^{l_n} c(z)\boldsymbol{N}^{\mathrm{T}}\boldsymbol{N}\mathrm{d}z \tag{2-9-5}$$

按结构各节点位移参数的一阶变分集合，整理后，得

$$\delta\boldsymbol{q}^{\mathrm{T}}(\boldsymbol{M}\ddot{\boldsymbol{q}} + \boldsymbol{C}\dot{\boldsymbol{q}} + \boldsymbol{K}\boldsymbol{q}) = \delta\boldsymbol{q}^{\mathrm{T}}\boldsymbol{Q} \tag{2-9-6}$$

因 $\delta\boldsymbol{q}^{\mathrm{T}} \neq 0$，故结构运动的矩阵方程为

$$\boldsymbol{M}\ddot{\boldsymbol{q}} + \boldsymbol{C}\dot{\boldsymbol{q}} + \boldsymbol{K}\boldsymbol{q} = \boldsymbol{Q} \tag{2-9-7}$$

结构质量矩阵　$\boldsymbol{M} = \sum_{n=1}^{N}\int_0^{l_n} m(z)\boldsymbol{N}^{\mathrm{T}}\boldsymbol{N}\mathrm{d}z$

结构阻尼矩阵　$\boldsymbol{C} = \sum_{n=1}^{N}\int_0^{l_n} c(z)\boldsymbol{N}^{\mathrm{T}}\boldsymbol{N}\mathrm{d}z$

$$\ddot{\boldsymbol{q}} = \{\ddot{v}_1 \quad \ddot{v}'_1 \quad \ddot{v}_2 \quad \ddot{v}'_2 \quad \cdots \quad \ddot{v}_{N+1} \quad \ddot{v}'_{N+1}\}^{\mathrm{T}}$$

$$\dot{\boldsymbol{q}} = \{\dot{v}_1 \quad \dot{v}'_1 \quad \dot{v}_2 \quad \dot{v}'_2 \quad \cdots \quad \dot{v}_{N+1} \quad \dot{v}'_{N+1}\}^{\mathrm{T}}$$

$$\boldsymbol{q} = \{v_1 \quad v'_1 \quad v_2 \quad v'_2 \quad \cdots \quad v_{N+1} \quad v'_{N+1}\}^{\mathrm{T}}$$

$\boldsymbol{K}$ 及 $\boldsymbol{Q}$ 的表达式见式(2-8-32)。

由式(2-9-3)知：单元质量矩阵 $\boldsymbol{M}^e$ 及单元阻尼矩阵 $\boldsymbol{C}^e$ 中各元素的位置，分别由 $\delta\boldsymbol{q}_e^{\mathrm{T}}$ 与 $\ddot{\boldsymbol{q}}_e$ 及 $\delta\boldsymbol{q}_e^{\mathrm{T}}$ 与 $\dot{\boldsymbol{q}}_e$ 的“行”与“列”相交叉的位置确定。由式(2-9-6)知，$\boldsymbol{M}$ 及 $\boldsymbol{C}$ 中各元素的位置，分别由 $\delta\boldsymbol{q}^{\mathrm{T}}$ 与 $\ddot{\boldsymbol{q}}$ 及 $\delta\boldsymbol{q}^{\mathrm{T}}$ 与 $\dot{\boldsymbol{q}}$ 的“行”与“列”相交叉的位置确定。

当分布质量系数为常数时，即 $m(z) = \overline{m}$，式(2-9-4)可写为

$$\boldsymbol{M}^e = \overline{m}\int_0^{l_n}\boldsymbol{N}^{\mathrm{T}}\boldsymbol{N}\mathrm{d}z = \overline{m}\begin{bmatrix} \int_0^{l_n} N_1^2\mathrm{d}z & \int_0^{l_n} N_1N_2\mathrm{d}z & \int_0^{l_n} N_1N_3\mathrm{d}z & \int_0^{l_n} N_1N_4\mathrm{d}z \\ \int_0^{l_n} N_2N_1\mathrm{d}z & \int_0^{l_n} N_2^2\mathrm{d}z & \int_0^{l_n} N_2N_3\mathrm{d}z & \int_0^{l_n} N_2N_4\mathrm{d}z \\ \int_0^{l_n} N_3N_1\mathrm{d}z & \int_0^{l_n} N_3N_2\mathrm{d}z & \int_0^{l_n} N_3^2\mathrm{d}z & \int_0^{l_n} N_3N_4\mathrm{d}z \\ \int_0^{l_n} N_4N_1\mathrm{d}z & \int_0^{l_n} N_4N_2\mathrm{d}z & \int_0^{l_n} N_4N_3\mathrm{d}z & \int_0^{l_n} N_4^2\mathrm{d}z \end{bmatrix}$$

$$
\begin{matrix} & & \ddot{v}_i & \ddot{v}_i' & \ddot{v}_j & \ddot{v}_j' \\
\begin{matrix}\delta v_i \\ \delta v_i' \\ \delta v_j \\ \delta v_j'\end{matrix} & = \dfrac{\overline{m}l_n}{420} & \multicolumn{4}{c}{\begin{bmatrix} 156 & 22l_n & 54 & -13l_n \\ 22l_n & 4l_n^2 & 13l_n & -3l_n^2 \\ 54 & 13l_n & 156 & -22l_n \\ -13l_n & -3l_n^2 & -22l_n & 4l_n^2 \end{bmatrix}} \end{matrix} \tag{2-9-8}
$$

振动试验只能测出对应于结构某一阶振型的阻尼系数(见第 4 章);而式(2-9-5)中的黏滞阻尼系数 $c(z)$ 并非对应于结构的任一阶振型,因而是不知道的,因此 $\boldsymbol{C}^e$ 算不出来。振动计算中 $\boldsymbol{C}$ 的处理方法见后。

【例 2-13】 求图 2-9-2 刚架在某平面内振动时的质量矩阵 $\boldsymbol{M}$ 及刚度矩阵 $\boldsymbol{K}$,计算资料见图 2-9-2。

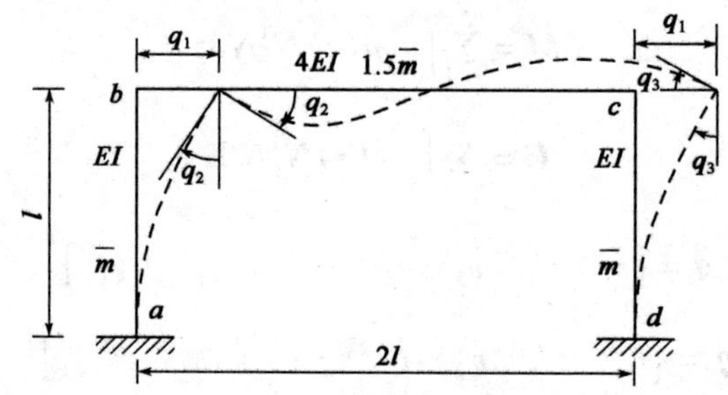

图 2-9-2 单层单榀平面刚架

解:将刚架划分为 $\overline{ab}$、$\overline{bc}$、$\overline{dc}$ 三个单元,共有 q_1(节点 b、c 水平侧移)、q_2(节点 b 的顺时针转角)、q_3(节点 c 的顺时针转角)3 个广义位移参数。

由式(2-8-28),得各单元刚度矩阵如下:

$$
\boldsymbol{K}_{\overline{ab}}^e = \begin{matrix}\delta q_1 \\ \delta q_2\end{matrix} \quad \frac{EI}{l}\overset{\begin{matrix} q_1 & \quad q_2 \end{matrix}}{\begin{bmatrix} \dfrac{12}{l^2} & -\dfrac{6}{l} \\ -\dfrac{6}{l} & 4 \end{bmatrix}} = \begin{matrix}\delta q_1 \\ \delta q_2\end{matrix} \quad \frac{2EI}{l^3}\overset{\begin{matrix} q_1 & \quad q_2 \end{matrix}}{\begin{bmatrix} 6 & -3l \\ -3l & 2l^2 \end{bmatrix}}
$$

$$
\boldsymbol{K}_{\overline{bc}}^e = \begin{matrix}\delta q_2 \\ \delta q_3\end{matrix} \quad \frac{4EI}{2l}\overset{\begin{matrix} q_2 & q_3 \end{matrix}}{\begin{bmatrix} 4 & 2 \\ 2 & 4 \end{bmatrix}} = \begin{matrix}\delta q_2 \\ \delta q_3\end{matrix} \quad \frac{2EI}{l^3}\overset{\begin{matrix} q_2 & q_3 \end{matrix}}{\begin{bmatrix} 4l^2 & 2l^2 \\ 2l^2 & 4l^2 \end{bmatrix}}
$$

$$
\boldsymbol{K}_{\overline{dc}}^e = \begin{matrix}\delta q_1 \\ \delta q_3\end{matrix} \quad \frac{EI}{l}\overset{\begin{matrix} q_1 & \quad q_3 \end{matrix}}{\begin{bmatrix} \dfrac{12}{l^2} & -\dfrac{6}{l} \\ -\dfrac{6}{l} & 4 \end{bmatrix}} = \begin{matrix}\delta q_1 \\ \delta q_3\end{matrix} \quad \frac{2EI}{l^3}\overset{\begin{matrix} q_1 & \quad q_3 \end{matrix}}{\begin{bmatrix} 6 & -3l \\ -3l & 2l^2 \end{bmatrix}}
$$

组拼各单元刚度矩阵得总体刚度矩阵

$$\begin{matrix} & & q_1 & q_2 & q_3 \\ \boldsymbol{K}= \begin{matrix}\delta q_1\\ \delta q_2\\ \delta q_3\end{matrix} & \dfrac{2EI}{l^3} & \left[\begin{matrix}12\\-3l\\-3l\end{matrix}\right. & \begin{matrix}-3l\\6l^2\\2l^2\end{matrix} & \left.\begin{matrix}-3l\\2l^2\\6l^2\end{matrix}\right]\end{matrix}$$

由式(2-9-8)得各单元质量矩阵

$$\boldsymbol{M}_{\overline{ab}}^{e}=\begin{matrix}\delta q_1\\ \delta q_2\end{matrix}\ \frac{\overline{m}l}{210}\begin{bmatrix}78 & -11l\\ -11l & 2l^2\end{bmatrix}\quad(\text{列}:\ \ddot{q}_1,\ \ddot{q}_2)$$

$$\boldsymbol{M}_{\overline{bc}}^{e}=\begin{matrix}\delta q_2\\ \delta q_3\end{matrix}\ \frac{1.5\overline{m}(2l)}{420}\begin{bmatrix}4(2l)^2 & -3(2l)^2\\ -3(2l)^2 & 4(2l)^2\end{bmatrix}=\begin{matrix}\delta q_2\\ \delta q_3\end{matrix}\ \frac{\overline{m}l}{210}\begin{bmatrix}24l^2 & -18l^2\\ -18l^2 & 24l^2\end{bmatrix}\quad(\text{列}:\ \ddot{q}_2,\ \ddot{q}_3)$$

$$\boldsymbol{M}_{\overline{dc}}^{e}=\begin{matrix}\delta q_1\\ \delta q_3\end{matrix}\ \frac{\overline{m}l}{210}\begin{bmatrix}78 & -11l\\ -11l & 2l^2\end{bmatrix}\quad(\text{列}:\ \ddot{q}_1,\ \ddot{q}_3)$$

$\overline{bc}$杆侧向运动 q_1 而产生的惯性力位势为 $1.5\overline{m}\times 2l\ddot{q}_1q_1$，其一阶变分为 $3\overline{m}l\ddot{q}_1\delta q_1$。组拼各单元质量矩阵，并将 $3\overline{m}l$ 加入与 $\delta q_1\ddot{q}_1$ 对应的位置，得总体质量矩阵

$$\boldsymbol{M}=\begin{matrix}\delta q_1\\ \delta q_2\\ \delta q_3\end{matrix}\ \frac{\overline{m}l}{210}\begin{bmatrix}786 & -11l & -11l\\ -11l & 26l^2 & -18l^2\\ -11l & -18l^2 & 26l^2\end{bmatrix}\quad(\text{列}:\ \ddot{q}_1,\ \ddot{q}_2,\ \ddot{q}_3)$$

由此可知，不论荷载如何分散作用，结构如何复杂，均可根据弹性系统动力学总势能不变值原理及形成系统矩阵的“对号入座”法则有条不紊地形成各种特性矩阵，建立体系振动分析的矩阵方程。

第3章　线性微振动的正则化方程

工程中的振动体系一般都具有无限个自由度。基于一定假定，可将无限自由度体系简化为有限的多自由度体系（单自由度体系为其特例）。第2章运用动力学基本原理建立了系统运动方程，这些方程一般都是坐标耦联的，必须求解多个联立方程才能得到体系响应，耦联使方程组求解复杂化。然而，只要系统广义坐标选择合适并引入一定假定（如瑞利阻尼假定），耦联的系统运动方程可化为相互独立的多个单自由度运动方程（即正则化方程），从而将多自由度问题转化为单自由度问题，这就是本章的主要任务。单自由度运动方程求解在第4章中阐述。

3.1　体系在稳定平衡位置附近的自由微振动

体系的振动一般围绕其静力平衡位置开展。第2章中约定描述一般系统振动的广义坐标 $q_i(i=1,2,\cdots,n)$ 就从这一位置算起，即体系静力平衡位置可用方程 $q_i=0$ 来描述。于是给定 q_i 的值则代表体系对这一位置的偏移（或称扰动）。

第2章已指出，拉格朗日方程是关于 q_i 的二阶微分方程。在大多数情形中，这些方程是非线性的，比如遇到非线性阻尼、出现大幅振动等，其积分甚为困难。工程实用振动分析中，常略去非线性运动方程内广义坐标（位移）和速度二次以上的非线性项，以得到线性振动微分方程。这样的处理称为非线性方程的线性化。

体系运动方程的线性化会使实际体系的振动产生怎样的变化？线性化方程还能不能反映体系的运动本质？等等问题需要回答。自然，线性化方程所描述的体系振动多少有些失真；但也可以想到：若原方程的被弃项比余下项小很多。这种失真也将无关紧要。而情况正是这样。如果在全部运动时间内 q_i 和 $\dot{q}_i$ 的值均很小，它们的二次幂和高次幂更小而可以忽略不计。这样，便得到结论：线性化方程所描述的振动，正是体系在静力平衡位置（即 $q_i=0$ 的位置）附近的微振动。

是不是所有体系静力平衡位置附近的自由微振动都能实现？引用著名的拉格朗日—狄里克雷定理来回答这个问题。该定理指出："如果在平衡位置上，保守系统的势能有孤立的极小值，那么在此位置（$q_1=q_2=\cdots=0$）的平衡是稳定的。"这里所说的孤立极小值是指：在某一充分靠近平衡位置的邻域 A，对于满足条件式（3-1-1）的任何 q_i 来说，体系的总势能 Π 只可以取正值，而当所有的 q_i 都等于零时，总势能也要变为零。这表示：在区域 A 中，体系总势能是诸

坐标 q_i 的正定函数。

$$q_1^2 + q_2^2 + \cdots + q_n^2 \leqslant \varepsilon \quad (\varepsilon \text{ 是微小的正数}) \tag{3-1-1}$$

由此定理反推，若体系的静平衡位置恰好是它的稳定平衡位置，则在初始扰动充分小时[即满足式(3-1-1)]体系将回复到初始平衡状态，或将回复到平衡状态的邻近；使体系的广义坐标 q_i 和广义速度 $\dot{q}_i$ 的绝对值绝不会超过预定的某一任意小量。体系的这种振动显然是自由微振动。故体系的稳定平衡是产生自由微振动的前提条件。

3.2　保守体系微振动的动能和势能

机械能守恒体系称为保守体系。机械能守恒的条件为：约束稳定及外势场驻定，无非有势力作用[31]。具有 l 个质点的系统动能可以写成

$$T = \frac{1}{2}\sum_{k=1}^{l} m_k \dot{\boldsymbol{r}}_k \cdot \dot{\boldsymbol{r}}_k$$

因为约束是稳定的，$\boldsymbol{r}_k$ 不显含时间 t，即 $\boldsymbol{r}_k = \boldsymbol{r}_k(q_1, q_2, \cdots, q_n)$，则有

$$\dot{\boldsymbol{r}}_k = \frac{\mathrm{d}}{\mathrm{d}t}\boldsymbol{r}_k(q_1, q_2, \cdots, q_n) = \sum_{m=1}^{n} \frac{\partial \boldsymbol{r}_k}{\partial q_m}\dot{\boldsymbol{q}}_m$$

所以

$$T = \frac{1}{2}\sum_{k=1}^{l} m_k \left(\sum_{m=1}^{n} \frac{\partial \boldsymbol{r}_k}{\partial q_m}\dot{q}_m \cdot \sum_{m=1}^{n} \frac{\partial \boldsymbol{r}_k}{\partial q_m}\dot{q}_m \right) = \frac{1}{2}\sum_{r=1}^{n}\sum_{m=1}^{n} a_{rm}\dot{q}_r\dot{q}_m \tag{3-2-1}$$

式中：$a_{rm} = \sum_{k=1}^{l} m_k \left(\frac{\partial \boldsymbol{r}_k}{\partial q_r} \cdot \frac{\partial \boldsymbol{r}_k}{\partial q_m} \right)$，$a_{rm}$ 为广义坐标的函数。

将系数 a_{rm} 在原点按泰勒级数展开，可得

$$a_{rm} = (a_{rm})_0 + \sum_{i=1}^{n} \left(\frac{\partial a_{rm}}{\partial q_i} \right)_0 q_i + \cdots$$

式中：$(a_{rm})_0$、$\left(\frac{\partial a_{rm}}{\partial q_i} \right)_0$——括号内的量在 $q_1 = q_2 = \cdots = q_n = 0$ 时的值。

因仅考虑线性微振动，只保留 a_{rm} 展开式中的常数项 $(a_{rm})_0$。令 $m_{rm} = (a_{rm})_0$，这样体系在平衡位置附近振动时的动能计算式为

$$T = \frac{1}{2}(m_{11}\dot{q}_1^2 + m_{22}\dot{q}_2^2 + \cdots + m_{nn}\dot{q}_n^2 + m_{12}\dot{q}_1\dot{q}_2 + \cdots) = \frac{1}{2}\sum_{r=1}^{n}\sum_{m=1}^{n} m_{rm}\dot{q}_r\dot{q}_m \tag{3-2-2}$$

在外势场驻定的条件下，势能 V 只是坐标的函数，不显含时间 t，即

$$V = V(q_1, q_2, \cdots, q_n)$$

它也在原点按泰勒级数展开为

$$V(q_1, q_2, \cdots, q_n) = (V)_0 + \sum_{i=1}^{n} \left(\frac{\partial V}{\partial q_i} \right)_0 q_i + \frac{1}{2}\sum_{r=1}^{n}\sum_{m=1}^{n} \left(\frac{\partial^2 V}{\partial q_r \partial q_m} \right)_0 q_r q_m + \cdots \tag{3-2-3}$$

同样,带有下标 0 的括号内的量为该量在 $q_1=q_2=\cdots=q_n=0$ 时的值。

前已指出,为简便计算,体系势能从静力平衡位置算起,故$(V)_0=0$。体系在静力平衡位置,势能应取极值,故$\left(\frac{\partial V}{\partial q_i}\right)_0=0$。这样 $V(q_1,q_2,\cdots,q_n)$在静力平衡位置的展开式(3-2-3)是从 q_i 的二次幂项开始的。因为考虑线性微振动,仅保留式(3-2-3)中含 q_i 二次幂的项。因此,体系在稳定平衡位置附近作线性微振动的势能计算式为

$$V=\frac{1}{2}(k_{11}q_1^2+k_{22}q_2^2+\cdots+k_{nn}q_n^2+k_{12}q_1q_2+\cdots)=\frac{1}{2}\sum_{r=1}^{n}\sum_{m=1}^{n}k_{rm}q_rq_m \tag{3-2-4}$$

式中:$k_{rm}=\left(\frac{\partial^2 V}{\partial q_r\partial q_m}\right)_0$。

根据前述的拉格朗日—狄里克雷定理,对于任何坐标 q_i 来说,稳定平衡体系势能只可以取正值。势能为正值可用下述方法表示:用与 q_i 线性相关的新坐标 ξ_i 代替坐标 q_i 后,势能的二次型 $V=\frac{1}{2}\sum_{r=1}^{n}\sum_{m=1}^{n}k_{rm}q_rq_m$,可变换为以下平方和的形式[15]

$$V=\frac{1}{2}\left(C_1\xi_1^2+\frac{C_2}{C_1}\xi_2^2+\cdots+\frac{C_n}{C_{n-1}}\xi_n^2\right) \tag{3-2-5}$$

式中
$$C_i=\begin{vmatrix}k_{11} & k_{12} & \cdots & k_{1i}\\ k_{21} & k_{22} & \cdots & k_{2i}\\ \vdots & \vdots & & \vdots\\ k_{i1} & k_{i2} & \cdots & k_{ii}\end{vmatrix}\quad(i=1,2,\cdots,n)$$

C_i 为式(3-2-4)中系数矩阵左上角的各阶主子式。各阶主子式为正值是势能为正值的充要条件。因为若在式(3-2-5)的诸系数中出现了负值,即使只有一个,则在坐标的数值 ξ_i 选得适当时,就会使式(3-2-5)成为负的。体系在 ξ_i 位置的势能为负,表示体系在平衡位置的平衡状态是不稳定的。所以有时把式(3-2-5)中的系数 $C_1,\frac{C_2}{C_1},\cdots,\frac{C_n}{C_{n-1}}$称为稳定系数。若这些系数中有负值,则体系在静平衡位置不稳定,即在静平衡位置附近的自由微振动是发散的。

3.3 保守体系在稳定平衡位置附近的自由微振动方程

将式(3-2-2)、式(3-2-4)代入拉格朗日方程式(2-7-14),并令 $Q'_i=0$(因为此时假定保守体系),便得到体系自由微振动方程组

$$\left.\begin{aligned}
m_{11}\ddot{q}_1 + m_{12}\ddot{q}_2 + \cdots + m_{1n}\ddot{q}_n &= -k_{11}q_1 - k_{12}q_2 - \cdots - k_{1n}q_n \\
m_{21}\ddot{q}_1 + m_{22}\ddot{q}_2 + \cdots + m_{2n}\ddot{q}_n &= -k_{21}q_1 - k_{22}q_2 - \cdots - k_{2n}q_n \\
&\vdots \\
m_{n1}\ddot{q}_1 + m_{n2}\ddot{q}_2 + \cdots + m_{nn}\ddot{q}_n &= -k_{n1}q_1 - k_{n2}q_2 - \cdots - k_{nn}q_n
\end{aligned}\right\} \tag{3-3-1}$$

这是一组对于坐标 $q_1, q_2, \cdots, q_n$ 的 n 个常系数线性二阶齐次微分方程，其通解给出了体系在稳定平衡位置附近的线性自由微振动。

很显然，方程组(3-3-1)各式的左边代表惯性力之和，右边为弹性力之和，故称为作用力方程，其系数分别组成该体系的质量矩阵 $\boldsymbol{M}$ 及刚度矩阵 $\boldsymbol{K}$。

所以式(3-3-1)可以写成如下矩阵形式

$$\boldsymbol{M}\ddot{\boldsymbol{q}} + \boldsymbol{K}\boldsymbol{q} = 0 \tag{3-3-2}$$

式中
$$\ddot{\boldsymbol{q}} = \{\ddot{q}_1 \quad \ddot{q}_2 \quad \cdots \quad \ddot{q}_n\}^{\mathrm{T}}$$

$$\boldsymbol{q} = \{q_1 \quad q_2 \quad \cdots \quad q_n\}^{\mathrm{T}}$$

$$\boldsymbol{M} = \begin{bmatrix} m_{11} & m_{12} & \cdots & m_{1n} \\ m_{21} & m_{22} & \cdots & m_{2n} \\ \vdots & \vdots & & \vdots \\ m_{n1} & m_{n2} & \cdots & m_{nn} \end{bmatrix}_{n\times n}$$

$$\boldsymbol{K} = \begin{bmatrix} k_{11} & k_{12} & \cdots & k_{1n} \\ k_{21} & k_{22} & \cdots & k_{2n} \\ \vdots & \vdots & & \vdots \\ k_{n1} & k_{n2} & \cdots & k_{nn} \end{bmatrix}_{n\times n}$$

以 $\boldsymbol{M}^{-1}$ 左乘式(3-3-2)，得

$$\ddot{\boldsymbol{q}} = -\boldsymbol{B}\boldsymbol{q} \tag{3-3-3}$$

式中：$\boldsymbol{B} = \boldsymbol{M}^{-1}\boldsymbol{K}$。

将式(3-3-3)写成分析式

$$\left.\begin{aligned}
\ddot{q}_1 &= -B_{11}q_1 - B_{12}q_2 - \cdots - B_{1n}q_n \\
\ddot{q}_2 &= -B_{21}q_1 - B_{22}q_2 - \cdots - B_{2n}q_n \\
&\vdots \\
\ddot{q}_n &= -B_{n1}q_1 - B_{n2}q_2 - \cdots - B_{nn}q_n
\end{aligned}\right\} \tag{3-3-4}$$

式(3-3-4)即代表线性自由微振动方程的“正形式”。

若用$\boldsymbol{K}^{-1}$前乘式(3-3-2),得

$$\boldsymbol{q} = -\boldsymbol{D}\ddot{\boldsymbol{q}} \tag{3-3-5}$$

式中:$\boldsymbol{D}=\boldsymbol{K}^{-1}\boldsymbol{M}$。

展开后得

$$\left.\begin{aligned} q_1 &= -D_{11}\ddot{q}_1 - D_{12}\ddot{q}_2 - \cdots - D_{1n}\ddot{q}_n \\ q_2 &= -D_{21}\ddot{q}_1 - D_{22}\ddot{q}_2 - \cdots - D_{2n}\ddot{q}_n \\ &\vdots \\ q_n &= -D_{n1}\ddot{q}_1 - D_{n2}\ddot{q}_2 - \cdots - D_{nn}\ddot{q}_n \end{aligned}\right\} \tag{3-3-6}$$

式(3-3-6)就是线性自由微振动方程的“反形式”。

对于具有有限个自由度的离散系统来说,要把势能的表达式写成广义坐标的二次形式[即式(3-2-4)的形式],有时并不直观,此时刚度矩阵难以直接列出。例如,把图3-3-1梁竖向振动时梁变形势能表示成二次型,就很不便。动能$T=\dfrac{1}{2}(m_1\dot{q}_1^2+m_2\dot{q}_2^2+\cdots+m_n\dot{q}_n^2)$却很容易计算,也即质量矩阵容易显式给出。对这类情况,实践中多用“柔度影响系数法”推导“反形式”的运动方程。思路如下:设作用在j点的单位力产生i点的变位为δ_{ij}(称为柔度影响系数或柔度系数),则由各质点惯性力引起梁各点的位移为

$$\left.\begin{aligned} q_1 &= -\delta_{11}m_1\ddot{q}_1 - \delta_{12}m_2\ddot{q}_2 - \cdots - \delta_{1n}m_n\ddot{q}_n \\ q_2 &= -\delta_{21}m_1\ddot{q}_1 - \delta_{22}m_2\ddot{q}_2 - \cdots - \delta_{2n}m_n\ddot{q}_n \\ &\vdots \\ q_n &= -\delta_{n1}m_1\ddot{q}_1 - \delta_{n2}m_2\ddot{q}_2 - \cdots - \delta_{nn}m_n\ddot{q}_n \end{aligned}\right\} \tag{3-3-7}$$

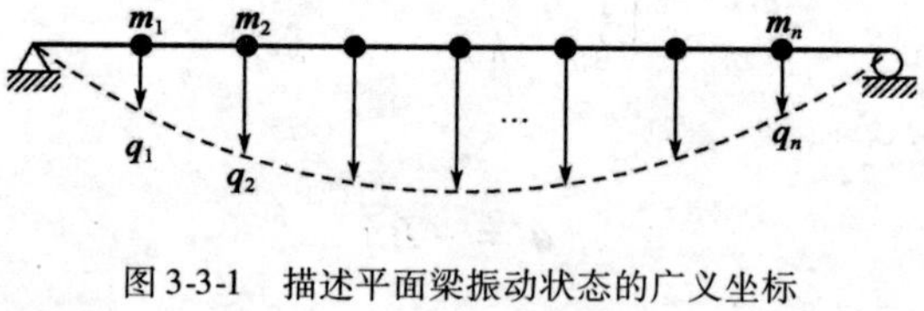

图3-3-1 描述平面梁振动状态的广义坐标

故式(3-3-7)称为位移方程。

对于n个自由度体系,式(3-3-7)可以简写为

$$q_i = -\sum_{j=1}^{n}\delta_{ij}m_j\ddot{q}_j \qquad (i=1,2,\cdots,n) \tag{3-3-8}$$

为使式(3-3-8)对称化,设$y_i=q_i\sqrt{m_i}$,于是

$$y_i = -\sum_{j=1}^{n}\delta_{ij}\sqrt{m_i m_j}\,\ddot{y}_j \qquad (i=1,2,\cdots,n) \tag{3-3-9}$$

或

$$y_i = -\sum_{j=1}^{n}\bar{\delta}_{ij}\ddot{y}_j \qquad (i = 1,2,\cdots,n) \tag{3-3-10}$$

式中

$$\bar{\delta}_{ij} = \bar{\delta}_{ji} = \delta_{ij}\sqrt{m_i m_j} \qquad (i,j = 1,2,\cdots,n) \tag{3-3-11}$$

以上仅介绍了利用柔度影响系数法推导系统自由振动方程的思路，关于该方法的详细内容可参考结构力学教材。柔度影响系数法对于静定系统比较容易，对于静不定系统就不容易。大多数振动系统，应用带有刚度系数的作用力方程比较容易分析，特别是用有限元法分析时更容易。

3.4　正则坐标与主振动

直接解式(3-3-2)、式(3-3-3)、式(3-3-5)是很不方便的。因为各坐标相互耦联。借助线性坐标变换，可去掉广义坐标之间的相互耦联。通常将用一组相互独立的坐标表述的系统振动方程称为正则化方程。借助正则化方程可将多自由度甚至连续系统振动问题化为单自由度问题来求解。现说明如下：

由式(3-3-3)或式(3-3-5)均可引出描述系统线性微振动的正则化方程。下面以式(3-3-3)所反映的系统线性自由微振动"正形式"方程开始推导。因为质量矩阵 $\boldsymbol{M}$ 通常是正定的实对称矩阵(这里"正定"是指 $\dot{\boldsymbol{q}}^{\mathrm{T}}\boldsymbol{M}\dot{\boldsymbol{q}} > 0$，根据动能的定义不难得出)，总可以分解成

$$\boldsymbol{M} = \boldsymbol{U}^{\mathrm{T}}\boldsymbol{U} \tag{3-4-1}$$

式中：$\boldsymbol{U}$——非奇异上三角阵。

对式(3-4-1)两边取逆，可得

$$\boldsymbol{M}^{-1} = \boldsymbol{U}^{-1}(\boldsymbol{U}^{-1})^{\mathrm{T}} \tag{3-4-2}$$

将式(3-4-2)代入式(3-3-3)，可得

$$\ddot{\boldsymbol{q}} = -\boldsymbol{U}^{-1}(\boldsymbol{U}^{-1})^{\mathrm{T}}\boldsymbol{K}\boldsymbol{q} \tag{3-4-3}$$

两端前乘矩阵 $\boldsymbol{U}$，经过变换后可得

$$\boldsymbol{U}\ddot{\boldsymbol{q}} = -(\boldsymbol{U}^{-1})^{\mathrm{T}}\boldsymbol{K}\boldsymbol{U}^{-1}\boldsymbol{U}\boldsymbol{q} \tag{3-4-4}$$

引入新的系统矩阵 $\boldsymbol{S}_K$ 和系统广义坐标线性变换 $\boldsymbol{\zeta} = \boldsymbol{U}\boldsymbol{q}$，可得

$$\ddot{\boldsymbol{\zeta}} = -\boldsymbol{S}_K\boldsymbol{\zeta} \tag{3-4-5}$$

式中

$$\boldsymbol{S}_K = (\boldsymbol{U}^{-1})^{\mathrm{T}}\boldsymbol{K}\boldsymbol{U}^{-1}$$

不难看出新的系统矩阵 $\boldsymbol{S}_K$ 是对称矩阵，这使得可以利用矩阵基本理论进一步对式(3-4-5)进行数学变换。根据线性代数中实二次型基本理论，对于实对称矩阵 $\boldsymbol{S}_K$，一定存在正交矩阵 $\boldsymbol{P}$(所谓正交，即矩阵 $\boldsymbol{P}$ 满足关系 $\boldsymbol{P}^{-1} = \boldsymbol{P}^{\mathrm{T}}$)，使得如下关系成立

$$\boldsymbol{P}^{\mathrm{T}}\boldsymbol{S}_K\boldsymbol{P} = \boldsymbol{\lambda} \tag{3-4-6}$$

引入如下满秩线性变换$\boldsymbol{\zeta}=\boldsymbol{P}\overline{\boldsymbol{T}}$,$\ddot{\boldsymbol{\zeta}}=\boldsymbol{P}\ddot{\overline{\boldsymbol{T}}}$,$\overline{\boldsymbol{T}}=\{\overline{T}_1\quad\overline{T}_2\quad\cdots\quad\overline{T}_n\}^{\mathrm{T}}$,可将式(3-4-5)转化成$n$个相互独立的联立线性微分方程组

$$\ddot{\overline{\boldsymbol{T}}}=-\boldsymbol{\lambda}\overline{\boldsymbol{T}} \tag{3-4-7}$$

式中

$$\boldsymbol{\lambda}=\begin{bmatrix}\lambda_1 & & & \\ & \lambda_2 & & \\ & & \ddots & \\ & & & \lambda_n\end{bmatrix}$$

式(3-4-6)和式(3-4-7)中的$\lambda_i(i=1,2,\cdots,n)$表示矩阵$\boldsymbol{S}_K$第$i$个特征值,而正交矩阵$\boldsymbol{P}$表示矩阵$\boldsymbol{S}_K$的满秩特征向量矩阵。值得注意的是矩阵$\boldsymbol{S}_K$和系统矩阵$\boldsymbol{M}^{-1}\boldsymbol{K}$具有相同的特征值,说明如下。

$$\begin{aligned}\boldsymbol{S}_K&=(\boldsymbol{U}^{-1})^{\mathrm{T}}\boldsymbol{K}\boldsymbol{U}^{-1}\\&=\boldsymbol{U}\boldsymbol{U}^{-1}(\boldsymbol{U}^{-1})^{\mathrm{T}}\boldsymbol{K}\boldsymbol{U}^{-1}\\&=\boldsymbol{U}\boldsymbol{M}^{-1}\boldsymbol{K}\boldsymbol{U}^{-1}\end{aligned} \tag{3-4-8}$$

进一步有

$$\boldsymbol{S}_K-\lambda\boldsymbol{I}=\boldsymbol{U}(\boldsymbol{M}^{-1}\boldsymbol{K}-\lambda\boldsymbol{I})\boldsymbol{U}^{-1},\boldsymbol{I}\text{为单位矩阵。}$$

因此有

$$|\boldsymbol{S}_K-\lambda\boldsymbol{I}|=|\boldsymbol{U}||\boldsymbol{M}^{-1}\boldsymbol{K}-\lambda\boldsymbol{I}||\boldsymbol{U}^{-1}|$$

因为$|\boldsymbol{U}|\neq0$,故由$|\boldsymbol{S}_K-\lambda\boldsymbol{I}|=0$,可得$|\boldsymbol{M}^{-1}\boldsymbol{K}-\lambda\boldsymbol{I}|=0$,可见$\boldsymbol{S}_K$与$\boldsymbol{M}^{-1}\boldsymbol{K}$具有相同特征值。

经过上述两次线性变换后,广义坐标$\boldsymbol{q}$变换为新坐标$\overline{\boldsymbol{T}}$,两者的关系为

$$\begin{aligned}\boldsymbol{q}&=\boldsymbol{U}^{-1}\boldsymbol{\zeta}=\boldsymbol{U}^{-1}\boldsymbol{P}\overline{\boldsymbol{T}}=\boldsymbol{N}\overline{\boldsymbol{T}}\\&=\begin{bmatrix}N_{11} & N_{12}\cdots & N_{1n}\\ N_{21} & N_{22}\cdots & N_{2n}\\ \vdots & \vdots & \vdots\\ N_{n1} & N_{n2}\cdots & N_{nn}\end{bmatrix}\begin{Bmatrix}\overline{T}_1\\ \overline{T}_2\\ \vdots\\ \overline{T}_n\end{Bmatrix}\end{aligned} \tag{3-4-9}$$

式中:$\boldsymbol{N}=\boldsymbol{U}^{-1}\boldsymbol{P}$。

新坐标$\overline{\boldsymbol{T}}$使相互耦联的系统动力平衡方程组(3-3-3)变换为如式(3-4-7)所示的解耦形式。这样的坐标$\overline{\boldsymbol{T}}$称为体系的正则坐标。正则坐标使微振动方程中各坐标互不耦联,简化计算。

由于正定系统的特征值都是正的,故λ_i都是正的。因此,式(3-4-7)的特征方程$S_i^2+\lambda_i=0$的根为虚数,根据微分方程理论可知(详细说明见4.1节),式(3-4-7)中第i个方程的解为

$$\overline{T}_i = r_i \sin(\omega_i t + \theta_i) \quad (i = 1,2,\cdots,n) \tag{3-4-10}$$

式中：r_i、θ_i——常数，由体系振动的初始条件决定；

$\omega_i = \sqrt{\lambda_i}$——体系第 i 阶自振圆频率。

由式(3-4-7)知，正则坐标$\overline{T}_i$ 的变化是互不相关的。若适当选择运动的初始条件，使除了一个正则坐标，例如$\overline{T}_1$，其他所有$\overline{T}_i$ 都等于零，则有

$$\overline{T}_1 = r_1 \sin(\omega_1 t + \theta_1),\ \overline{T}_2 = \overline{T}_3 = \cdots = \overline{T}_n = 0 \tag{3-4-11}$$

将式(3-4-11)代入式(3-4-9)，得体系的振动位移

$$\left.\begin{aligned} q_1 &= N_{11} r_1 \sin(\omega_1 t + \theta_1) = A_{11} \sin(\omega_1 t + \theta_1) \\ q_2 &= N_{21} r_1 \sin(\omega_1 t + \theta_1) = A_{21} \sin(\omega_1 t + \theta_1) \\ &\vdots \\ q_n &= N_{n1} r_1 \sin(\omega_1 t + \theta_1) = A_{n1} \sin(\omega_1 t + \theta_1) \end{aligned}\right\} \tag{3-4-12}$$

式(3-4-12)表明：广义坐标 $q_i(i=1,2,\cdots,n)$ 都按同样的谐振动规律变化，体系各点同时达到最大偏移位置，并同时通过静平衡位置。这种仅由一个正则坐标的变化所确定的体系自由振动，称为主振动。主振动的概念为在试验中激发某一阶主振动提供了理论基础，只要调整初始条件，就能产生某一阶主振动。可见，主振动的振幅与相位角是由特定的初始条件唯一确定。主振动各自由度振幅的比例关系就是体系固有振动振型，即主振动振幅 $A_{11}, A_{21}, \cdots, A_{n1}$ 组成的列阵$\{A_{11} \quad A_{21} \quad \cdots \quad A_{n1}\}^{\mathrm{T}}$ 可作为体系第 1 阶固有振动振型，简称基准振型。式(3-4-12)中谐振圆频率 ω_1 称为体系第 1 阶固有频率，简称基本频率。然而，振型不是唯一的，主振动振幅组成的列阵$\{A_{11} \quad A_{21} \quad \cdots \quad A_{n1}\}^{\mathrm{T}}$ 乘以任意非零比例系数所得列阵均可作为体系的振型。考虑到上述比例关系，同时为了表述简便，本文后续用振型列阵(或振型函数，对分布参数体系而言)乘以简谐变化时间函数表示体系的某阶主振动。

一般情况下，n 个自由度体系有 n 阶固有频率 $\omega_i(i=1,2,\cdots,n)$，有 n 个独立的主振动；每个主振动对应着频率 ω_i 及振型 $\boldsymbol{A}_i(i = 1,2,\cdots,n)$。根据式(3-4-9)和式(3-4-12)，描述体系自由微振动的广义坐标(即位移)为

$$\left.\begin{aligned} q_1 &= N_{11} r_1 \sin(\omega_1 t + \theta_1) + N_{12} r_2 \sin(\omega_2 t + \theta_2) + \cdots + N_{1n} r_n \sin(\omega_n t + \theta_n) \\ &= A_{11} \sin(\omega_1 t + \theta_1) + A_{12} \sin(\omega_2 t + \theta_2) + \cdots + A_{1n} \sin(\omega_n t + \theta_n) \\ q_2 &= N_{21} r_1 \sin(\omega_1 t + \theta_1) + N_{22} r_2 \sin(\omega_2 t + \theta_2) + \cdots + N_{2n} r_n \sin(\omega_n t + \theta_n) \\ &= A_{21} \sin(\omega_1 t + \theta_1) + A_{22} \sin(\omega_2 t + \theta_2) + \cdots + A_{2n} \sin(\omega_n t + \theta_n) \\ &\vdots \\ q_n &= N_{n1} r_1 \sin(\omega_1 t + \theta_1) + N_{n2} r_2 \sin(\omega_2 t + \theta_2) + \cdots + N_{nn} r_n \sin(\omega_n t + \theta_n) \\ &= A_{n1} \sin(\omega_1 t + \theta_1) + A_{n2} \sin(\omega_2 t + \theta_2) + \cdots + A_{nn} \sin(\omega_n t + \theta_n) \end{aligned}\right\} \tag{3-4-13}$$

这样,n 个自由度体系在其稳定平衡位置附近的自由微振动是 n 个主振动的线性和,是很复杂的振动,一般还不是周期性的(各个频率是基频的整数倍才是周期性的振动)。

体系的主振动常称为固有振动。主振动的频率则称为体系的固有频率;体系主振动的振动形态称为体系振型。两者只决定于体系的弹性特性和质量分布,而与体系振动的初始条件全然无关。

本节运用矩阵分析理论证明:存在一组正则坐标,使线性体系运动方程式(3-3-2)实现解耦。但基于本节线性变换关系找出这组正则坐标十分不便。后面讲述振型正交性、瑞利阻尼以及振型叠加原理可用于确定正则坐标组,达到方程运动方程解耦的目标。

3.5 固有频率及振型

3.5.1 固有频率及振型的计算

体系自由振动分析的关键,在于求出体系的固有频率及振型。上一节已证明,体系按某一固有频率 ω_i 作主振动时,所有广义坐标都按同一个谐振动规律变化,其中第 i 阶主振动对广义坐标 q_s 的贡献为

$$q_{si} = A_{si}\sin(\omega_i t + \theta_i) \quad (s = 1,2,\cdots,n) \tag{3-5-1}$$

将式(3-5-1)写成向量形式得

$$\boldsymbol{q}_i = \boldsymbol{A}_i\sin(\omega_i t + \theta_i) \tag{3-5-2}$$

式中:$\boldsymbol{A}_i = \{A_{1i} \quad A_{2i} \quad \ldots \quad A_{ni}\}^{\mathrm{T}}$;

$\boldsymbol{q}_i = \{q_{1i} \quad q_{2i} \quad \ldots \quad q_{ni}\}^{\mathrm{T}}$。

将式(3-5-2)代入式(3-3-3),并令 $\lambda_i = \omega_i^2$,得

$$\boldsymbol{B}\boldsymbol{A}_i = \lambda_i\boldsymbol{A}_i \tag{3-5-3}$$

所以有

$$(\boldsymbol{B} - \lambda_i\boldsymbol{I})\boldsymbol{A}_i = 0 \tag{3-5-4}$$

由于振型列阵 $\boldsymbol{A}_i$ 不能等于0,式(3-5-4)具有非零解的条件是

$$|\boldsymbol{B} - \lambda_i\boldsymbol{I}| = 0 \tag{3-5-5}$$

展开得到关于 λ_i 的 n 次代数方程,解此方程可得 λ_i 的 n 个根。在体系势能为正值的条件下,此 n 个根全都是实数,不是为正就是为零,还可能有重根。将特征根 λ_i 代入方程(3-5-4),令 $\boldsymbol{S} = \boldsymbol{B} - \lambda_i\boldsymbol{I}$,$\boldsymbol{S}$ 称为特征矩阵,而 $\boldsymbol{S}\boldsymbol{S}^* = |\boldsymbol{S}|\boldsymbol{I} = 0$($\boldsymbol{S}^*$ 为 $\boldsymbol{S}$ 的伴随矩阵)。设 $\boldsymbol{S}_j^*$ 为 $\boldsymbol{S}^*$ 的任意一列,有

$$\boldsymbol{S}\boldsymbol{S}_j^* = 0 \tag{3-5-6}$$

对比式(3-5-6)与式(3-5-4)可知,振型列阵 $\boldsymbol{A}_i$ 与 $\boldsymbol{S}^*$ 中的任一非零列 $\boldsymbol{S}_j^*$ 成比例(因为振型列阵为非零列阵才有实际意义),只相差一个常数因子。于是可由 $\boldsymbol{S}^*$ 中的任一非零列 $\boldsymbol{S}_j^*$ 作

为体系固有振型，见下面算例。也可以将解出的特征根 $\boldsymbol{\lambda}_i$ 代入方程(3-5-4)，解出 $\boldsymbol{\lambda}_i$ 对应的第 i 阶振型 $\boldsymbol{A}_i$（只能解出 $\boldsymbol{A}_i$ 各分量的相对比值）。

此外，也可以将式(3-5-2)代入式(3-3-5)，并令 $\overline{\lambda}_i = \frac{1}{\omega_i^2}$，得

$$\boldsymbol{D}\boldsymbol{A}_i = \overline{\lambda}_i \boldsymbol{A}_i \tag{3-5-7}$$

所以有

$$\left(\boldsymbol{D} - \overline{\lambda}_i \boldsymbol{I}\right)\boldsymbol{A}_i = 0 \tag{3-5-8}$$

由于振型列阵 $\boldsymbol{A}_i$ 不能等于 0，式(3-5-8)具有非零解的条件是

$$\left|\boldsymbol{D} - \overline{\lambda}_i \boldsymbol{I}\right| = 0 \tag{3-5-9}$$

展开得到关于 $\overline{\lambda}_i$ 的 n 次代数方程，解此方程可得 $\overline{\lambda}_i$ 的 n 个根。在体系势能为正值的条件下，此 n 个根全都是实数，不是为正就是为零，还可能有重根。将特征根 $\overline{\lambda}_i$ 代入方程(3-5-8)，令 $\boldsymbol{G} = \boldsymbol{D} - \overline{\lambda}_i \boldsymbol{I}$，$\boldsymbol{G}$ 称为特征矩阵，而 $\boldsymbol{G}\boldsymbol{G}^* = |\boldsymbol{G}|\boldsymbol{I} = 0$（$\boldsymbol{G}^*$ 为 $\boldsymbol{G}$ 的伴随矩阵）。设 $\boldsymbol{G}_j^*$ 为 $\boldsymbol{G}^*$ 的任意一列，有

$$\boldsymbol{G}\boldsymbol{G}_j^* = 0 \tag{3-5-10}$$

对比式(3-5-10)与式(3-5-8)可知，振型列阵 $\boldsymbol{A}_i$ 与 $\boldsymbol{G}^*$ 中的任一非零列 $\boldsymbol{G}_j^*$ 成比例，只相差一个常数因子。于是可由 $\boldsymbol{G}^*$ 中的任一非零列 $\boldsymbol{G}_j^*$ 作为体系固有振型，见下面算例。也可以将解出的特征根 $\overline{\lambda}_i$ 代入方程(3-5-8)，解出 $\overline{\lambda}_i$ 对应的第 i 阶振型 $\boldsymbol{A}_i$（只能解出 $\boldsymbol{A}_i$ 各分量的相对比值）。

有时由式(3-5-7)求解固有频率与振型比由式(3-5-3)还方便，例如第 6 章所述的矩阵迭代法。

【例 3-1】　图 3-5-1 所示系统沿水平面做自由振动，计算资料如图所示，$m_1 = m_2 = m_3 = m$，$k_1 = k_2 = k_3 = k$，求该系统的固有频率及相应的振型。

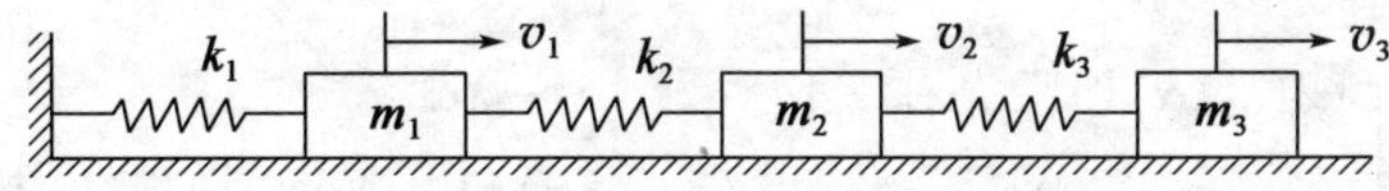

图 3-5-1　多质量—弹簧系统示意图

解：先用弹性系统动力学势能不变值原理及形成系统矩阵的“对号入座”法则建立体系自由振动方程如下：

体系弹性总势能

$$\Pi_d = m(\ddot{v}_1 v_1 + \ddot{v}_2 v_2 + \ddot{v}_3 v_3) + \frac{1}{2}k[v_1^2 + (v_2 - v_1)^2 + (v_3 - v_2)^2]$$

根据 $\delta_\varepsilon \Pi_d = 0$ 得

$$\delta_{\varepsilon}\Pi_{d} = m(\ddot{v}_1\delta v_1 + \ddot{v}_2\delta v_2 + \ddot{v}_3\delta v_3) + k[v_1\delta v_1 + (v_2 - v_1)(\delta v_2 - \delta v_1) + (v_3 - v_2)(\delta v_3 - \delta v_2)] = 0$$

$$\delta v_1(m\ddot{v}_1 + 2kv_1 - kv_2) = 0$$

$$\delta v_2(m\ddot{v}_2 - kv_1 + 2kv_2 - kv_3) = 0$$

$$\delta v_3(m\ddot{v}_3 - kv_2 + kv_3) = 0$$

由此得到体系运动方程为

$$\boldsymbol{M} + \boldsymbol{K} = 0$$

式中
$$= \{\ddot{v}_1 \quad \ddot{v}_2 \quad \ddot{v}_3\}^{\mathrm{T}}, \quad = \{v_1 \quad v_2 \quad v_3\}^{\mathrm{T}}$$

$$\boldsymbol{M} = \begin{bmatrix} m & 0 & 0 \\ 0 & m & 0 \\ 0 & 0 & m \end{bmatrix}, \boldsymbol{K} = \begin{bmatrix} 2k & -k & 0 \\ -k & 2k & -k \\ 0 & -k & k \end{bmatrix}$$

于是，$\boldsymbol{M}^{-1} = \begin{bmatrix} \frac{1}{m} & 0 & 0 \\ 0 & \frac{1}{m} & 0 \\ 0 & 0 & \frac{1}{m} \end{bmatrix}$　　$\boldsymbol{B} = \boldsymbol{M}^{-1}\boldsymbol{K} = \frac{k}{m}\begin{bmatrix} 2 & -1 & 0 \\ -1 & 2 & -1 \\ 0 & -1 & 1 \end{bmatrix}$

令 $\alpha = \frac{m}{k}$

$$\boldsymbol{S} = \boldsymbol{B} - \lambda\boldsymbol{I} = \frac{1}{\alpha}\begin{bmatrix} 2-\lambda\alpha & -1 & 0 \\ -1 & 2-\lambda\alpha & -1 \\ 0 & -1 & 1-\lambda\alpha \end{bmatrix}$$

由 $|\boldsymbol{S}| = 0$，解出 $\lambda_1 = \frac{0.198}{\alpha}$，$\lambda_2 = \frac{1.555}{\alpha}$，$\lambda_3 = \frac{3.247}{\alpha}$。$\boldsymbol{S}$ 的伴随矩阵

$$\boldsymbol{S}^{*} = \frac{1}{\alpha}\begin{bmatrix} (2-\lambda\alpha)(1-\lambda\alpha)-1 & 1-\lambda\alpha & 1 \\ 1-\lambda\alpha & (2-\lambda\alpha)(1-\lambda\alpha) & 2-\lambda\alpha \\ 1 & 2-\lambda\alpha & (2-\lambda\alpha)^2-1 \end{bmatrix}$$

将 $\lambda_1 = \frac{0.198}{\alpha}$ 代入 $\boldsymbol{S}^{*}$，得

$$\boldsymbol{S}^{*} = \frac{1}{\alpha}\begin{bmatrix} 0.445 & 0.802 & 1.000 \\ 0.802 & 1.445 & 1.802 \\ 1.000 & 1.802 & 2.247 \end{bmatrix}$$

此矩阵中各列成比例，$\boldsymbol{S}^{*}$ 中的任一列可取为 $\boldsymbol{A}_1$，这里取第 3 列作为体系第 1 阶振型，即

$$A_1 = \begin{Bmatrix} 1.000 & 1.802 & 2.247 \end{Bmatrix}^{\mathrm{T}}$$

同样,将 $\lambda_2 = \frac{1.555}{\alpha}$,$\lambda_3 = \frac{3.247}{\alpha}$分别代入 $\boldsymbol{S}^*$,得第 2、3 阶振型分别为

$$A_2 = \begin{Bmatrix} 1.000 & 0.445 & -0.802 \end{Bmatrix}^{\mathrm{T}}$$

$$A_3 = \begin{Bmatrix} 1.000 & -1.247 & 0.555 \end{Bmatrix}^{\mathrm{T}}$$

当体系自由度数非常庞大时,按上述思路直接解行列式方程(3-5-5)或式(3-5-9)得到体系特征对(固有频率和振型)比较费时,所以发展了很多种适用于矩阵分析的数值方法,其详细介绍见第 6 章。

3.5.2　振型的正交性

设体系第 i、j 阶固有振型分别为 $\boldsymbol{A}_i$、$\boldsymbol{A}_j$,对应的特征值为 λ_i、λ_j,将特征对(λ_i、$\boldsymbol{A}_i$),(λ_j、$\boldsymbol{A}_j$)分别代入式(3-5-3),并考虑 $\boldsymbol{B} = \boldsymbol{M}^{-1}\boldsymbol{K}$,得

$$\boldsymbol{K}\boldsymbol{A}_i = \lambda_i \boldsymbol{M}\boldsymbol{A}_i \tag{3-5-11}$$

$$\boldsymbol{K}\boldsymbol{A}_j = \lambda_j \boldsymbol{M}\boldsymbol{A}_j \tag{3-5-12}$$

以 $\boldsymbol{A}_j^T$左乘式(3-5-11),得

$$\boldsymbol{A}_j^{\mathrm{T}}\boldsymbol{K}\boldsymbol{A}_i = \lambda_i \boldsymbol{A}_j^{\mathrm{T}}\boldsymbol{M}\boldsymbol{A}_i \tag{3-5-13}$$

以 $\boldsymbol{A}_i^T$左乘式(3-5-12),得

$$\boldsymbol{A}_i^{\mathrm{T}}\boldsymbol{K}\boldsymbol{A}_j = \lambda_j \boldsymbol{A}_i^{\mathrm{T}}\boldsymbol{M}\boldsymbol{A}_j \tag{3-5-14}$$

由于 $\boldsymbol{K}$ 与 $\boldsymbol{M}$ 都是对称矩阵,故 $\boldsymbol{A}_j^{\mathrm{T}}\boldsymbol{K}\boldsymbol{A}_i = \boldsymbol{A}_i^{\mathrm{T}}\boldsymbol{K}\boldsymbol{A}_j$,$\boldsymbol{A}_j^{\mathrm{T}}\boldsymbol{M}\boldsymbol{A}_i = \boldsymbol{A}_i^{\mathrm{T}}\boldsymbol{M}\boldsymbol{A}_j$,代入式(3-5-13),得

$$\boldsymbol{A}_i^{\mathrm{T}}\boldsymbol{K}\boldsymbol{A}_j = \lambda_i \boldsymbol{A}_i^{\mathrm{T}}\boldsymbol{M}\boldsymbol{A}_j \tag{3-5-15}$$

式(3-5-15)与式(3-5-14)相减得

$$(\lambda_i - \lambda_j)\boldsymbol{A}_i^{\mathrm{T}}\boldsymbol{M}\boldsymbol{A}_j = 0 \tag{3-5-16}$$

当 $\lambda_i \neq \lambda_j$ 时,必然有

$$\boldsymbol{A}_i^{\mathrm{T}}\boldsymbol{M}\boldsymbol{A}_j = 0 \tag{3-5-17}$$

$$\boldsymbol{A}_i^{\mathrm{T}}\boldsymbol{K}\boldsymbol{A}_j = 0 \tag{3-5-18}$$

式(3-5-17)、式(3-5-18)表示体系各阶振型关于 $\boldsymbol{M}$ 与 $\boldsymbol{K}$ 存在着正交性。若 $\lambda_i = \lambda_j$,此时振型正交条件不一定满足。当 $i = j$ 时,由式(3-5-15)得

$$\lambda_i = \frac{\boldsymbol{A}_i^{\mathrm{T}}\boldsymbol{K}\boldsymbol{A}_i}{\boldsymbol{A}_i^{\mathrm{T}}\boldsymbol{M}\boldsymbol{A}_i} = \frac{K_i}{M_i} \tag{3-5-19}$$

式中:$M_i = \boldsymbol{A}_i^{\mathrm{T}}\boldsymbol{M}\boldsymbol{A}_i$,$K_i = \boldsymbol{A}_i^{\mathrm{T}}\boldsymbol{K}\boldsymbol{A}_i$——分别称为体系第 i 阶广义质量及广义刚度。

这里需要指出,n 个自由度体系具有 n 阶固有频率,不管固有频率是否有重合现象,都存在 n 个正交化固有振型,它们之间关于 $\boldsymbol{M}$、$\boldsymbol{K}$ 正交。下面叙述当出现相同固有频率时,如何找出一组相互正交的振型,为振型叠加法做准备。

当 $\lambda_i = \lambda_j$,此时振型 $\boldsymbol{A}_i$ 与 $\boldsymbol{A}_j$ 不一定满足正交条件。若 $\boldsymbol{A}_i$ 与 $\boldsymbol{A}_j$ 不正交,则必须对 $\boldsymbol{A}_i$、$\boldsymbol{A}_j$ 进行正交化处理,才能确保体系振型矢量为空间完备基。正交化处理的方法如下:

(1)当 $\lambda_i = \lambda_j$,任意选取振型 $\boldsymbol{A}_i$、$\boldsymbol{A}_j$。

(2)设 $\boldsymbol{A}_j^* = \boldsymbol{A}_i + c\boldsymbol{A}_j$,求得适当的 c 使 $\boldsymbol{A}_i$ 与 $\boldsymbol{A}_j^*$ 满足正交条件。

(3)要使 $\boldsymbol{A}_i$ 与 $\boldsymbol{A}_j^*$ 满足正交条件,必须有

$$\boldsymbol{A}_i^{\mathrm{T}}\boldsymbol{M}\boldsymbol{A}_j^* = \boldsymbol{A}_i^{\mathrm{T}}\boldsymbol{M}(\boldsymbol{A}_i + c\boldsymbol{A}_j) = \boldsymbol{A}_i^{\mathrm{T}}\boldsymbol{M}\boldsymbol{A}_i + c\boldsymbol{A}_i^{\mathrm{T}}\boldsymbol{M}\boldsymbol{A}_j = 0$$

故有

$$c = -\frac{\boldsymbol{A}_i^{\mathrm{T}}\boldsymbol{M}\boldsymbol{A}_i}{\boldsymbol{A}_i^{\mathrm{T}}\boldsymbol{M}\boldsymbol{A}_j}$$

(4)保持 $\boldsymbol{A}_i$ 不变,用 $\boldsymbol{A}_j^*$ 代替原来的振型 $\boldsymbol{A}_j$(为了表述方便仍记为 $\boldsymbol{A}_j$),此时得到的体系振型矢量是相互正交的。

以上得到了 n 个相互正交的振型矢量 $\boldsymbol{A}_1,\boldsymbol{A}_2,\cdots,\boldsymbol{A}_n$,现证明它们是线性无关的:

设有常数 $C_i(i=1,2,\cdots,n)$,使得

$$\sum_{i=1}^{n} C_i\boldsymbol{A}_i = 0 \tag{3-5-20}$$

上式左乘 $\boldsymbol{A}_j^{\mathrm{T}}\boldsymbol{M}$,有

$$\sum_{i=1}^{n} C_i\boldsymbol{A}_j^{\mathrm{T}}\boldsymbol{M}\boldsymbol{A}_i = 0 \tag{3-5-21}$$

根据振型正交关系,有 $C_j=0$,令 $j=1,2,\cdots,n$,便得到 $C_1=C_2=\cdots=C_n=0$,从而证明了振型矢量组 $\boldsymbol{A}_1,\boldsymbol{A}_2,\cdots,\boldsymbol{A}_n$ 线性无关。因此,相互正交的振型矢量组 $\boldsymbol{A}_1,\boldsymbol{A}_2,\cdots,\boldsymbol{A}_n$ 构成 n 维空间的完备基。

将各振型矢量 $\boldsymbol{A}_i(i=1,2,\cdots,n)$ 除以广义质量 M_i 的平方根 $\sqrt{M_i}$,得到新的振型列阵 $\overline{\boldsymbol{A}}_i = \dfrac{\boldsymbol{A}_i}{\sqrt{M_i}}$,称为正则振型,对应的正则振型矩阵记为 $\overline{\boldsymbol{A}}$。容易证明

$$\overline{\boldsymbol{A}}_i^{\mathrm{T}}\boldsymbol{M}\overline{\boldsymbol{A}}_i = 1 \tag{3-5-22}$$

$$\overline{\boldsymbol{A}}_i^{\mathrm{T}}\boldsymbol{K}\overline{\boldsymbol{A}}_i = \frac{K_i}{M_i} = \lambda_i \tag{3-5-23}$$

由振型正交性条件知,对应于不同频率的主振动振幅不可能全部具有一样的符号,若对应于 ω_i 的振幅都是正的,则为了满足正交条件,对应于 ω_j 的振幅至少应有一次变号。主振动振幅的变号数有一定的分布规律,表现为振型的节点定理:第 k 个振型的变号数(即"节点"数)

等于 $k-1$。

【例 3-2】　求匀质杆横向振动的正则振型。

解:将杆等分为三段,每段质量集中在该段中点上, m 为杆单位长度质量,故集中质量 $m_1=m_2=m_3=\frac{ml}{3}$,柔度系数 $\delta_{ii}=\frac{a^2(l-a)^2}{3EIl}$,$\delta_{ij}=\delta_{ji}=\frac{ab(l^2-a^2-b^2)}{6EIl}$,匀质杆自由振动分析的集中质量模型见图 3-5-2。

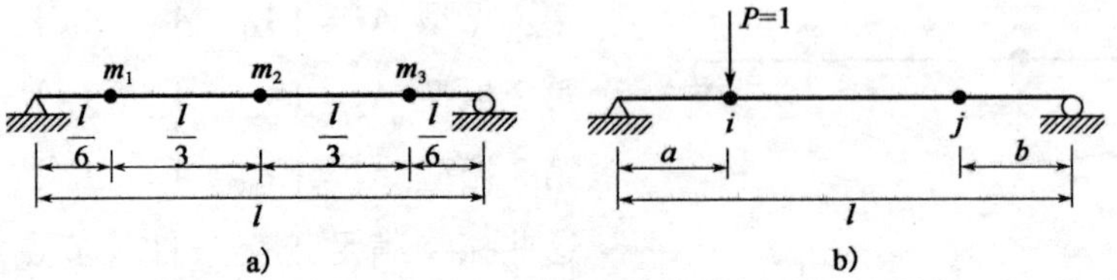

图 3-5-2　匀质杆自由振动分析的集中质量模型

a)集中质量模型;b)单位力作用示意图

$\delta_{11}=\frac{25}{3\ 888}\frac{l^3}{EI}$,$\delta_{12}=\frac{39}{3\ 888}\frac{l^3}{EI}$,$\delta_{13}=\frac{17}{3\ 888}\frac{l^3}{EI}$,$\delta_{21}=\delta_{12}$,$\delta_{22}=\frac{81}{3\ 888}\frac{l^3}{EI}$,$\delta_{23}=\frac{39}{3\ 888}\frac{l^3}{EI}$,$\delta_{31}=\delta_{13}$,

$\delta_{32}=\delta_{23}$,$\delta_{33}=\frac{25}{3\ 888}\frac{l^3}{EI}$

设体系按第 i 阶固有频率 ω_i 发生主振动,第 i 阶主振动对各广义坐标的贡献为 $q_{si}=A_{si}\sin(\omega_i t+\theta_i)$ $(s=1,2,3)$,将 $q_{si}(s=1,2,3)$分别代入到式(3-3-7) 中的 $q_s(s=1,2,3)$,得

$$\left.\begin{aligned}A_{1i}&=\omega_i^2\frac{ml}{3}(\delta_{11}A_{1i}+\delta_{12}A_{2i}+\delta_{13}A_{3i})\\A_{2i}&=\omega_i^2\frac{ml}{3}(\delta_{21}A_{1i}+\delta_{22}A_{2i}+\delta_{23}A_{3i})\\A_{3i}&=\omega_i^2\frac{ml}{3}(\delta_{31}A_{1i}+\delta_{32}A_{2i}+\delta_{33}A_{3i})\end{aligned}\right\}$$

将上述柔度系数代入上式,并记 $S_i=\frac{11\ 664EI}{\omega_i^2 ml^4}$,得如下齐次线性方程组

$$\left.\begin{aligned}A_{1i}S_i&=25A_{1i}+39A_{2i}+17A_{3i}\\A_{2i}S_i&=39A_{1i}+81A_{2i}+39A_{3i}\\A_{3i}S_i&=17A_{1i}+39A_{2i}+25A_{3i}\end{aligned}\right\}$$

故频率方程为

$$\begin{vmatrix}25-S_i & 39 & 17\\39 & 81-S_i & 39\\17 & 39 & 25-S_i\end{vmatrix}=0$$

展开后得:$S_i^3-131S_i^2+1\ 344S_i-2\ 880=0$

解得:$S_1=120,S_2=8,S_3=3$

杆对应的固有频率为:$\omega_1=\dfrac{9.859}{l^2}\sqrt{\dfrac{EI}{m}},\omega_2=\dfrac{38.184}{l^2}\sqrt{\dfrac{EI}{m}},\omega_3=\dfrac{62.354}{l^2}\sqrt{\dfrac{EI}{m}}$

将 $S_1=120,S_2=8,S_3=3$ 分别代入上述齐次线性方程组,可以得到与固有频率对应的振型如下,振型图见图 3-5-3。

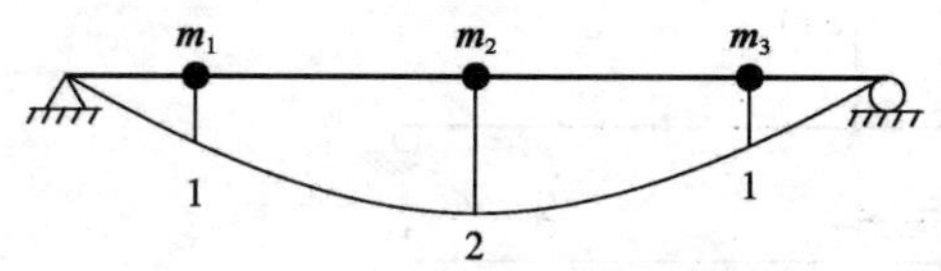

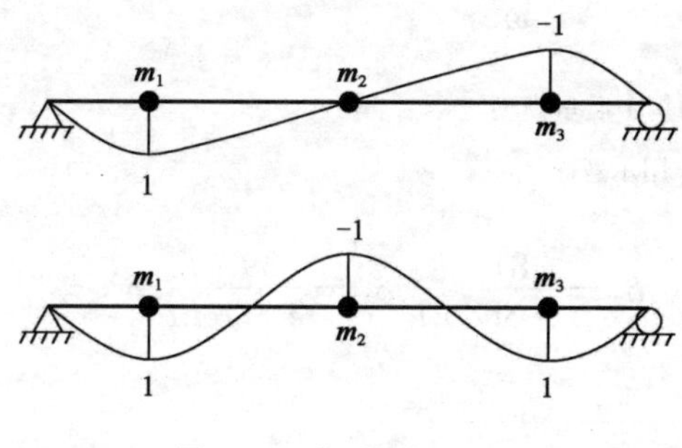

图 3-5-3　匀质杆振型图

第 1 振型 $\boldsymbol{A}_1=\{A_{11}\quad A_{21}\quad A_{31}\}^{\mathrm{T}}=\{1\quad 2\quad 1\}^{\mathrm{T}}$

第 2 振型 $\boldsymbol{A}_2=\{A_{12}\quad A_{22}\quad A_{32}\}^{\mathrm{T}}=\{1\quad 0\quad -1\}^{\mathrm{T}}$

第 3 振型 $\boldsymbol{A}_3=\{A_{13}\quad A_{23}\quad A_{33}\}^{\mathrm{T}}=\{1\quad -1\quad 1\}^{\mathrm{T}}$

这些振型满足正交条件及节点定理。对应的正则振型分别为

$$\overline{\boldsymbol{A}}_1=\sqrt{\frac{3}{ml}}\left\{\frac{1}{\sqrt{6}}\quad \frac{2}{\sqrt{6}}\quad \frac{1}{\sqrt{6}}\right\}^{\mathrm{T}}$$

$$\overline{\boldsymbol{A}}_2=\sqrt{\frac{3}{ml}}\left\{\frac{1}{\sqrt{2}}\quad 0\quad -\frac{1}{\sqrt{2}}\right\}^{\mathrm{T}}$$

$$\overline{\boldsymbol{A}}_3=\sqrt{\frac{3}{ml}}\left\{\frac{1}{\sqrt{3}}\quad -\frac{1}{\sqrt{3}}\quad \frac{1}{\sqrt{3}}\right\}^{\mathrm{T}}$$

3.6　多自由度体系线性微振动的正则化方程

前面给出的系统运动方程组(如例 3-1)一般是耦联的,即必须求解 n 个联立方程才能得到系统响应,像这样的运动方程称为坐标耦联。当一个运动微分方程中出现两个或两个以上的加速度项时,称为惯性(动力)耦联;当一个运动微分方程中出现两个或两个以上的位移项时,称为弹性(静力)耦联;同样也有阻尼耦联。耦联使方程组求解复杂化。然而,系统是否存在耦联取决于系统运动坐标的选择,与系统自身特性无关。为了表示系统的运动状态,可以选用的独立坐标(即广义坐标)有多种。根据 3.4 节分析可知,只要坐标选择合适,系统可以实现部分解耦(弹性解耦或惯性解耦),甚至完全解耦(关于阻尼解耦见 5.3 节),能够实现系统运动方程既无弹性耦联又无惯性耦联的广义坐标称为正则坐标,即 $\overline{T}_1,\overline{T}_2,\cdots,\overline{T}_n$。而利用正交化的正则振型矩阵 $\overline{\boldsymbol{A}}$,可以实现广义坐标 $q_1,q_2,\cdots,q_n$ 与正则坐标 $\overline{T}_1,\overline{T}_2,\cdots,\overline{T}_n$ 之间的变换,这种变换称为正则坐标变换,即

$$\boldsymbol{q}=\overline{\boldsymbol{A}}\,\overline{\boldsymbol{T}} \tag{3-6-1}$$

式中

$$\boldsymbol{q}=\{\boldsymbol{q}_1\quad \boldsymbol{q}_2\quad \cdots\quad \boldsymbol{q}_n\}^{\mathrm{T}}$$

$$\overline{\boldsymbol{A}} = [\overline{\boldsymbol{A}}_1 \quad \overline{\boldsymbol{A}}_2 \quad \cdots \quad \overline{\boldsymbol{A}}_n]$$

$$\overline{\boldsymbol{A}}_i = \{\overline{A}_{1i} \quad \overline{A}_{2i} \quad \cdots \quad \overline{A}_{ni}\}^{\mathrm{T}} \quad (i=1,2,\cdots,n)$$

$$\overline{\boldsymbol{T}} = \{\overline{T}_1 \quad \overline{T}_2 \quad \cdots \quad \overline{T}_n\}^{\mathrm{T}}$$

式(3-6-1)为线性振动分析的振型叠加原理,即具有 n 个自由度体系的任意线性响应均可表示为 n 个正交化振型的线性组合。

由第 2 章知,具有 n 个自由度无阻尼系统的线性振动方程为

$$\boldsymbol{M}\ddot{\boldsymbol{q}} + \boldsymbol{K}\boldsymbol{q} = \boldsymbol{Q} \tag{3-6-2}$$

式中:$\boldsymbol{Q}$——与广义坐标 $\boldsymbol{q}$ 互为能量共轭的广义力向量,当 $\boldsymbol{Q}=0$ 时,就回到自由振动的情形。

将式(3-6-1)代入式(3-6-2),则有

$$\boldsymbol{M}\overline{\boldsymbol{A}}\ddot{\overline{\boldsymbol{T}}} + \boldsymbol{K}\overline{\boldsymbol{A}}\overline{\boldsymbol{T}} = \boldsymbol{Q} \tag{3-6-3}$$

用 $\overline{\boldsymbol{A}}^{\mathrm{T}}$ 左乘式(3-6-3),有:

$$\overline{\boldsymbol{A}}^{\mathrm{T}}\boldsymbol{M}\overline{\boldsymbol{A}}\ddot{\overline{\boldsymbol{T}}} + \overline{\boldsymbol{A}}^{\mathrm{T}}\boldsymbol{K}\overline{\boldsymbol{A}}\,\overline{\boldsymbol{T}} = \overline{\boldsymbol{A}}^{\mathrm{T}}\boldsymbol{Q} \tag{3-6-4}$$

由振型的正交性[式(3-5-22)与式(3-5-23)],式(3-6-4)可写成

$$\ddot{\overline{\boldsymbol{T}}} + \boldsymbol{\lambda}\overline{\boldsymbol{T}} = \overline{\boldsymbol{P}} \tag{3-6-5}$$

式中,$\overline{\boldsymbol{P}} = \overline{\boldsymbol{A}}^{\mathrm{T}}\boldsymbol{Q} = \{\overline{P}_1 \quad \overline{P}_2 \quad \cdots \quad \overline{P}_n\}^{\mathrm{T}}$,$\overline{P}_i = \overline{\boldsymbol{A}}_i^{\mathrm{T}}\boldsymbol{Q}$ $(i=1,2,\cdots,n)$,$\boldsymbol{\lambda} = \begin{bmatrix} \lambda_1 & & & \\ & \lambda_2 & & \\ & & \ddots & \\ & & & \lambda_n \end{bmatrix}$,$\lambda_i$ 见式(3-5-23)。将式(3-6-5)写成分量形式为

$$\ddot{\overline{T}}_i + \lambda_i\overline{T}_i = \overline{P}_i \quad (i = 1,2,\cdots,n) \tag{3-6-6}$$

从以上过程可见,经过式(3-6-1)的坐标变换,系统运动方程(3-6-2)可以变换为 n 个相互独立的方程,从而实现了 3.4 节所述的方程解耦过程。

若式(3-6-1)的坐标变换采用正交化的一般振型矩阵 $\boldsymbol{A}$[不需要满足式(3-5-22)的振型矩阵,也称为主振型矩阵],则有

$$\boldsymbol{q} = \boldsymbol{A}\boldsymbol{T} \tag{3-6-7}$$

式中

$$\boldsymbol{A} = [\boldsymbol{A}_1 \quad \boldsymbol{A}_2 \quad \cdots \quad \boldsymbol{A}_n]$$

$$\boldsymbol{A}_i = \{A_{1i} \quad A_{2i} \quad \cdots \quad A_{ni}\}^{\mathrm{T}} \quad (i = 1,2,\cdots,n)$$

$$\boldsymbol{T} = \{T_1 \quad T_2 \quad \cdots \quad T_n\}^{\mathrm{T}}$$

将式(3-6-7)代入式(3-6-2),则有

$$\boldsymbol{MA\ddot{T}} + \boldsymbol{KAT} = \boldsymbol{Q} \tag{3-6-8}$$

用$\boldsymbol{A}^{\mathrm{T}}$左乘式(3-6-8),有

$$\boldsymbol{A}^{\mathrm{T}}\boldsymbol{MA\ddot{T}} + \boldsymbol{A}^{\mathrm{T}}\boldsymbol{KAT} = \boldsymbol{A}^{\mathrm{T}}\boldsymbol{Q} \tag{3-6-9}$$

由振型的正交性[式(3-5-17)与式(3-5-18)],式(3-6-9)可写成

$$\boldsymbol{M}_i\ddot{\boldsymbol{T}}_i + \boldsymbol{K}_i\boldsymbol{T}_i = \boldsymbol{P}_i \quad (i = 1,2,\cdots,n) \tag{3-6-10}$$

式中:$M_i = \boldsymbol{A}_i^{\mathrm{T}}\boldsymbol{MA}_i, K_i = \boldsymbol{A}_i^{\mathrm{T}}\boldsymbol{KA}_i, P_i = \boldsymbol{A}_i^{\mathrm{T}}\boldsymbol{Q} \quad (i=1,2,\cdots,n)$。

式(3-6-10)与式(3-6-6)本质上是一致的,只是坐标变换采用的矩阵形式不同。称式(3-6-7)为主坐标变换,$T_1,T_2,\cdots,T_n$为主坐标。由以上分析可知,正则振型是主振型的一种特殊形式,相应的正则坐标也是主坐标的一种特殊形式。

以上是用全部n阶振型表示体系的振动位移。研究证明,对于大多数荷载类型,通常低阶振型的位移贡献最大,而高阶振型的贡献趋于减少(例5-4直观反映了此特性)。因此在振型叠加过程中将所有的高阶振型的振动都包含进来是不必要的。当已经得到所需要精度的反应时,就可以截断级数。此外,在预测振动的高阶振型时,任何复杂结构体系的数学抽象都是趋于不可靠的,基于此原因,在动力反应分析时也要限制振型参与的数目。因此,n个自由度体系的振动反应可近似取前$N(N<n)$阶振型来表示,故式(3-6-1)与式(3-6-7)可分别写为

$$\boldsymbol{q} \approx \overline{\boldsymbol{A}}_{n\times N}\overline{\boldsymbol{T}}_N \tag{3-6-11}$$

$$\boldsymbol{q} \approx \boldsymbol{A}_{n\times N}\boldsymbol{T}_N \tag{3-6-12}$$

式中

$$\overline{\boldsymbol{A}}_{n\times N} = [\overline{\boldsymbol{A}}_1 \quad \overline{\boldsymbol{A}}_2 \quad \cdots \quad \overline{\boldsymbol{A}}_N]$$

$$\overline{\boldsymbol{T}}_N = \{\overline{T}_1 \quad \overline{T}_2 \quad \cdots \quad \overline{T}_N\}^{\mathrm{T}}$$

$$\boldsymbol{A}_{n\times N} = [\boldsymbol{A}_1 \quad \boldsymbol{A}_2 \quad \cdots \quad \boldsymbol{A}_N]$$

$$\boldsymbol{T}_N = \{T_1 \quad T_2 \quad \cdots \quad T_N\}^{\mathrm{T}}$$

将式(3-6-11)、式(3-6-12)分别代入式(3-6-2),可得到

$$\ddot{\overline{\boldsymbol{T}}}_i + \lambda_i\overline{\boldsymbol{T}}_i = \overline{\boldsymbol{P}}_i \quad (i = 1,2,\cdots,N) \tag{3-6-13}$$

$$M_i\ddot{T}_i + K_iT_i = P_i \quad (i = 1,2,\cdots,N) \tag{3-6-14}$$

综上所述,由线性变换可将具有n个自由度相互耦联体系振动微分方程组的求解问题经过解耦转化为n个(或N个)独立的微分方程求解,从而将n个耦联的多自由度问题转化为n个(或N个)独立的单自由度问题进行分析。求解单自由度运动方程的方法在第4章介绍。本节仅讨论无阻尼系统运动方程的解耦,关于有阻尼系统运动方程的解耦以及解耦后的系统

振动响应求解将在第 5 章中介绍。两部分内容合称为系统振动响应分析的振型叠加法或模态综合法。

3.7　连续(分布参数)体系线性微振动方程

研究分布参数体系振动行为的数学方法是依靠微分方程,其中独立变量为位移坐标,因为在动力反应问题中,时间也是一个独立变量,所以按此途径建立的运动方程是偏微分方程。然而复杂体系运动方程一般只能用数值方法求解,并且在大多数情况下,离散坐标列式比连续坐标列式更方便。因此目前的处理对象仅限于简单体系。本章仅以直梁弯曲情况为分析对象,阐明建立连续系统正则化方程基本思路。

考虑如图 3-7-1a)所示的变截面直梁。假定此梁的主要物理性质为抗弯刚度 $EI(x)$ 和单位长度的质量 $m(x)$,它们可以沿跨度 L 随位置 x 任意变化。假定横向荷载 $p(x,t)$ 随位置和时间任意变化,横向位移 $v(x,t)$ 也是这些变量的函数。虽然为了举例说明,图上画的梁是两端简支的,但梁端的支承条件可以是任意的。

考虑图 3-7-1b)所示梁微段的动力平衡,能容易导出这一简单体系的动力平衡条件。求全部竖向作用力之和,可导出第一个动力平衡关系式

$$V(x,t)+p(x,t)\mathrm{d}x-\left[V(x,t)+\frac{\partial V(x,t)}{\partial x}\mathrm{d}x\right]-f_{\mathrm{I}}(x,t)\mathrm{d}x=0 \tag{3-7-1}$$

式中:$V(x,t)$——作用于梁截面上的竖向力;

$f_{\mathrm{I}}(x,t)\mathrm{d}x$——微段上横向惯性力的合力,它等于微段质量和微段横向加速度的乘积,即

$$f_{\mathrm{I}}(x,t)\mathrm{d}x=m(x)\frac{\partial^2 v(x,t)}{\partial t^2}\mathrm{d}x \tag{3-7-2}$$

把式(3-7-2)代入方程式(3-7-1),则得

$$\frac{\partial V(x,t)}{\partial x}=p(x,t)-m(x)\frac{\partial^2 v(x,t)}{\partial t^2} \tag{3-7-3}$$

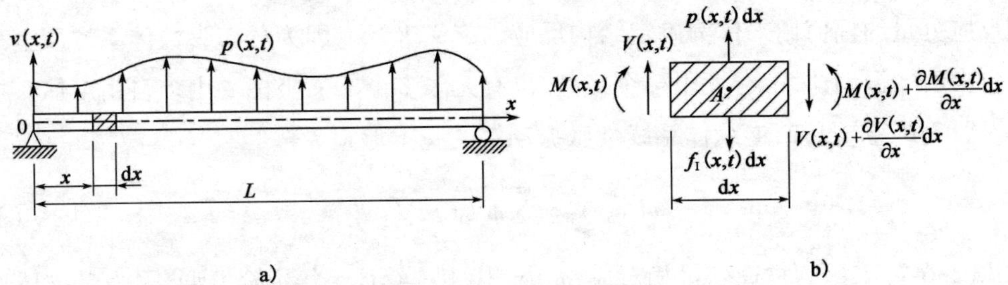

图 3-7-1　承受动力荷载的简支梁

a)具有任意荷载作用的分布参数梁;b)微元体的动力平衡

此方程类似于剪力和横向荷载之间标准的静力学关系式,但现在的横向荷载是作用荷载和惯性力的合力。

对弹性轴上点 A 的力矩求和可得第二个平衡关系式。在忽略含有惯性力和作用荷载的二阶矩项后,得到

$$M(x,t)+V(x,t)\mathrm{d}x-\left[M(x,t)+\frac{\partial M(x,t)}{\partial x}\mathrm{d}x\right]=0 \tag{3-7-4}$$

因为忽略了转动惯量,所以上式直接简化成剪力和弯矩之间标准的静力学关系式

$$\frac{\partial M(x,t)}{\partial x}=V(x,t) \tag{3-7-5}$$

将式(3-7-5)对 x 求导,并代入方程(3-7-3),给出

$$\frac{\partial^2 M(x,t)}{\partial x^2}+m(x)\frac{\partial^2 v(x,t)}{\partial t^2}=p(x,t) \tag{3-7-6}$$

引入梁的弯矩和曲率之间的基本关系式 $M=EI\dfrac{\partial^2 v}{\partial x^2}$,方程(3-7-6)变成

$$\frac{\partial^2}{\partial x^2}\left[EI(x)\frac{\partial^2 v(x,t)}{\partial x^2}\right]+m(x)\frac{\partial^2 v(x,t)}{\partial t^2}=p(x,t) \tag{3-7-7}$$

式(3-7-7)是梁在任意分布荷载作用下发生线性微振动的动力平衡方程。为避免处理性质可变的体系在数学上的复杂性,以下的讨论将局限于沿长度性质不变的梁,即 $EI(x)=EI$ 和 $m(x)=\overline{m}$。然而,这不是必需的限制,因为利用离散参数建模(如有限单元法)处理性质可变的任何体系更有效。

3.8 连续(分布参数)体系线性微振动的振型展开及振型正交性

与多自由度系统的振型叠加分析完全相当,连续(分布参数)体系的线性微振动分析也可将振型反应分量的幅值用来作为确定结构反应的广义坐标。因为分布参数体系本质上是具有无限个自由度的振动体系,有无限多个振型,也有无限多个广义坐标。由多自由度体系振型叠加分析[式(3-6-7)]可知,连续体系线性微振动解的基本形式为

$$v(x,t)=\sum_{i=1}^{\infty}\phi_i(x)T_i(t) \tag{3-8-1}$$

与式(3-6-7)采用的物理变量相对应,$\phi_i(x)$ 代表连续体系第 i 阶振型,因为是描述连续体系第 i 阶主振动的振动位形,所以是位置坐标 x 的连续函数,$T_i(t)$ 表示体系第 i 个振型坐标,也称为模态坐标。式(3-8-1)说明如下事实:结构实际容许的任何位移模式都能用此结构振型

适当的幅值叠加得到。这一原理可用如图 3-8-1 所示的简单例子来说明，它表明一端外伸梁的任意位移可以用一组振型分量的和来表示。

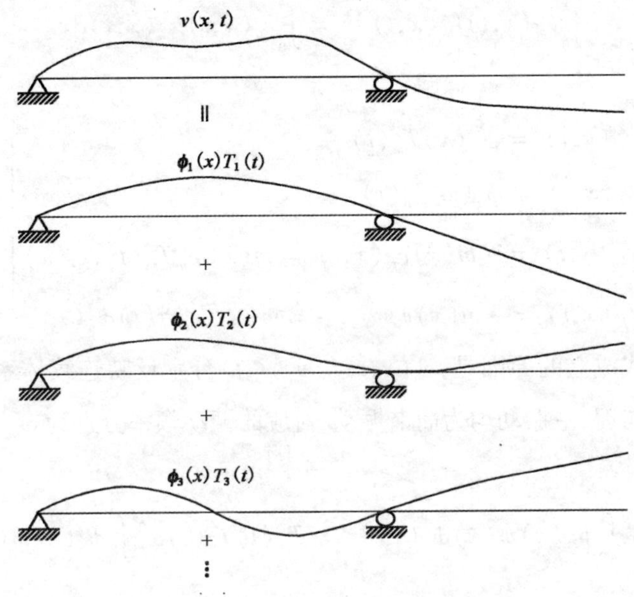

图 3-8-1　一端外伸梁线性微振动分析的振型叠加法

具有分布特性梁的振型也具有正交关系，它与前面对多自由度体系定义的振型正交关系等价，通过运用 Betti 定律（功的互等定理）就能证明这一点。考虑图 3-8-2 所示简支梁的自由线性微振动，这里从自由振动分析入手，一方面出于讨论的便利，另一方面，从前述讨论可知，体系振型展开仅与体系固有振动特性相关，与产生振动的诱因（指外部激励）无关。简支梁可以有沿长度任意变化的刚度和质量。图中画出了梁的第 m 阶和第 n 阶两个不同的主振动。对于每一阶主振动，位移形式及产生此位移的惯性力都示于图中。

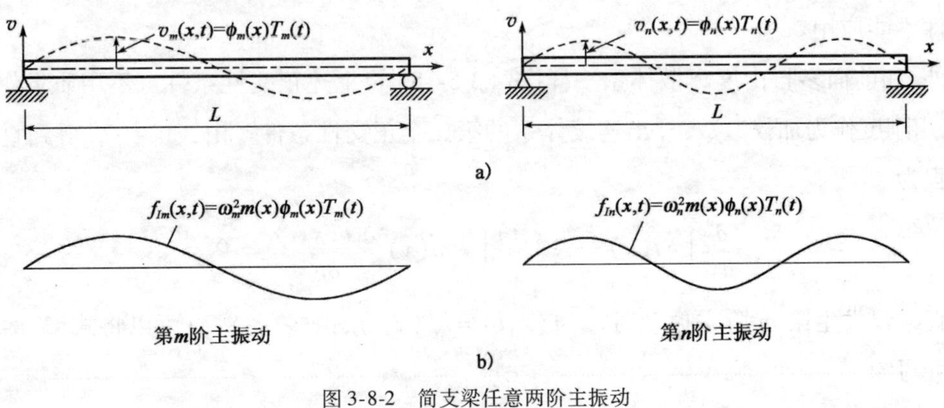

图 3-8-2　简支梁任意两阶主振动

a）位移；b）惯性力

对这两阶主振动应用 Betti 定律,即产生第 n 阶主振动的惯性力在第 m 阶主振动位移上做的功等于产生第 m 阶主振动的惯性力在第 n 阶主振动位移上做的功,即

$$\int_0^L v_m(x,t) f_{In}(x,t)\,\mathrm{d}x = \int_0^L v_n(x,t) f_{Im}(x,t)\,\mathrm{d}x \tag{3-8-2}$$

考虑到以下关系:

$$\left.\begin{aligned} v_m(x,t) &= \phi_m(x) T_m(t) \\ v_n(x,t) &= \phi_n(x) T_n(t) \\ f_{Im}(x,t) &= -m(x)\ddot{v}_m(x,t) = m(x)\omega_m^2 T_m(t)\phi_m(x) \\ f_{In}(x,t) &= -m(x)\ddot{v}_n(x,t) = m(x)\omega_n^2 T_n(t)\phi_n(x) \end{aligned}\right\} \tag{3-8-3}$$

式(3-8-3)后两式成立的原因是:$v_m(x,t)$ 与 $v_n(x,t)$ 分别反映连续体系第 m 阶与第 n 阶主振动,与式(3-4-12)同理,主振动均为简谐振动,对应的振动频率分别为 ω_m 与 ω_n。将式(3-8-3)代入式(3-8-2),有

$$T_m(t) T_n(t)\omega_n^2 \int_0^L \phi_m(x) m(x) \phi_n(x)\,\mathrm{d}x = T_m(t) T_n(t)\omega_m^2 \int_0^L \phi_n(x) m(x) \phi_m(x)\,\mathrm{d}x \tag{3-8-4}$$

它可以改写成

$$(\omega_n^2 - \omega_m^2) T_m(t) T_n(t) \int_0^L \phi_m(x) m(x) \phi_n(x)\,\mathrm{d}x = 0 \tag{3-8-5}$$

当与这两阶主振动对应的体系固有频率不相等,它们的振型必须满足如下正交性条件,即

$$\int_0^L \phi_m(x) m(x) \phi_n(x)\,\mathrm{d}x = 0 \qquad (\omega_m \neq \omega_n) \tag{3-8-6}$$

上式即为分布参数梁以质量为加权参数的正交条件。显然,连续体系振型的正交性条件和多自由度离散系统振型的正交性条件(3-5-17)是相当的。如果两阶主振动具有相等的频率,正交性条件不能应用。

此外,和前面多自由度离散体系一样[式(3-5-18)],上述正交性条件可不用质量作为加权参数,而用刚度作为加权参数,导出连续体系的第二个正交性条件。由式(3-7-7)得到直梁自由振动方程为

$$\frac{\partial^2}{\partial x^2}\left[EI(x)\frac{\partial^2 v(x,t)}{\partial x^2}\right] + m(x)\frac{\partial^2 v(x,t)}{\partial t^2} = 0 \tag{3-8-7}$$

当直梁仅发生第 m 阶主振动时,即 $v(x,t) = v_m(x,t)$,由式(3-8-7)可以将式(3-8-3)中的惯性力可写为

$$f_{Im}(x,t) = -m(x)\frac{\partial^2 v_m(x,t)}{\partial t^2} = \frac{\partial^2}{\partial x^2}\left[EI(x)\frac{\partial^2 v_m(x,t)}{\partial x^2}\right] \tag{3-8-8}$$

综合式(3-8-3)和式(3-8-8),可得到

$$\frac{\partial^2}{\partial x^2}\left[EI(x)\ \frac{\partial^2 v_m(x,t)}{\partial x^2}\right] = m(x)\omega_m^2 v_m(x,t) \tag{3-8-9}$$

将式(3-8-3)第一式代入式(3-8-9)可得

$$m(x)\phi_m(x) = \frac{1}{\omega_m^2}\frac{\mathrm{d}^2}{\mathrm{d}x^2}\left[EI(x)\ \frac{\mathrm{d}^2\phi_m(x)}{\mathrm{d}x^2}\right] \tag{3-8-10}$$

将式(3-8-10)代入式(3-8-6),可得

$$\int_0^L \phi_n(x)\ \frac{\mathrm{d}^2}{\mathrm{d}x^2}\left[EI(x)\ \frac{\mathrm{d}^2\phi_m(x)}{\mathrm{d}x^2}\right]\mathrm{d}x = 0 \quad (\omega_m \neq \omega_n) \tag{3-8-11}$$

式(3-8-11)就是分布参数梁以刚度为加权参数的正交条件。对式(3-8-11)分部积分两次,得出振型正交性关系的一种应用更方便的形式

$$\phi_n(x)V_m(x)\big|_0^L - \phi'_n(x)M_m(x)\big|_0^L + \int_0^L \phi''_m(x)\phi''_n(x)EI(x)\,\mathrm{d}x = 0 \quad (\omega_m \neq \omega_n) \tag{3-8-12}$$

式中　$V_m(x) = \frac{\mathrm{d}}{\mathrm{d}x}\left[EI(x)\ \frac{\mathrm{d}^2\phi_m(x)}{\mathrm{d}x^2}\right], M_m(x) = EI(x)\ \frac{\mathrm{d}^2\phi_m(x)}{\mathrm{d}x^2}$

式(3-8-12)就是一般边界条件下以刚度作为加权系数的正交条件。在式(3-8-12)两边同时乘以 $T_m(t)T_n(t)$ 得到

$$\begin{aligned}&\phi_n(x)T_n(t)\cdot V_m(x)\big|_0^L T_m(t) - \phi'_n(x)T_n(t)\cdot M_m(x)\big|_0^L T_m(t) + \\ &\int_0^L \phi''_m(x)T_m(t)\cdot\phi''_n(x)T_n(t)EI(x)\,\mathrm{d}x = 0 \quad (\omega_m \neq \omega_n)\end{aligned} \tag{3-8-13}$$

考虑到 $v_n(x,t) = \phi_n(x)T_n(t)$, $v_m(x,t) = \phi_m(x)T_m(t)$, $v''_n(x,t) = \phi''_n(x)T_n(t)$, $v''_m(x,t) = \phi''_m(x)T_m(t)$

$$V_m(x,t) = \frac{\mathrm{d}M_m(x,t)}{\mathrm{d}x} = \frac{\mathrm{d}}{\mathrm{d}x}\left[EI(x)\ \frac{\mathrm{d}^2\phi_m(x)}{\mathrm{d}x^2}T_m(t)\right] = V_m(x)T_m(t)$$

$$M_m(x,t) = EI(x)\ \frac{\mathrm{d}^2 v_m(x,t)}{\mathrm{d}x^2} = EI(x)\ \frac{\mathrm{d}^2\phi_m(x)}{\mathrm{d}x^2}T_m(t) = M_m(x)T_m(t)$$

式(3-8-13)可写成

$$\begin{aligned}&v_n(x,t)\cdot V_m(x,t)\big|_0^L - v'_n(x,t)\cdot M_m(x,t)\big|_0^L + \\ &\int_0^L v''_m(x,t)\cdot v''_n(x,t)EI(x)\,\mathrm{d}x = 0 \quad (\omega_m \neq \omega_n)\end{aligned} \tag{3-8-14}$$

式(3-8-14)前两项分别表示第 m 阶主振动的边界竖向截面力在第 n 阶主振动的端部位移上做的功和第 m 阶主振动的端部弯矩在第 n 阶主振动的相应转角上做的功。对于标准的固定端、铰支端或自由端条件,这些项为零。此时以刚度作为加权系数的正交条件可简化为式(3-8-15)。然而,当梁端具有弹性约束时,它们对正交性关系式将有贡献。

$$\int_0^L \phi''_m(x)\phi''_n(x)EI(x)\mathrm{d}x = 0 \qquad (\omega_m \neq \omega_n) \tag{3-8-15}$$

3.9 连续(分布参数)体系线性微振动的正则化方程

3.8 节已将连续体系线性微振动解表示成按振型与广义(模态)坐标的乘积的叠加形式(即振型展开)。下面将探讨如何寻找连续体系各阶主振动对应的谐振频率和振型,进而建立连续体系线性微振动的正则化方程,确定体系广义坐标时程,解决体系线性微振动分析问题。

考虑梁的第 i 阶主振动,即 $v_i(x,t)=\phi_i(x)T_i(t)$ 且 $p(x,t)=0$, $EI(x)=EI$, $m(x)=\overline{m}$,式(3-7-7)可改写为

$$EI\frac{\mathrm{d}^4\phi_i(x)}{\mathrm{d}x^4}T_i(t)+\overline{m}\frac{\mathrm{d}^2T_i(t)}{\mathrm{d}t^2}\phi_i(x)=0 \tag{3-9-1}$$

将式(3-9-1)进一步改写成如下形式

$$\frac{\phi_i^{\mathrm{IV}}(x)}{\phi_i(x)}+\frac{\overline{m}}{EI}\frac{\ddot{T}_i(t)}{T_i(t)}=0 \tag{3-9-2}$$

式中:上标“.”——对时间变量求导次数,一个点代表求导一次;

上标Ⅳ——对位置 x 求 4 阶导数。

因为此方程的第一项仅是 x 的函数,第二项仅是 t 的函数,所以只有当每一项都等于某常数时,对于任意的 x 和 t 方程才都能满足,令

$$\frac{\phi_i^{\mathrm{IV}}(x)}{\phi_i(x)}=-\frac{\overline{m}}{EI}\frac{\ddot{T}_i(t)}{T_i(t)}=a^4 \tag{3-9-3}$$

式中把该常数写成 a^4 的形式是为了以后数学表达方便。由方程(3-9-3)可得到两个常微分方程

$$\ddot{T}_i(t)+\omega_i^2T_i(t)=0 \tag{3-9-4}$$

$$\phi_i^{\mathrm{IV}}(x)-a^4\phi_i(x)=0 \tag{3-9-5}$$

式中

$$\omega_i^2 = \frac{a^4 EI}{\overline{m}}, a^4 = \frac{\omega_i^2 \overline{m}}{EI} \tag{3-9-6}$$

由于式(3-9-4)中常数 ω_i^2 依赖于常数 a^4[如式(3-9-6)],下面先寻求式(3-9-5)一般解的形式,即

$$\phi_i(x) = G\mathrm{e}^{Sx} \tag{3-9-7}$$

式中:G、S——待定复常数。把它代入方程(3-9-5),导得

$$(S^4 - a^4)G\mathrm{e}^{Sx} = 0 \tag{3-9-8}$$

由此得到

$$S_{1,2} = \pm ia, S_{3,4} = \pm a \tag{3-9-9}$$

把每一个根分别代入式(3-9-7),并把得到的四项相加,得完全解如下

$$\phi_i(x) = G_1\mathrm{e}^{iax} + G_2\mathrm{e}^{-iax} + G_3\mathrm{e}^{ax} + G_4\mathrm{e}^{-ax} \tag{3-9-10}$$

式中:G_1、G_2、G_3、G_4——复常数。

用三角函数和双曲函数等价替换指数函数,考虑 $\phi_i(x)$必须是实的,故令式子右边的虚部为零,推导出

$$\phi_i(x) = A_1\cos(ax) + A_2\sin(ax) + A_3\cosh(ax) + A_4\sinh(ax) \tag{3-9-11}$$

式中:A_1、A_2、A_3、A_4——实常数,它们可以用 G_1,G_2,G_3,G_4 表示。

这 4 个实常数由梁端已知的边界条件(位移、转角、弯矩或剪力)来计算。由边界条件与式(3-9-11)可以得到包含 4 个未知实常数的齐次代数方程组。根据该方程组存在非零解的条件,由其系数行列式为零得到关于 a,即关于 ω_i 的方程,称为频率方程。用它可以计算频率参数 a。在确定 a 后,再利用齐次方程组确定 4 个实系数之间的相对关系,得到振型函数 $\phi_i(x)$。

现在,将通过如下例子说明梁自由振动时振型函数以及频率参数的计算方法。考虑图 3-9-1a)所示的等截面简支梁,该梁的 4 个边界条件为

$$v(0,t) = 0, M(0,t) = EIv''(0,t) = 0$$

$$v(L,t) = 0, M(L,t) = EIv''(L,t) = 0$$

因为只要初始条件选取恰当,系统可以独立发生某一阶主振动,即 $v(x,t) = \phi_i(x)T_i(t)$,将该式代入上述边界条件可得

$$\phi_i(0) = 0,\ \phi_i''(0) = 0 \tag{3-9-12}$$

$$\phi_i(L) = 0, \phi_i''(L) = 0 \tag{3-9-13}$$

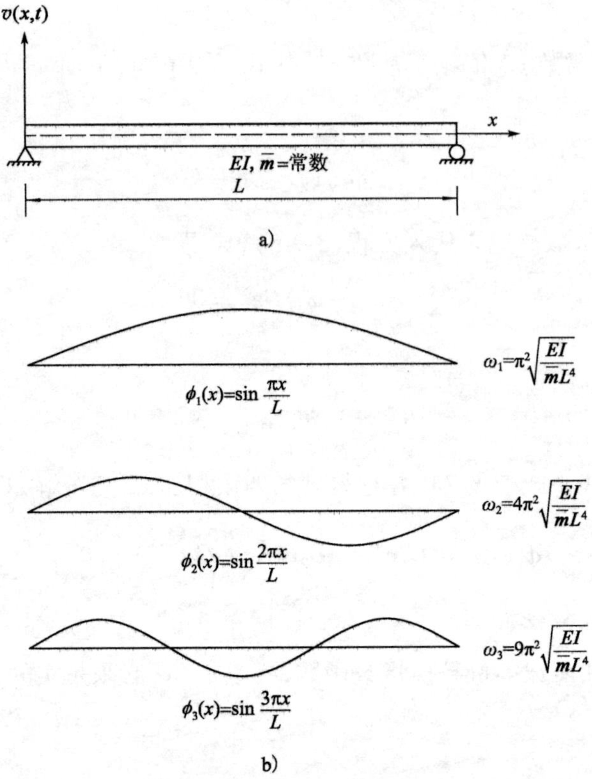

图 3-9-1 简支梁振动分析

a)简支梁的基本特性;b)简支梁前三阶振型及其频率

利用式(3-9-11)和它对于 x 的二阶偏导数,式(3-9-12)可以写为

$$\phi_i(0)=A_1\cos0+A_2\sin0+A_3\cosh0+A_4\sinh0=0$$

$$\phi_i''(0)=a^2(-A_1\cos0-A_2\sin0+A_3\cosh0+A_4\sinh0)=0$$

由上述两个式子得到 $A_1+A_3=0$ 和 $-A_1+A_3=0$;自然得出 $A_1=0$ 和 $A_3=0$。类似地,在考虑 $A_1=0$ 和 $A_3=0$ 之后,式(3-9-13)可以写成如下形式

$$\phi_i(L)=A_2\sin aL+A_4\sinh aL=0$$

$$\phi_i''(L)=a^2(-A_2\sin aL+A_4\sinh aL)=0$$

因为 A_1、A_2、A_3 与 A_4 不能同时为零,否则梁将处于静止状态,因此上两式联列方程组的系数行列式必须等于零,即

$$\begin{vmatrix}\sin aL & \sinh aL\\ -a^2\sin aL & a^2\sinh aL\end{vmatrix}=0$$

展开化简为

$$\sin aL \cdot \sinh aL = 0$$

因为 $\sinh aL \neq 0$,所以必须有

$$\sin aL = 0 \tag{3-9-14}$$

式(3-9-14)即为体系的频率方程,由此可解得

$$a = \frac{i\pi}{L} \quad (i = 1,2,\cdots) \tag{3-9-15}$$

把式(3-9-15)代入式(3-9-6)得到频率的表达式为

$$\omega_i = i^2\pi^2 \sqrt{\frac{EI}{\bar{m}L^4}} \quad (i = 1,2,\cdots)$$

将 $a = \dfrac{i\pi}{L}$代入后两个边界条件式的任一式,容易得到 $A_4 = 0$。

综上可知,$A_1 = A_3 = A_4 = 0$,A_2不能唯一确定,将它们代入式(3-9-11)得到简支梁振型函数为

$$\phi_i(x) = A_2 \sin \frac{i\pi}{L}x \quad (i = 1,2,\cdots)$$

前 3 阶振型曲线和相应的自振圆频率如图 3-9-1b)所示。

得到频率参数 a 的值后,考虑体系发生第 i 阶主振动的初始条件[$T_i(0)$和 $\dot{T}_i(0)$],就可由式(3-9-4)得到梁第 i 阶主振动的广义坐标时程。当梁在给定初始条件下[给定 $v(x,0)$和 $\dot{v}(x,0)$]发生自由线性微振动时,第 i 阶主振动广义坐标的初始条件可由振型展开定理得到

$$v(x,0) = \sum_{i=1}^{\infty}\phi_i(x)T_i(0) \quad \dot{v}(x,0) = \sum_{i=1}^{\infty}\phi_i(x)\dot{T}_i(0) \tag{3-9-16}$$

把式(3-9-16)两边乘上 $\phi_i(x)$并积分,考虑振型正交性条件,得

$$T_i(0) = \frac{\int_0^L \phi_i(x)v(x,0)\,\mathrm{d}x}{\int_0^L \phi_i^2(x)\,\mathrm{d}x}, \dot{T}_i(0) = \frac{\int_0^L \phi_i(x)\dot{v}(x,0)\,\mathrm{d}x}{\int_0^L \phi_i^2(x)\,\mathrm{d}x} \tag{3-9-17}$$

因为前已说明振型函数 $\phi_i(x)$目前没有唯一确定,故式(3-9-17)充分说明,第 i 阶主振动的初始条件与 $\phi_i(x)$的取值一一对应。至此,已完成梁自由线性微振动分析时广义坐标解耦的工作。确定梁的各阶振型函数 $\phi_i(x)$后,就可由式(3-9-4)求解与连续体系各阶主振动对应的广义坐标 $T_i(t)$,进而由式(3-8-1)得出梁自由振动响应。

与分析多自由度体系线性微振动的思路类似,完成梁自由振动正则化方程的建立后,接下来继续考虑连续体系强迫振动正则化方程的建立。将描述梁线性微振动响应的振型展开式(3-8-1)代入式(3-7-7),得

$$\sum_{j=1}^{\infty}T_j(t)EI\frac{\mathrm{d}^4\phi_j(x)}{\mathrm{d}x^4} + \sum_{j=1}^{\infty}\phi_j(x)\bar{m}\frac{\mathrm{d}^2T_j(t)}{\mathrm{d}t^2} = p(x,t) \tag{3-9-18}$$

在式(3-9-18)两边乘上 $\phi_i(x)$并积分,考虑振型正交性条件式(3-8-6)与式(3-8-11),得

$$\left[\int_0^L \phi_i(x) EI \frac{\mathrm{d}^4 \phi_i(x)}{\mathrm{d}x^4} \mathrm{d}x\right] T_i(t) + \left[\int_0^L \overline{m} \phi_i^2(x) \mathrm{d}x\right] \frac{\mathrm{d}^2 T_i(t)}{\mathrm{d}t^2} = \int_0^L \phi_i(x) p(x,t) \mathrm{d}x \tag{3-9-19}$$

将式(3-8-10)中的下标 m 换成 i,在该式两边同时乘以 $\phi_i(x)$ 并积分,考虑 $m(x)=\overline{m}$,$EI(x)=EI$,其结果为

$$\int_0^L \phi_i(x) EI \frac{\mathrm{d}^4 \phi_i(x)}{\mathrm{d}x^4} \mathrm{d}x = \omega_i^2 \int_0^L \overline{m} \phi_i^2(x) \mathrm{d}x \tag{3-9-20}$$

代入式(3-9-19),整理可得

$$\frac{\mathrm{d}^2 T_i(t)}{\mathrm{d}t^2} + \omega_i^2 T_i(t) = \frac{\int_0^L \phi_i(x) p(x,t) \mathrm{d}x}{\int_0^L \overline{m} \phi_i^2(x) \mathrm{d}x} \qquad (i = 1,2,3,\cdots) \tag{3-9-21}$$

式(3-9-21)正是描述梁强迫振动的正则化方程。确定梁的各阶振型函数 $\phi_i(x)$ 后,就可由式(3-9-21)求解与连续体系各阶主振动对应的广义坐标 $T_i(t)$,进而由式(3-8-1)得出梁线性微振动响应。

本书仅以无阻尼直梁弯曲情况作为分析对象,介绍运用振型叠加法分析分布参数体系动力响应的基本思想。对于有阻尼直梁弯曲情况,考虑阻尼力用同样方法可建立微分振动方程,由于以阻尼为加权参数的振型正交性关系不存在,只有做出与离散体系类似的 Rayleigh 阻尼假定才能实现微分振动方程的解耦,详见文献[1]。

实际应用时,由于连续(分布参数)体系具有无穷个自由度。原则上只有确定足够阶数的振型和广义坐标响应,才能得出体系精确动力响应。但是,实际上只需要考虑对反应贡献大的那些振型分量。于是,问题实质上转变为离散参数的形式,只需用有限个振型(正则)坐标来描述连续体系的动力反应。

第4章　单自由度体系的振动

由第3章可知，多自由度体系（包括连续体系）的线弹性振动分析，最终可归结于求解由正则坐标（有些教科书也称为模态坐标）描述的单自由度体系振动问题。此外，结构振动分析涉及的一般概念是由研究单自由度体系振动特性得出的。这些物理概念是振动分析的基础，对于掌握振动基础理论和深入理解结构动力性能等具有重要意义。本章主要考虑单自由度体系在各种外部荷载、基础运动条件下的振动响应计算，并重点介绍与特有振动现象以及振动性能评估相关的物理概念。

4.1　不考虑阻尼的自由振动

设有图4-1-1所示的弹簧—质量体系，不计弹簧质量，其自由振动方程可由建立质量块动力平衡条件得到。质量块在铅垂平面内上下运动的任意时刻，弹簧力、质量块的惯性力、质量块的重力应维持平衡，故有

$$m\ddot{v} + k(v + v_{st}) - mg = 0$$

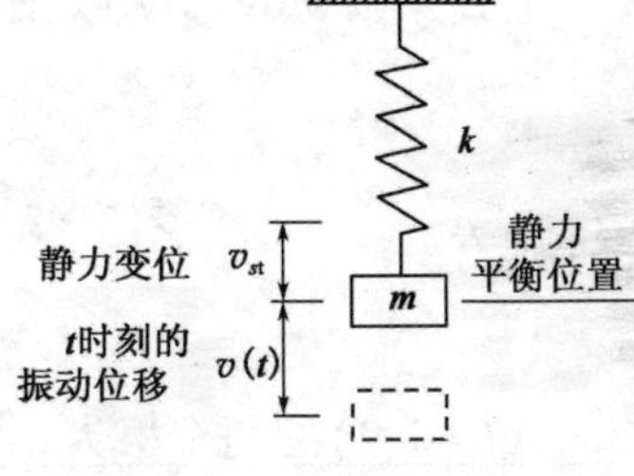

图4-1-1　单自由度体系的自由振动

考虑到质量块的初始静力平衡条件 $kv_{st} - mg = 0$，上式简化为

$$m\ddot{v} + kv = 0 \tag{4-1-1}$$

方程（4-1-1）的数学定义是二阶常系数齐次线性微分方程，它的解可取为如下复指数形式

$$v(t) = G\mathrm{e}^{St} \tag{4-1-2}$$

式中：G，S——待定复常数。

在后面的讨论中可以发现，将动力荷载和反应用复数表达非常方便。首先简要回顾复数的概念。

任意复常数 G，可在图4-1-2所示的复平面内用一个矢量来表示。矢量沿正交坐标线的分量代表复常数的实部和虚部。因此

$$G = G_R + iG_I \tag{4-1-3}$$

也可在极坐标中用绝对值 $\overline{G}$（即矢量的长度 $\overline{G} = |G|$）和自实轴逆时针转过的角度 θ 来表示

$$G = \overline{G}\mathrm{e}^{i\theta} \tag{4-1-4}$$

另外，由如图4-1-2所示的三角关系，显然式（4-1-3）可改写为

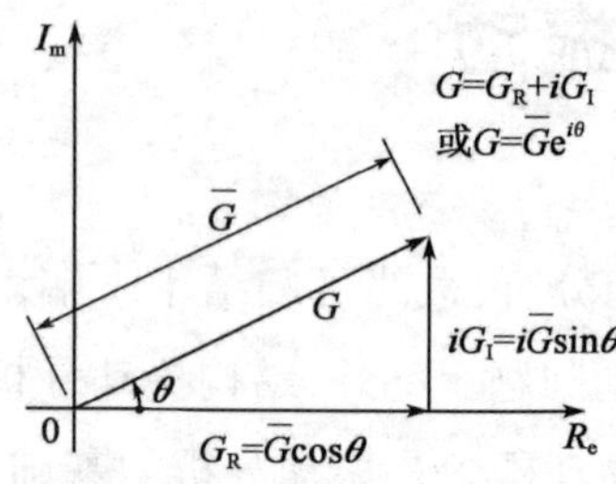

图 4-1-2 复平面中复常数表示法

$$G = \bar{G}\cos\theta + i\bar{G}\sin\theta \tag{4-1-5}$$

令式(4-1-5)和式(4-1-4)相等,同时注意到负的虚部分量对应于负的矢量角,可以得到用于三角函数与指数函数变换的欧拉(Euler)对:

$$\left.\begin{aligned} e^{i\theta} &= \cos\theta + i\sin\theta \\ e^{-i\theta} &= \cos\theta - i\sin\theta \end{aligned}\right\} \tag{4-1-6}$$

此外,由式(4-1-6),可得欧拉方程的逆形式:

$$\left.\begin{aligned} \cos\theta &= \frac{1}{2}(e^{i\theta} + e^{-i\theta}) \\ \sin\theta &= -\frac{i}{2}(e^{i\theta} - e^{-i\theta}) \end{aligned}\right\} \tag{4-1-7}$$

为了确定 G 和 S,将式(4-1-2)代入式(4-1-1),则得

$$(mS^2 + k)Ge^{St} = 0$$

上式除以 mGe^{St} 并引入如下记号

$$\omega^2 = \frac{k}{m} \tag{4-1-8}$$

则有

$$S^2 + \omega^2 = 0 \tag{4-1-9}$$

式(4-1-9)的两个根为

$$S_{1,2} = \pm i\omega$$

根据常微分方程理论,方程(4-1-1)的通解可表示为

$$v(t) = G_1 e^{i\omega t} + G_2 e^{-i\omega t} \tag{4-1-10}$$

式中,两个指数项对应于 S 的两个根,复常数 G_1、G_2 表示相应振动项的振幅。

现在将复数 G_1、G_2 用它们的实、虚部分量来表示

$$G_1 = G_{1R} + iG_{1I},\ G_2 = G_{2R} + iG_{2I}$$

同时利用式(4-1-6)的三角函数与指数函数的关系,则式(4-1-10)可写为

$$v(t) = (G_{1R} + iG_{1I})(\cos\omega t + i\sin\omega t) + (G_{2R} + iG_{2I})(\cos\omega t - i\sin\omega t)$$

简化后可得

$$v(t) = [(G_{1R} + G_{2R})\cos\omega t - (G_{1I} - G_{2I})\sin\omega t] + i[(G_{1I} + G_{2I})\cos\omega t + (G_{1R} - G_{2R})\sin\omega t] \tag{4-1-11}$$

然而，自由振动反应必须是实的，因此虚部项对任意 t 值都必须是零，即

$$G_{1I} = -G_{2I} \equiv G_I, G_{1R} = G_{2R} \equiv G_R$$

由此可见，G_1、G_2 互为共轭复数，即

$$G_1 = G_R + iG_I, G_2 = G_R - iG_I$$

至此，式(4-1-10)最终成为

$$v(t) = (G_R + iG_I)e^{i\omega t} + (G_R - iG_I)e^{-i\omega t} \tag{4-1-12}$$

将欧拉(Euler)变换式(4-1-6)应用于式(4-1-12)，结果可得

$$v(t) = C_1\cos\omega t + C_2\sin\omega t \tag{4-1-13}$$

式中：$C_1 = 2G_R$，$C_2 = -2G_I$，由 $t=0$ 时刻的位移 $v(0)$ 及速度 $\dot{v}(0)$ 确定。显然，$v(0) = C_1$，$\dot{v}(0) = C_2\omega$，得到 $C_1 = v(0)$，$C_2 = \frac{\dot{v}(0)}{\omega}$，则

$$v = v(0)\cos\omega t + \frac{\dot{v}(0)}{\omega}\sin\omega t \tag{4-1-14}$$

令 $v(0) = \rho\cos\theta$，$\frac{\dot{v}(0)}{\omega} = \rho\sin\theta$，如图4-1-3所示，则

$$v = \rho\cos(\omega t - \theta) \tag{4-1-15}$$

$$\rho = \sqrt{[v(0)]^2 + \left[\frac{\dot{v}(0)}{\omega}\right]^2} \tag{4-1-16}$$

$$\theta = \arctan\frac{\dot{v}(0)}{\omega v(0)} \tag{4-1-17}$$

式(4-1-14)描述的振动如图4-1-4所示。

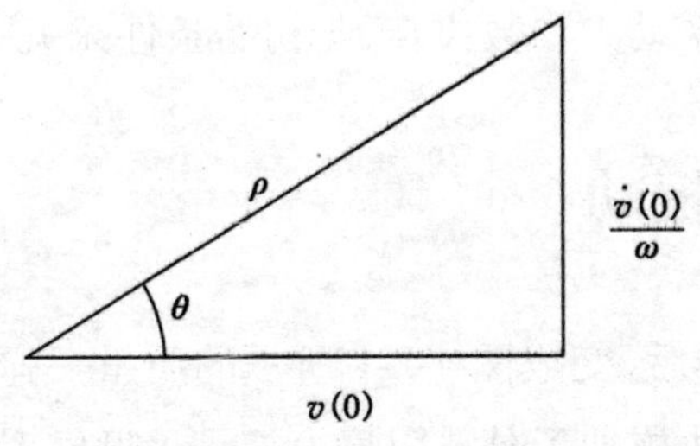

图4-1-3　无阻尼自由振动振幅与相位角

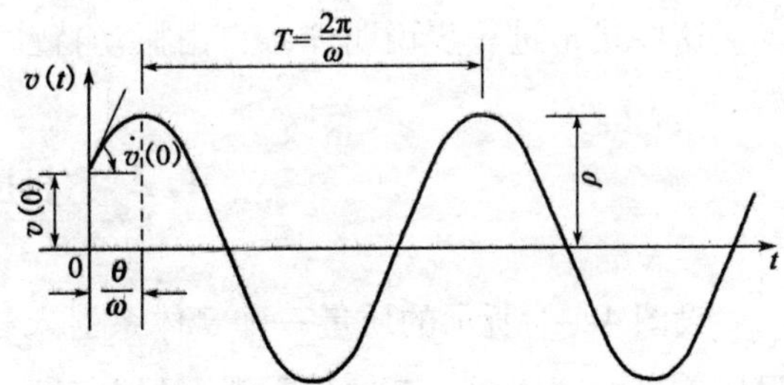

图4-1-4　无阻尼自由振动反应

因为两个矢量相加与复平面上两个复数相加相同，故式(4-1-14)表示的振动可用复平面上两个模分别为 $v(0)$ 和 $\frac{\dot{v}(0)}{\omega}$ 的复数之和在实轴上的投影表示。如图4-1-5所示，图中 ρ 为合成运动的幅值，称为振幅，按式(4-1-16)计算。θ 表示合成运动落后于 $v(0)$ 的角度，称为相位角。图4-1-5所示的平面也称为相平面。因为 $\sin\omega t = \cos(\omega t - \frac{\pi}{2})$，故在相平面上式(4-1-14)

中以$\frac{\dot{v}(0)}{\omega}$为幅值的运动落后于以 $v(0)$ 为幅值的运动$\frac{\pi}{2}$相位。很显然,图 4-1-5 中以$\frac{\dot{v}(0)}{\omega}$与 $v(0)$ 为模的矢量在实轴上的投影之和就是式(4-1-14),以 ρ 为模的矢量在实轴上的投影即为式(4-1-15)。ω 为上述矢量绕定点 0 同步转动的角速度,称为体系振动的角频率或圆周频率(习惯简称为圆频率)。对于给定的振动体系,k 及 m 一定,所以 $\omega=\sqrt{\frac{k}{m}}$为常数。

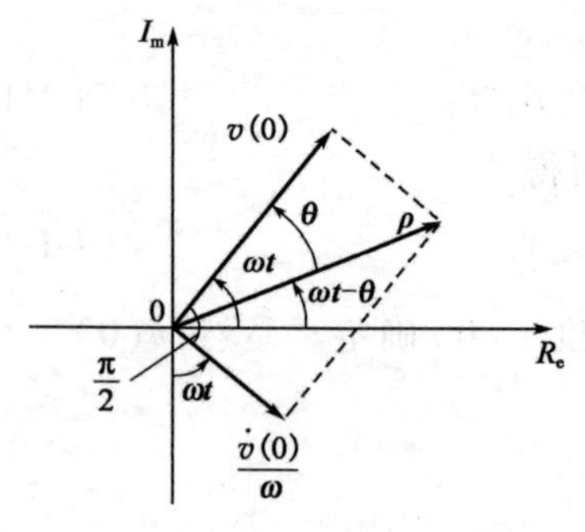

图 4-1-5　用实轴上的投影和表示的合成运动

图 4-1-5 中各矢量绕 0 点转动一周,图 4-1-1 中质点 m 上下振动循环一次,振动一周(或者说矢量转动一周)所需的时间 T 称为体系的振动周期,$T=\frac{2\pi}{\omega}$。于是振动圆频率的单位为 rad/s。每秒内的振动次数 $f=\frac{1}{T}$称为振动频率,其单位为次/s,称为赫兹(简称为赫),常用 Hz 表示。

因为体系的初始静位移 $v_{st}=\frac{mg}{k}=\frac{g}{k/m}=\frac{g}{\omega^2}$,所以也有如下关系成立:

$$f=\frac{1}{T}=\frac{\omega}{2\pi}=\frac{1}{2\pi}\sqrt{\frac{g}{v_{st}}}$$

$$\omega=\frac{2\pi}{T}=2\pi f=\sqrt{\frac{g}{v_{st}}}$$

$$T=\frac{2\pi}{\omega}=2\pi\sqrt{\frac{v_{st}}{g}}$$

这些式子进一步说明体系自由振动特性完全由体系动力参数决定,与初始条件无关。

4.2　阻尼自由振动

设图 4-1-1 所示的质量—弹簧体系引入黏滞阻尼器后,变成图 4-2-1 所示的质量—弹簧—阻尼单自由度体系。考虑到黏滞阻尼器对运动的质量块施加了黏滞阻尼力 $f=c\dot{v}$(阻尼理论详见 4.7 节),方向与质量块的运动方向相反,由式(4-1-1)导出体系运动方程为

$$m\ddot{v}+c\dot{v}+kv=0$$

考虑 $\omega^2=\frac{k}{m}$,令 $n=\frac{c}{2m}$,得

$$\ddot{v}+2n\dot{v}+\omega^2 v=0 \tag{4-2-1}$$

式中:c——黏滞阻尼系数。

要求解式(4-2-1),设 $v=Ge^{St}$,得

$$S^2+2nS+\omega^2=0 \tag{4-2-2}$$

解得

$$S_{1,2}=\frac{-2n\pm\sqrt{(2n)^2-4\omega^2}}{2}=-n\pm\sqrt{n^2-\omega^2}$$

当结构体系的刚度与质量一定时,上式中根号内式子取值完全取决于阻尼系数 c。当阻尼系数 c 较大时,根号内数值可能大于零,S_1、S_2 为两个不同实数,体系运动不会发生往复振动;当阻尼系数 c 较小时,根号内数值可能小于零,S_1、S_2 为两个复数,体系运动为往复振动;当阻尼系数 c 等于某临界阻尼值(称此阻尼值为临界阻尼 c_c)时,根号内数值为零,即 $n=\omega,c_c=2m\omega$,S_1、S_2 为两个相同实数,此时的体系运动是上述两种完全不同运动状态的分界线。另外,引入参数 $\xi=\dfrac{c}{c_c}$,称为阻尼比。因为实际结构阻尼系数较难确定,而用阻尼比 ξ 描述结构阻尼特性比确定阻尼系数 c 更容易,结构振动分析中多采用阻尼比 ξ。下面分三种情形讨论式(4-2-1)解的特性。

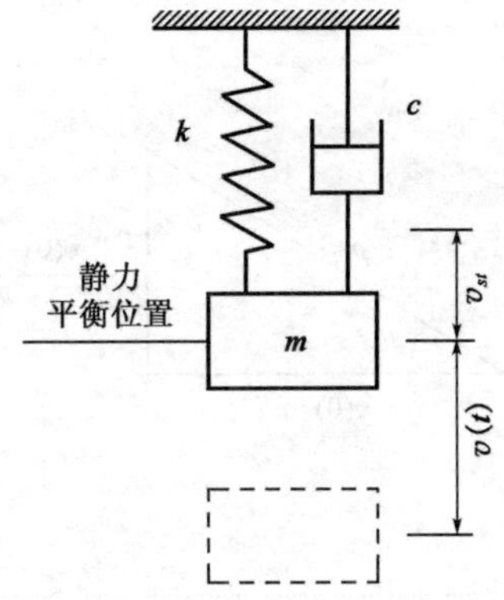

图 4-2-1　考虑阻尼的单自由度体系自由振动

1. 低阻尼($n<\omega,\xi<1$)时的解

此时,$S_{1,2}=-n\pm\omega_D i,\omega_D=\sqrt{\omega^2-n^2}=\omega\sqrt{1-\xi^2}$,称为阻尼振动的圆频率。

利用式(4-1-2),阻尼体系自由振动反应可表示为

$$v=(G_1e^{i\omega_D t}+G_2e^{-i\omega_D t})e^{-nt} \tag{4-2-3}$$

类似于无阻尼的情形,为使反应 v 为实数,复常数 G_1、G_2 必须互为共轭复数,即 $G_1=G_R+iG_I,G_2=G_R-iG_I$。可用与获得式(4-1-13)同样的方法,将式(4-2-3)表示为三角函数形式

$$v=e^{-nt}(D_1\cos\omega_D t+D_2\sin\omega_D t) \tag{4-2-4}$$

$D_1=2G_R$、$D_2=-2G_I$ 为实常数,将体系振动的初始条件 $v_{t=0}=v(0)$,$\dot{v}_{t=0}=\dot{v}(0)$代入上式确定 D_1 与 D_2,最终得到

$$v=e^{-nt}\left[v(0)\cos\omega_D t+\frac{\dot{v}(0)+nv(0)}{\omega_D}\sin\omega_D t\right] \tag{4-2-5}$$

同样,合成运动用相平面上的旋转矢量表示为

$$v=\rho e^{-nt}\cos(\omega_D t-\theta_D)=\rho e^{-\xi\omega t}\cos(\omega_D t-\theta_D) \tag{4-2-6}$$

式中

$$\rho=\sqrt{[v(0)]^2+\left[\frac{\dot{v}(0)+nv(0)}{\omega_D}\right]^2}=\sqrt{[v(0)]^2+\left[\frac{\dot{v}(0)+\xi\omega v(0)}{\omega_D}\right]^2} \tag{4-2-7}$$

$$\theta_D = \arctan\frac{\dot{v}(0) + nv(0)}{\omega_D v(0)} = \arctan\frac{\dot{v}(0) + \xi\omega v(0)}{\omega_D v(0)} \tag{4-2-8}$$

有阻尼自由振动振幅与相位角见图4-2-2。式(4-2-6)描述的振动时程示于图4-2-3。从中可知,质量 m 前后两次以相同方向达到峰值所经历的时间为 T_D,而振动随时间衰减。因为 $v(t+T_D)\neq v(t)$,$\dot{v}(t+T_D)\neq\dot{v}(t)$。故阻尼自由振动可称为等时振动,不能称为周期振动。不过,一般仍旧称 $T_D=\dfrac{2\pi}{\omega_D}=\dfrac{2\pi}{\omega\sqrt{1-\xi^2}}\approx\dfrac{2\pi}{\omega}$ 为阻尼自由振动的周期。

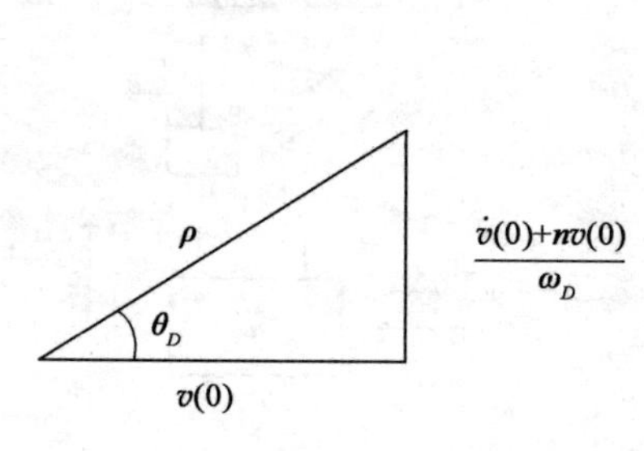

图4-2-2　阻尼自由振动振幅与相位角

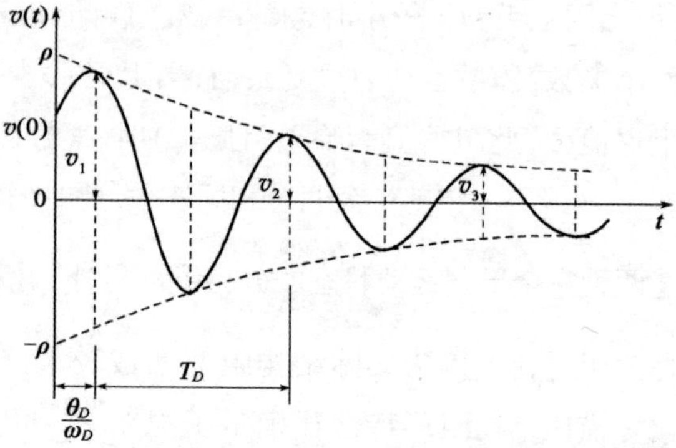

图4-2-3　阻尼自由振动时程

由式(4-2-6)及图4-2-3知,相邻振幅的比

$$\frac{v_m}{v_{m+1}} = e^{\xi\omega T_D} = e^{\xi\omega\frac{2\pi}{\omega_D}} \tag{4-2-9}$$

对(4-2-9)两边取自然对数,得黏滞阻尼自由振动的对数衰减率(亦称对数衰减幅率)δ 为

$$\delta = \ln\frac{v_m}{v_{m+1}} = 2\pi\xi\frac{\omega}{\omega_D} = \frac{2\pi\xi}{\sqrt{1-\xi^2}} \approx 2\pi\xi \qquad (\text{对于多数实际结构 } \xi < 20\%, \xi^2 \ll 1)$$

则
$$\frac{v_m}{v_{m+1}} \approx e^{2\pi\xi} = 1 + 2\pi\xi + \frac{1}{2!}(2\pi\xi)^2 + \cdots$$

取上式级数的前两项,得阻尼比 ξ 的计算式

$$\xi \approx \frac{v_m - v_{m+1}}{2\pi v_{m+1}} \tag{4-2-10}$$

取相隔 s 周的反应波峰幅值来计算阻尼比 ξ,计算精度更高。此时

$$\frac{v_m}{v_{m+s}} = e^{2\pi s\xi\frac{\omega}{\omega_D}} \approx e^{2\pi s\xi} \tag{4-2-11}$$

而
$$\frac{v_m}{v_{m+s}} \approx e^{2\pi s\xi} = 1 + 2\pi s\xi + \frac{1}{2!}(2\pi s\xi)^2 + \cdots$$

同样,取级数的前两项,得

$$\xi \approx \frac{v_m - v_{m+s}}{2\pi s v_{m+s}} \tag{4-2-12}$$

测出结构自由振动衰减波形图后,从图上量出 v_m 及 v_{m+s},即可由式(4-2-12)算出结构的阻尼比 ξ。

此外,由式(4-2-11)可得

$$s = \frac{1}{2\pi\xi}\ln\left(\frac{v_m}{v_{m+s}}\right)$$

当振幅衰减到 50%(即 $v_{m+s} = 50\% v_m$)时,所需的周期数 $s_{50\%}$ 为

$$s_{50\%} = \frac{1}{2\pi\xi}\ln\left(\frac{v_m}{0.5v_m}\right) \approx \frac{0.11}{\xi}$$

$s_{50\%}$ 与 ξ 的关系见图 4-2-4。由此可见,通过观察衰减自由振动试验记录来估计阻尼比 ξ,比较方便的方法是计算振动减少到 50% 所需的振动周期数,再由图 4-2-4 得到相应的阻尼比 ξ。

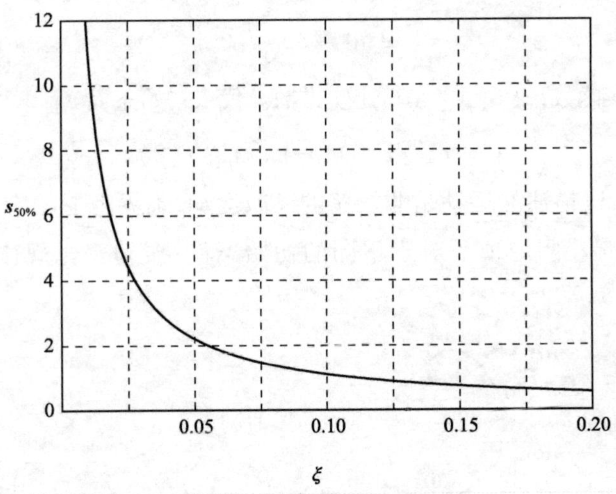

图 4-2-4　振幅减少 50% 所需周期数 $s_{50\%}$ 与阻尼比 ξ 的关系

根据自由振动的衰减波形图,由式(4-2-11)、式(4-2-12)不但可以估计阻尼比 ξ,亦可以分析阻尼比 ξ 对振幅衰减速度的影响程度。根据 $\frac{v_m}{v_{m+s}} = e^{2\pi s\xi}$,分别按 $\xi = 0.10$ 及 0.20 计算自由振动衰减特性,列于表 4-2-1。可见,阻尼比越大,振幅衰减越快。因此,振动计算中,常将体系自由振动项略去不计。

不同阻尼比条件下自由振动衰减特性　　表 4-2-1

	s	$2\pi s\xi$	$e^{2\pi s\xi}$	v_{m+s}
$\xi=0.10$	1	0.628 32	1.874 46	0.533 49 v_m
	2	1.256 64	3.513 6	0.284 61 v_m
	3	1.884 96	6.586 09	0.151 84 v_m
	4	2.513 28	12.345 36	0.081 00 v_m
	5	3.141 6	23.140 86	0.043 21 v_m
	6	3.769 92	43.376 6	0.023 05 v_m
	7	4.398 24	81.307 64	0.012 3 v_m
	8	5.026 56	152.407 83	0.006 56 v_m
$\xi=0.20$	s	$2\pi s\xi$	$e^{2\pi s\xi}$	v_{m+s}
	1	1.256 64	3.513 60	0.284 61 v_m
	2	2.513 28	12.345 36	0.081 00 v_m
	3	3.769 92	43.376 6	0.023 05 v_m
	4	5.026 56	152.407 83	0.006 56 v_m
	5	6.283 2	535.499 52	0.001 87 v_m

2. 临界阻尼($n=\omega,\xi=1$)时的解

此时，常数 S 具有两个相等且为负的实根，$S_{1,2}=-n$，方程式(4-2-1)的通解为

$$v = e^{-nt}(C_1 t + C_2)$$

由于指数 e^{-nt} 为实函数，故 C_1、C_2 是待定实常数。代入初始条件 $v_{t=0}=v(0)$，$\dot{v}_{t=0}=\dot{v}(0)$，得

$$v = e^{-nt}[v(0)(1+nt)+\dot{v}(0)t] \tag{4-2-13}$$

很显然，式(4-2-13)描述的运动是非振荡的衰减运动，临界阻尼的定义是在自由振动反应中不出现振荡所需的最小阻尼值。对于不同的初始条件，振动变化规律可用图 4-2-5 所示曲线簇来表示。

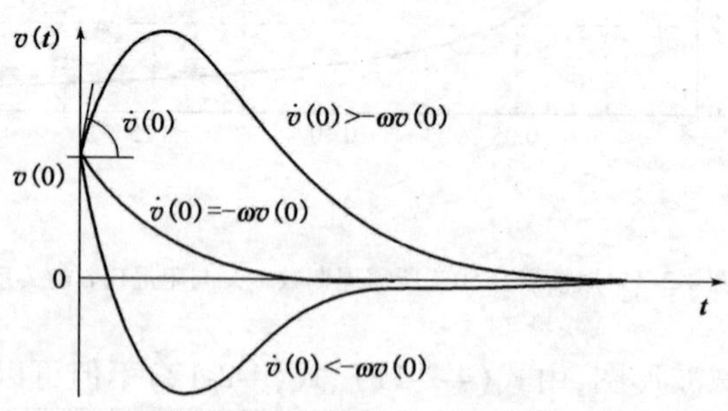

图 4-2-5　临界阻尼体系的自由振动曲线

3. 超阻尼($n>\omega,\xi>1$)时的解

此时，常数 S 具有两个负实根 $S_1=-n+k_2$，$S_2=-n-k_2$，其中，$k_2=\sqrt{n^2-\omega^2}$。方程式

(4-2-1)的通解为

$$v = C_1e^{s_1t} + C_2e^{s_2t}$$

因为指数 e^{S_1t} 与 e^{S_2t} 为实函数,故 C_1、C_2 是实常数。

上式可以整理为

$$v = e^{-nt}(C_1e^{k_2t} + C_2e^{-k_2t}) \tag{4-2-14}$$

另外,考虑到 $\cosh x = \frac{e^x + e^{-x}}{2}$,$\sinh x = \frac{e^x - e^{-x}}{2}$,变换得到:$e^x = \cosh x + \sinh x$,$e^{-x} = \cosh x - \sinh x$

这样式(4-2-14)可写为

$$v = e^{-nt}[(C_1 + C_2)\cosh(k_2t) + (C_1 - C_2)\sinh(k_2t)]$$

将 $C_1 + C_2$,$C_1 - C_2$ 分别记为 A_1、A_2 得到

$$v = e^{-nt}[A_1\cosh(k_2t) + A_2\sinh(k_2t)]$$

将初始条件 $v_{t=0} = v(0)$,$\dot{v}_{t=0} = \dot{v}(0)$代入上式,得

$$A_1 = v(0),A_2 = \frac{\dot{v}(0) + nv(0)}{k_2}$$

于是得到

$$v = e^{-nt}\left[v(0)\cosh(k_2t) + \frac{\dot{v}(0) + nv(0)}{k_2}\sinh(k_2t)\right] \tag{4-2-15}$$

从式(4-2-15)可知,超阻尼自由振动的反应同样是非振荡的衰减运动,和临界阻尼情况相似。但返回零位移位置的速度随阻尼增大而减慢。

【例 4-1】　在图 4-2-6 所示单层建筑物的顶部水平放置一液压千斤顶,千斤顶施加 20 千磅(88.90kN)的力 P,建筑物产生侧向偏离 v_0 为 0.20in(5.08×10^{-3}m),然后突然释放,引起该建筑物侧向水平自由振动。释放后往返摆动的最大位移 v_1 为 0.16in(4.064×10^{-3}m),位移循环的周期为 1.40s。忽略柱子质量,各计算参数如图 4-2-6 所示,试分析该建筑物的动力特性。

解:(1)大梁有效重量 W

$$T = \frac{2\pi}{\omega} = 2\pi\sqrt{\frac{W/g}{k}}$$

$$W = \left(\frac{T}{2\pi}\right)^2 kg = \left(\frac{1.40}{2\pi}\right)^2 \times \frac{88.90}{5.08 \times 10^{-3}} \times 9.8$$

$$= 8\,523.17(\text{kN})$$

(2)自振频率　$f = \frac{1}{T} = \frac{1}{1.40} = 0.714(\text{Hz})$

自振圆频率　$\omega = 2\pi f = 2\pi \times 0.714 = 4.48(\text{rad/s})$

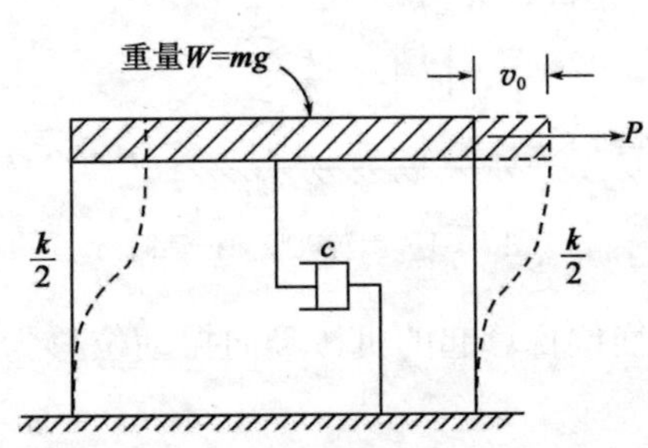

图 4-2-6　单层建筑物的振动试验

(3)阻尼特性

对数衰减率 $$\delta=\ln\frac{5.08\times10^{-3}}{4.064\times10^{-3}}=0.223$$

阻尼比 $$\xi\approx\frac{\delta}{2\pi}=3.55\%$$

阻尼系数 $c=\xi c_c=\xi\cdot2m\omega=0.0355\times2\times\dfrac{8\,523.17}{9.8}\times4.48=276.64[\mathrm{kN/(m\cdot s)}]$

阻尼频率 $\omega_D=\omega\sqrt{1-\xi^2}=4.48\sqrt{1-(0.0355)^2}=4.48\sqrt{0.999}\approx4.48(\mathrm{rad/s})=\omega$

(4)6 周后的振幅

由式(4-2-11)知 $$\frac{v_m}{v_{m+s}}=e^{2\pi s\xi\frac{\omega}{\omega_D}},\frac{v_m}{v_{m+1}}=e^{2\pi\xi\frac{\omega}{\omega_D}}$$

故有 $$\frac{v_{m+s}}{v_m}=\frac{1}{e^{2\pi s\xi\frac{\omega}{\omega_D}}}=\left(\frac{1}{e^{2\pi\xi\frac{\omega}{\omega_D}}}\right)^s=\left(\frac{v_{m+1}}{v_m}\right)^s$$

令 $m=0,s=6$,已知 $v_0=5.08\times10^{-3}(\mathrm{m})$,$v_1=4.064\times10^{-3}(\mathrm{m})$,

故 $v_6=\left(\dfrac{v_1}{v_0}\right)^6v_0=\left(\dfrac{4.064\times10^{-3}}{5.08\times10^{-3}}\right)^6\cdot5.08\times10^{-3}=1.33\times10^{-3}(\mathrm{m})$。

4.3 单自由度体系对简谐荷载的反应

随时间 t 按正弦或余弦规律变化的激扰力称为简谐荷载(也称谐振荷载)。例如,图 4-3-1 旋转机械有一个不平衡质量 m_1,它至转轴的距离为 e,机械顺时针转动的角速度为 $\overline{\omega}$,产生离心力 $P_0=m_1e\,\overline{\omega}^2$,其水平分量和垂直分量属于简谐荷载,分别为 $P_0\cos\overline{\omega}t$ 及 $P_0\sin\overline{\omega}t$。

众所周知,任意周期变化荷载可用傅里叶(Fourier)级数表示为若干简谐荷载之和,该周期荷载产生的线性系统响应可通过叠加它的简谐分量引起的响应而得出。分析体系对简谐荷载的响应,不但得出体系振动的许多规律,而且概括出体系对周期性荷载作用的一般特性,因此很有意义。

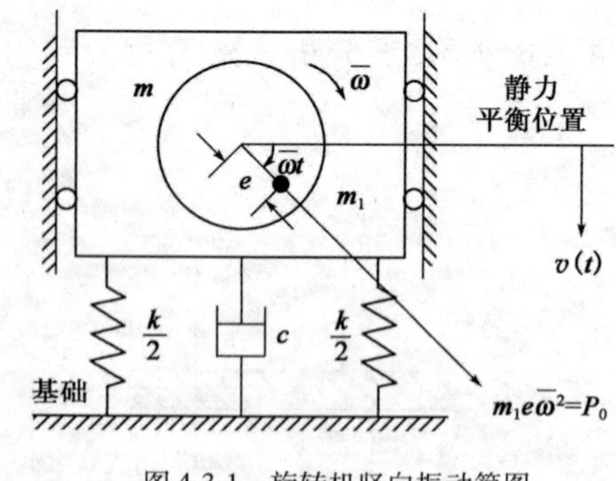

图 4-3-1 旋转机竖向振动简图

设图 4-3-1 旋转机械在水平方向完全固定,不能产生水平方向的振动。在铅垂方向它受到基础弹性约束(由弹簧表示)及黏滞阻尼器作用。基础弹性刚度系数为 k,阻尼系数为 c,机械总质量为 m,自静力平衡位置算起的机械竖向振动位移为 $v(t)$,其竖向运动方程为

$$m\ddot{v}+c\dot{v}+kv=P_0\sin\overline{\omega}t \tag{4-3-1}$$

方程(4-3-1)的解由对应齐次方程的通解 v_c 与其特解 v_p 组成。设阻尼比 $\xi<1$,齐次方程

的通解 v_c 见式(4-2-4)，方程(4-3-1)的特解 v_p 可以表示为如下形式

$$v_p = C_1\cos\overline{\omega}t + C_2\sin\overline{\omega}t \tag{4-3-2}$$

式中：C_1、C_2——待定系数。

将式(4-3-2)代入式(4-3-1)，由方程两边正弦及余弦项系数相等的条件，得到两个代数方程，可解出 C_1 与 C_2，但这样求解比较烦琐。下面用复数法求 v_p 比较简便。设复数方程 $m\ddot{Z} + c\dot{Z} + kZ = P_0 e^{i\overline{\omega}t}$，将复数 $Z = a + ib$（a 和 b 为时间 t 的实函数）代入上述复数方程得 $(m\ddot{a} + c\dot{a} + ka) + i(m\ddot{b} + c\dot{b} + kb) = P_0\cos\overline{\omega}t + iP_0\sin\overline{\omega}t$。由方程虚部相等得到 $m\ddot{b} + c\dot{b} + kb = P_0\sin\overline{\omega}t$。对比该式与方程(4-3-1)可知：上述复数方程解 Z 的虚部即为方程(4-3-1)的特解 v_p。将上述复数方程解的一般形式 $Z = Ae^{i\overline{\omega}t}$ 代入该复数方程可得

$$A = \frac{P_0}{k - m\overline{\omega}^2 + ic\overline{\omega}} = \frac{P_0}{\sqrt{(k - m\overline{\omega}^2)^2 + (c\overline{\omega})^2}\,e^{i\theta}}$$

所以

$$Ae^{i\overline{\omega}t} = \frac{P_0 e^{i(\overline{\omega}t - \theta)}}{\sqrt{(k - m\overline{\omega}^2)^2 + (c\overline{\omega})^2}}$$

用 $Ae^{i\overline{\omega}t}$ 的虚部表示 v_p 如下

$$v_p = \frac{P_0\sin(\overline{\omega}t - \theta)}{\sqrt{(k - m\overline{\omega}^2)^2 + (c\overline{\omega})^2}} \tag{4-3-3}$$

因为 $\frac{c}{c_c} = \xi$，$c_c = 2\omega m$，所以 $c = 2\xi m\omega$。式(4-3-3)简化为

$$v_p = \rho\sin(\overline{\omega}t - \theta) \tag{4-3-4}$$

式中：$\rho = \frac{P_0 D}{k}$——体系的稳态反应振幅。

$$D = \frac{\rho}{P_0/k} = [(1 - \beta^2)^2 + (2\xi\beta)^2]^{-\frac{1}{2}} \tag{4-3-5}$$

式中：$\beta = \frac{\overline{\omega}}{\omega}$——频率比。

$$\theta = \tan^{-1}\frac{c\overline{\omega}}{k - m\overline{\omega}^2} = \tan^{-1}\frac{2\xi\beta}{1 - \beta^2} \tag{4-3-6}$$

因为 $\frac{P_0}{k}$ 为体系在静力 P_0 作用时的位移，所以 D 为稳态反应时的体系最大动力位移与静力位移的比值，称为位移动力放大系数。

方程(4-3-1)的解为

$$v = v_c + v_p = e^{-\xi\omega t}(D_1\cos\omega_D t + D_2\sin\omega_D t) + \rho\sin(\overline{\omega}t - \theta) \tag{4-3-7}$$

将初始条件 $v_{t=0} = v(0)$，$\dot{v}_{t=0} = \dot{v}(0)$ 代入上式，得

$$v = e^{-\xi\omega t}\left[v(0)\cos\omega_D t + \frac{\dot{v}(0) + \xi\omega v(0)}{\omega_D}\sin\omega_D t\right] +$$

$$\rho e^{-\xi\omega t}\cdot\left[\sin\theta\cos\omega_D t + \frac{\xi\omega\sin\theta - \bar{\omega}\cos\theta}{\omega_D}\sin\omega_D t\right] + \rho\sin(\bar{\omega}t - \theta) \tag{4-3-8}$$

式(4-3-8)第一项表示固有频率为 ω_D 的自由振动,它由体系的初始条件决定。在零初始条件下[即 $v(0)=0,\dot{v}(0)=0$],这种振动不会产生。

式(4-3-8)第二项的固有频率为 ω_D,是振幅与激扰力有关的简谐振动。这种振动也属于自由振动。由于与初始条件无关,任何初始条件下它都伴随受迫振动一起发生,故称为伴生自由振动。

由于阻尼作用,从以上两项振动幅值发现,固有频率为 ω_D 的自由振动很快衰减,故称为瞬态反应[图 4-3-2a)]。

式(4-3-8)的第三项为受迫振动[图 4-3-2b)],按激扰力频率 $\bar{\omega}$ 进行,与初始条件无关,振幅 ρ 不随时间改变,故称为稳态反应。在相平面上它落后于激扰力 θ 角。

瞬态振动与受迫振动合成的运动如图 4-3-2c)所示。可以发现,随着时间的推移,当瞬态振动完全衰减后,体系振动响应完全由稳态振动控制。

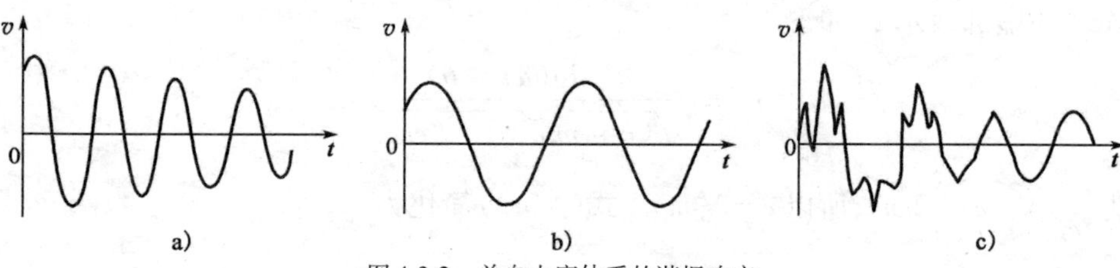

图 4-3-2　单自由度体系的谐振响应

a)自由振动;b)受迫振动;c)合成运动

下面分析动力放大系数 D 及相位角 θ 随频率比 β 与阻尼比 ξ 的变化规律,从中得出若干有价值的概念。

(1)D 和 θ 随 β 和 ξ 的变化规律

将 D 随 β 和 ξ 的变化规律示于图 4-3-3,该图称为振动体系的幅频特性曲线。很显然,当 $\beta\to0$ 时,$D\to1$,对此现象可以作如下解释:因为激扰力变化很慢,在短暂时间内,它几乎是一个不变的力,近似为静力作用。当 $\beta\gg1$ 时,D 趋近于零,这是因为 $\bar{\omega}$ 很大,激扰力方向改变很快,振动物体由于惯性原因来不及跟随,结果几乎是静止不动。从图 4-3-3 可以发现,当出现 $\beta\to0$ 和 $\beta\gg1$ 这两种极端情况时,阻尼对动力放大系数的影响几乎可以忽略。

当 $\beta=1$ 时,由式(4-3-5)得

$$\left.\begin{aligned} D_{\beta=1} &= \frac{1}{2\xi} \\ \rho_{\beta=1} &= \frac{P_0}{2k\xi} \end{aligned}\right\} \tag{4-3-9}$$

此时,体系振幅与动力放大系数很大,但严格说,它不是最大振幅 ρ_{max} 与最大动力放大系数 D_{max}。将式(4-3-5)对 β 求导数并令其等于零,得到出现 ρ_{max} 与 D_{max} 的频率比为

$$\beta_m = \sqrt{1-2\xi^2} \tag{4-3-10}$$

此式适用于 $\xi \leqslant \frac{1}{\sqrt{2}}$ 的体系。当阻尼比较小时,动力系数的最大值出现在 $\beta=1$ 的附近,即可取式(4-3-9)作为动力系数最大值。当 $\xi > \frac{1}{\sqrt{2}}$ 时,$D<1$,即体系不发生放大响应。

图 4-3-1 中体系激扰力与其稳态反应 v_p 的相位关系由 θ 角描述。由于离心力 P_0 按 $\overline{\omega}t$ 改变方向,激扰力按 $\sin\overline{\omega}t$ 变化,稳态响应按 $\sin(\overline{\omega}t-\theta)$ 变化,稳态反应落后于激扰力 θ 角。例如,当图 4-3-1 中的离心力 P_0 铅垂向下时,质量 m 仍未达到其最低位置,要在之后的 $\frac{\theta}{\overline{\omega}}$ 时段才达到最低位置,当质量 m 达到最低位置时离心力 P_0 已转到与铅垂线成 θ 角的位置。相位角 θ 由式(4-3-6)确定,它随阻尼比 ξ 及频率比 β 的变化规律见图 4-3-4,称为相频特性曲线。在零阻尼($\xi=0$)情况下,在 $\beta<1$ 的范围内,$\theta=0$,强迫振动响应与激扰力同相;在 $\beta>1$ 的范围内,$\theta=\pi$,它们反相;当 $\beta=1$ 时,由式(4-3-6)知,θ 角不定。在有阻尼的情况下,相位角 θ 随频率比的增大而连续变化。当 $\beta=1$ 时,只要存在阻尼,不管阻尼大小,$\theta=\frac{\pi}{2}$,即在共振时,强迫振动响应始终迟于激扰力四分之一周。在低于共振很远和高于共振很远的频率比 β 值,很小的阻尼比对相位角仅有次要的影响;即 $\beta \ll 1$ 时,$\theta \approx 0$,$\beta \gg 1$ 时,$\theta \approx \pi$。因而在这些情况下,阻尼对相位角的影响可不考虑。

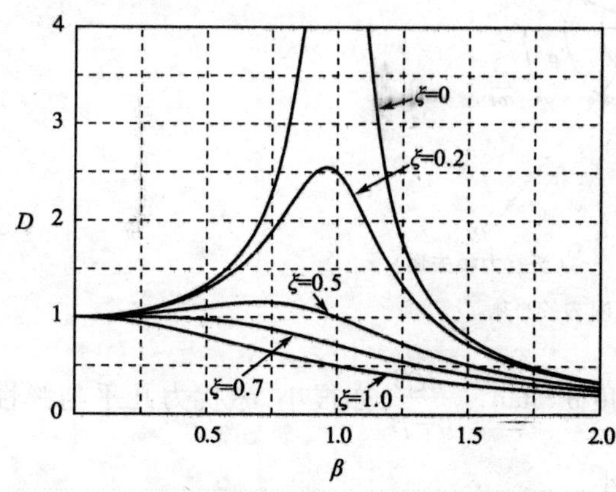

图 4-3-3　动力放大系数随阻尼比和频率比的变化

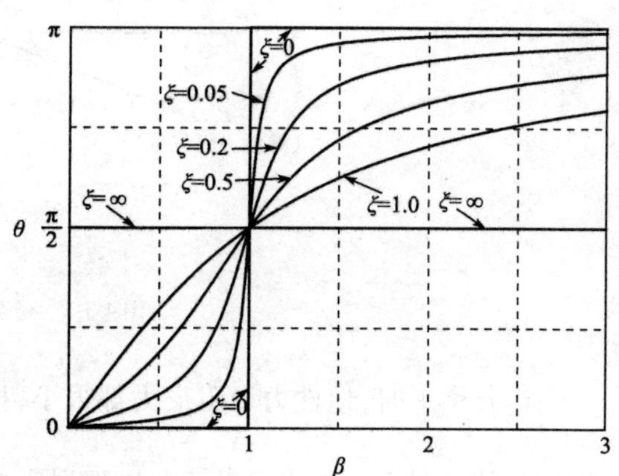

图 4-3-4　相位角随阻尼比和频率比的变化

(2)稳态振动的动力平衡

上述稳态振动概念用任一时刻作用于体系力的平衡来说明,更加清楚。按照达朗贝尔原理,加上惯性力后,体系处于动力平衡状态。将图 4-3-1 体系的运动方程(4-3-1)写成

$$-m\ddot{v} - c\dot{v} - kv + P_0\sin\overline{\omega}t = 0$$

此式表示任一时刻 t 作用于体系的惯性力 $-m\ddot{v}$,阻尼力 $-c\dot{v}$,弹性恢复力 $-kv$ 及激扰力 $P_0\sin\omega t$ 构成平衡力系。考虑稳态振动及 $c=2m\xi\omega$,$\beta=\dfrac{\overline{\omega}}{\omega}$,$\rho=\dfrac{P_0D}{k}$,由式(4-3-4),得

惯性力 $$-m\ddot{v}=m\,\overline{\omega}^2\rho\sin(\overline{\omega}t-\theta)=P_0D\beta^2\sin(\overline{\omega}t-\theta)$$

阻尼力 $$-c\dot{v}=-\rho c\,\overline{\omega}\cos(\overline{\omega}t-\theta)=-\rho c\,\overline{\omega}\sin(\overline{\omega}t-\theta+\frac{\pi}{2})$$

$$=P_0D(2\xi\beta)\sin(\overline{\omega}t-\theta-\frac{\pi}{2})$$

弹性恢复力 $$-kv=-k\rho\sin(\overline{\omega}t-\theta)=P_0D\sin(\overline{\omega}t-\theta-\pi)$$

激扰力 $$P_0\sin\overline{\omega}t$$

可见,惯性力、阻尼力、弹性力以及激扰力都是频率为 $\overline{\omega}$,幅值与相位角不等的简谐荷载。其中,惯性力比激扰力滞后相位角 θ,阻尼力比激扰力滞后相位角 $\theta+\dfrac{\pi}{2}$,弹性力比激扰力滞后相位角 $\theta+\pi$。为了与图 4-3-1 激扰力的方向一致,用诸力幅矢量(即各力最大值)在复平面虚轴上的投影来表示上述各力(图 4-3-5),从图中也可以直观看出各作用力之间的相位关系。惯性力、阻尼力、弹性力的幅值与相位角都是频率比 β 的函数,当 β 取不同值时,存在如下三种情形:

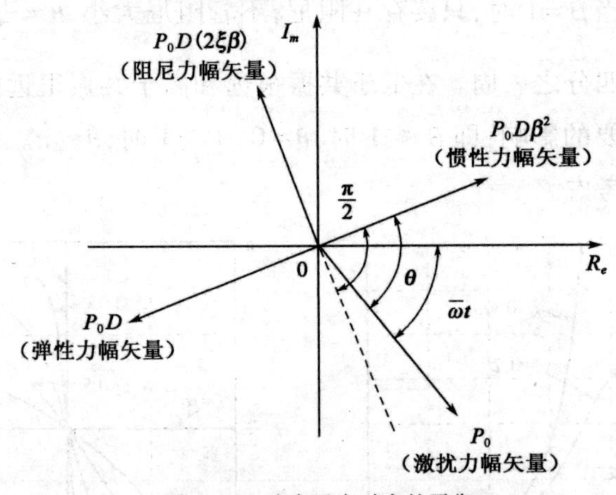

图 4-3-5 稳态反应时力的平衡

①当 $\beta\ll1$ 时,惯性力及阻尼力都很小,相位角 $\theta=\tan^{-1}\dfrac{2\xi\beta}{1-\beta^2}$亦很小,激扰力几乎与弹性力平衡。故此时动力放大系数 $D\approx1$,阻尼影响很小。

②当 $\beta=1$ 时,$\theta=\dfrac{\pi}{2}$,惯性力与弹性力平衡,激扰力与阻尼力平衡。故此时阻尼影响很大。另外,此时由于动力放大系数 D 最大,振幅达最大值,体系处于最不利状态。

③当 $\beta\gg1$ 时,相位角 $\theta=\arctan\dfrac{2\xi\beta}{1-\beta^2}\approx\pi$。另外,由图 4-3-3 知,此时 $D\approx0$。因此,弹性

力与阻尼力都很小,激扰力几乎完全用于克服惯性力。

(3)共振反应

当激扰频率 $\overline{\omega}$ 等于或接近于自振圆频率 ω 时,体系产生大幅度振动的现象,称为共振。将式(4-3-10)代入式(4-3-5),得共振时的动力放大系数及稳态反应振幅分别为

$$D_{\max} = \frac{1}{2\xi\sqrt{1-\xi^2}} \tag{4-3-11}$$

$$\rho_{\max} = \frac{P_0 D_{\max}}{k} = \frac{P_0}{2k\xi\sqrt{1-\xi^2}} \tag{4-3-12}$$

因结构阻尼比 $\xi \ll 1$,式(4-3-11)、式(4-3-12)与式(4-3-9)差别很小,故通常说在 $\beta = 1$ 时发生共振。

式(4-3-11)、式(4-3-12)未考虑瞬态响应影响,因而不能说明共振时体系反应达最大值的历程。为此,将 $\beta = 1$ 代入式(4-3-8)并假定零初始条件(即认为体系从静止开始运动),又注意到此时 $\theta = \frac{\pi}{2}$, $\rho = \frac{P_0}{2k\xi}$, $\omega_D = \omega\sqrt{1-\xi^2}$,得

$$v_{\beta=1} = \frac{1}{2\xi}\frac{P_0}{k}\left[\mathrm{e}^{-\xi\omega t}\left(\frac{\xi}{\sqrt{1-\xi^2}}\sin\omega_D t + \cos\omega_D t\right) - \cos\overline{\omega}t\right] \tag{4-3-13}$$

$v_{\beta=1}$ 与荷载 P_0 静力作用时产生的位移 $v_{st} = \frac{P_0}{k}$ 的比值(称为共振反应比,一般 $\frac{v}{v_{st}}$ 称为反应比)为

$$R(t) = \frac{v_{\beta=1}}{v_{st}} = \frac{1}{2\xi}\left[\mathrm{e}^{-\xi\omega t}\left(\frac{\xi}{\sqrt{1-\xi^2}}\sin\omega_\mathrm{D} t + \cos\omega_\mathrm{D} t\right) - \cos\overline{\omega}t\right] \tag{4-3-14}$$

考虑一般结构阻尼比 $\xi < 0.2$, $\omega_D \approx \omega$, $\frac{\xi}{\sqrt{1-\xi^2}}\sin\omega_D t$ 对反应振幅的影响很小,可以忽略,又因为 $\beta = 1$, $\overline{\omega} = \omega$,所以

$$R(t) = \frac{1}{2\xi}(\mathrm{e}^{-\xi\omega t} - 1)\cos\omega t \tag{4-3-15}$$

在零阻尼情况下,式(4-3-14)成为不定式。应用罗彼塔法则,考虑 $\omega_D = \omega$, $\overline{\omega} = \omega$ 得无阻尼体系的共振反应比

$$R(t) = \lim_{\xi\to 0}\frac{\frac{\mathrm{d}}{\mathrm{d}\xi}\left[\mathrm{e}^{-\xi\omega t}\left(\frac{\xi}{\sqrt{1-\xi^2}}\sin\omega_D t + \cos\omega_D t\right) - \cos\overline{\omega}t\right]}{\frac{\mathrm{d}}{\mathrm{d}\xi}(2\xi)}$$

$$= \frac{1}{2}(\sin\omega t - \omega t\cos\omega t) \tag{4-3-16}$$

式(4-3-15)及式(4-3-16)所描述的曲线示于图4-3-6,它们表示在共振激扰情况下有阻尼和无阻尼体系的反应是如何增加的。显然,两种情况的反应都是逐渐增加。在无阻尼体系中,反应不断增长。除非频率发生变化,否则体系最后必然破坏。在阻尼体系里,阻尼限制共振振幅的发展,使 $R(t)$ 以 $\frac{1}{2\xi}$ 为极限。振幅达到最大值所需的振动循环周数依赖于阻尼比 ξ。图4-3-7表示阻尼比不同的共振反应比包络线随循环周数的上升情况。阻尼比越小,达到最大振幅所需要的周数越多。例如,$\xi=0.1$ 时,约需6周;$\xi=0.05$ 时,约需14周。这对列车过桥梁的振动很有利,因为达到最大振幅时,列车已越过很长距离,列车—桥梁系统的振动频率早已改变,使共振早已不复存在。

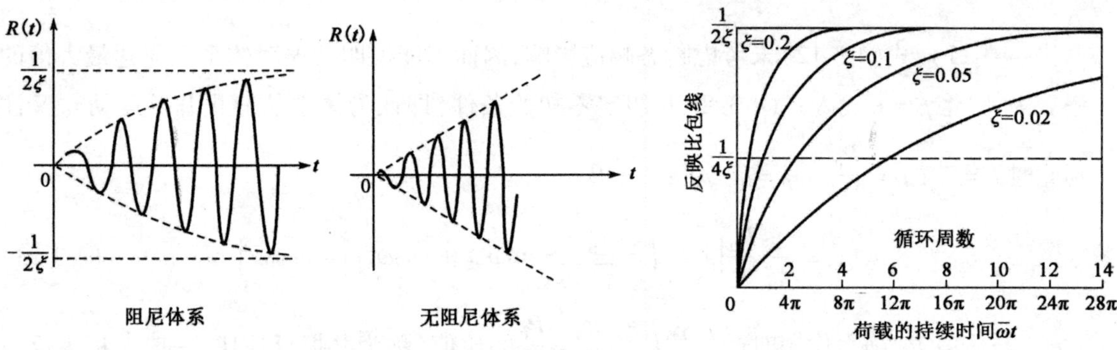

图4-3-6 静止初始条件下共振荷载($\beta=1$)反应

图4-3-7 从静止开始的共振反应的增加速率

应该指出,共振反应比的分析是基于线弹性理论。实际体系进入大幅振动阶段往往不是线弹性的,例如出现局部塑性变形,体系动力特性便发生明显变化,线弹性分析已不再适用。无阻尼体系反应的无限增加当然不可能。有阻尼体系的共振反应比 $R(t)$ 是否会达到 $\frac{1}{2\xi}$,亦要看其特性是否变化而定。但可以确定的是,在共振或接近共振时,结构的动挠度会很大,不可避免地给结构造成损害,因而要尽量避免共振的发生。通常应使结构避开 $0.75<\beta<1.25$ 的范围,这个区间称为共振区。

【例4-2】 一种可携带的产生谐振荷载的激振器,为现场测定结构的动力特性提供了一种有效手段。用此激振器对结构施加两种不同频率的荷载,并分别测出每种荷载所引起的结构反应振幅与相位,利用所得结果,可以确定单自由度体系的质量、阻尼和刚度。在一幢单层建筑物上进行这种试验,激振器的工作频率分别为 $\overline{\omega}_1=16(\text{rad/s})$,$\overline{\omega}_2=25(\text{rad/s})$,这两种情况中,激振力的幅值均为500磅(2 222.64N),测得的结构反应的振幅、相位角为:$\rho_1=7.2\times10^{-3}\text{in}(1.83\times10^{-4}\text{m})$,$\theta_1=15°$,$\cos\theta_1=0.966$,$\sin\theta_1=0.259$;$\rho_2=14.5\times10^{-3}\text{in}(3.68\times10^{-4}\text{m})$,$\theta_2=55°$,$\cos\theta_2=0.574$,$\sin\theta_2=0.819$。计算此结构的动力特性。

解:为便于计算,将稳态反应振幅 ρ 改写为

$$\rho = \frac{P_0 D}{k} = \frac{P_0}{k}[(1-\beta^2)^2 + (2\xi\beta)^2]^{-\frac{1}{2}}$$

$$= \frac{P_0}{k}\frac{1}{1-\beta^2}\left[1 + \left(\frac{2\xi\beta}{1-\beta^2}\right)^2\right]^{-\frac{1}{2}} = \frac{P_0}{k}\frac{1}{1-\beta^2}(1+\tan^2\theta)^{-\frac{1}{2}}$$

$$= \frac{P_0}{k}\frac{1}{1-\beta^2}(\sec^2\theta)^{-\frac{1}{2}} = \frac{P_0}{k}\frac{\cos\theta}{1-\beta^2} \tag{4-3-17}$$

另外,$k(1-\beta^2) = k - \overline{\omega}^2 m$,由该式可得

$$k - \overline{\omega}^2 m = \frac{P_0\cos\theta}{\rho}$$

将上述两组试验数据代入上式,得到如下矩阵方程

$$\begin{bmatrix} 1 & -16^2 \\ 1 & -25^2 \end{bmatrix}\begin{Bmatrix} k \\ m \end{Bmatrix} = \begin{Bmatrix} 2\,222.64 \times 0.966/(1.83 \times 10^{-4}) \\ 2\,222.64 \times 0.574/(3.68 \times 10^{-4}) \end{Bmatrix}$$

由此解得　$k = 1.75 \times 10^7(\mathrm{N/m}) = 1.75 \times 10^4(\mathrm{kN/m})$,$m = 22.39 \times 10^3(\mathrm{kg}) = 22.39(\mathrm{t})$

从而　$W = mg = 22.39 \times 9.8 = 219.42(\mathrm{kN})$

所以建筑物自振圆频率(即固有频率)

$$\omega = \sqrt{\frac{k}{m}} = \sqrt{\frac{1.75 \times 10^7}{22.39 \times 10^3}} = 27.9(\mathrm{rad/s})$$

由式(4-3-6)可得

$$\xi = \frac{1-\beta^2}{2\beta}\tan\theta \tag{4-3-18}$$

将任一组(这里用第一组)试验数据代入式(4-3-18)

$$\xi = \frac{1-\left(\frac{16}{27.9}\right)^2}{2 \times \frac{16}{27.9}}\tan 15° = 0.157$$

阻尼系数为　$c = 2m\omega\xi = 2 \times 22.39 \times 10^3 \times 27.9 \times 0.157$

$= 1.961 \times 10^5(\mathrm{N \cdot s/m}) = 196.1(\mathrm{kN \cdot s/m})$

4.4　基础运动引起的振动

基础运动作为外部扰动亦引起体系的振动,例如地震动引起建筑物振动,海浪起伏引起船的颠簸等。例如,图 4-4-1 所示的质量块 m 被限制在铅垂方向运动。基础发生简谐振动 $v_g =$

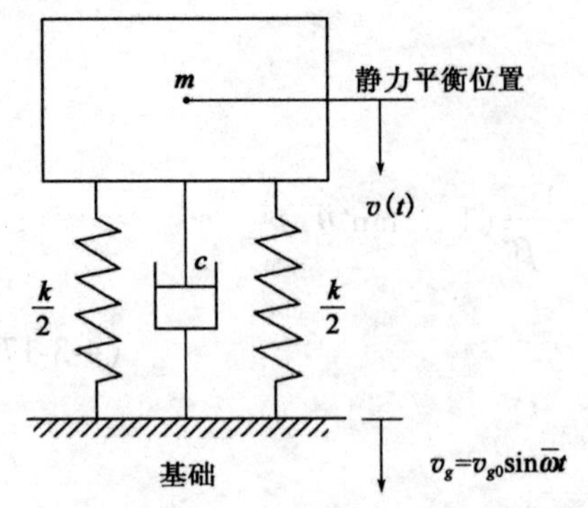

图4-4-1　基础运动引起的物体竖向振动

$v_{g0}\sin\bar{\omega}t$引起质量块 m 的竖向振动 v,忽略弹簧及阻尼器的质量,则体系的运动方程为

$$m\ddot{v}+c(\dot{v}-\dot{v}_g)+k(v-v_g)=0$$

即
$$m\ddot{v}+c\dot{v}+kv=c\dot{v}_g+kv_g \tag{4-4-1}$$

现用复数法求其特解(这里仅讨论稳态反应解)v_p,设复数方程

$$m\ddot{Z}+c\dot{Z}+kZ=c\dot{v}_{gc}+kv_{gc}\quad(v_{gc}=v_{g0}e^{i\bar{\omega}t}) \tag{4-4-2}$$

根据上一节的分析可知:上述复数方程解 Z 的虚部是方程(4-4-1)的特解 v_p。将上述复数方程解的一般形式 $Z=Ae^{i\bar{\omega}t}$代入式(4-4-2)可得

$$A=\frac{v_{g0}(k+ic\bar{\omega})}{k-m\bar{\omega}^2+ic\bar{\omega}}=\frac{v_{g0}[k^2+(c\bar{\omega})^2]}{\sqrt{[k(k-m\bar{\omega}^2)+(c\bar{\omega})^2]^2+(mc\bar{\omega}^3)^2}\,e^{i\theta}} \tag{4-4-3}$$

式中
$$\theta=\tan^{-1}\frac{mc\bar{\omega}^3}{k(k-m\bar{\omega}^2)+(c\bar{\omega})^2} \tag{4-4-4}$$

所以
$$Ae^{i\bar{\omega}t}=\frac{v_{g0}[k^2+(c\bar{\omega})^2]e^{i(\bar{\omega}t-\theta)}}{\sqrt{[k(k-m\bar{\omega}^2)+(c\bar{\omega})^2]^2+(mc\bar{\omega}^3)^2}}$$

用 $Ae^{i\bar{\omega}t}$的虚部表示方程(4-4-1)的特解 v_p 为

$$v_p=\frac{v_{g0}[k^2+(c\bar{\omega})^2]\sin(\bar{\omega}t-\theta)}{\sqrt{[k(k-m\bar{\omega}^2)+(c\bar{\omega})^2]^2+(mc\bar{\omega}^3)^2}}\equiv\rho\sin(\bar{\omega}t-\theta) \tag{4-4-5}$$

式中
$$\rho=\frac{v_{g0}[k^2+(c\bar{\omega})^2]}{\sqrt{[k(k-m\bar{\omega}^2)+(c\bar{\omega})^2]^2+(mc\bar{\omega}^3)^2}} \tag{4-4-6}$$

变换上式可得(也可以根据 $\rho=|Ae^{i\bar{\omega}t}|=|A|$直接简便得到)

$$\frac{\rho}{v_{g0}}=\sqrt{\frac{k^2+(c\bar{\omega})^2}{(k-m\bar{\omega}^2)^2+(c\bar{\omega})^2}}=\sqrt{\frac{1+(2\xi\beta)^2}{(1-\beta^2)^2+(2\xi\beta)^2}}=D\sqrt{1+(2\xi\beta)^2} \tag{4-4-7}$$

下面分析稳态响应幅值随频率比 β 与阻尼比 ξ 的变化规律。式(4-4-7)描述的$\frac{\rho}{v_{g0}}$与 β 的关系曲线示于图4-4-2。由图4-4-2知,当$\beta>\sqrt{2}$时,$\frac{\rho}{v_{g0}}<1$;当 $\beta\gg1$ 时,$\frac{\rho}{v_{g0}}\to0$ 即 $\rho\to0$,这表示此时基础振动不传递到质量块 m。另外,当 $\beta>\sqrt{2}$,阻尼越大,振幅也越大,阻尼在此范围

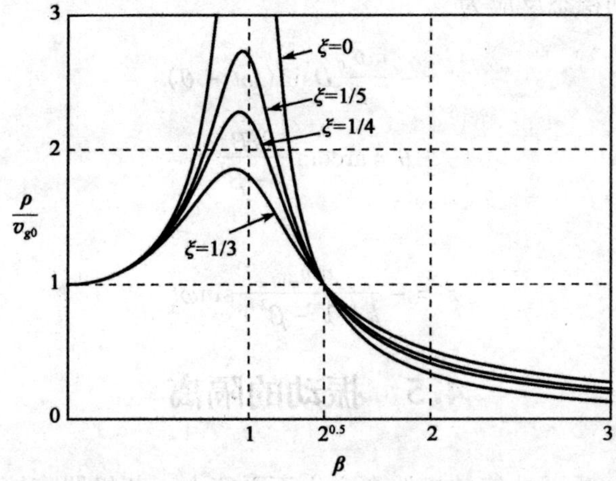

图 4-4-2　基础简谐运动引起的振幅随频率比 β 的变化

内起不利作用，故阻尼宜尽量小。若 $\xi \to 0$，则由式(4-4-7)得

$$\lim_{\xi \to 0} \frac{\rho}{v_{g0}} = \frac{1}{|1-\beta^2|} \tag{4-4-8}$$

此式表明，只要弹簧很软，体系固有频率 ω 远远低于基础激扰频率 $\overline{\omega}$，即 $\beta \gg 1$，则不论基础怎样振动，质量 m 几乎静止不动。例如，$\beta = 5$，质量 m 的振幅 ρ 仅为基础振幅 v_{g0} 的 $\frac{1}{24}$。飞机、汽车上的仪表与仪表板之间垫上塑料片，就是为了便于飞机、汽车的振动尽可能不传给仪表。

基础的运动有时用加速度量取，例如地震就是由三向（东西、南北、上下）加速度仪记录的。地震引起的破坏主要是由于建筑物对地面的相对运动过大引起构件显著变形。因此，工程设计常常关心体系相对于基础的运动。设图 4-4-1 基础的加速度测出为

$$\ddot{v}_g = \ddot{v}_{g0} \sin \overline{\omega} t \tag{4-4-9}$$

质量 m 相对基础的位移为

$$z = v - v_g \tag{4-4-10}$$

故有

$$\left.\begin{aligned} v &= z + v_g \\ \dot{v} &= \dot{z} + \dot{v}_g \\ \ddot{v} &= \ddot{z} + \ddot{v}_g \end{aligned}\right\} \tag{4-4-11}$$

将式(4-4-11)代入式(4-4-1)得

$$m\ddot{z} + c\dot{z} + kz = -m\ddot{v}_g = -m\ddot{v}_{g0} \sin \overline{\omega} t \tag{4-4-12}$$

式(4-4-12)与式(4-3-1)相似，只要以 $-m\ddot{v}_{g0}$ 代替式(4-3-1)中的 P_0，就可沿用式(4-3-1)的

解。故质量 m 相对运动稳态反应为

$$z = -\frac{m\ddot{v}_{g0}}{k}D\sin(\overline{\omega}t - \theta) \tag{4-4-13}$$

式中

$$\theta = \arctan\frac{2\xi\beta}{1-\beta^2}$$

如不计阻尼,则

$$z = -\frac{m\ddot{v}_{g0}}{k|1-\beta^2|}\sin\overline{\omega}t \tag{4-4-14}$$

4.5 振动的隔离

前已指出,具有偏心质量的旋转机器会产生不平衡力。若机器直接装在坚硬基础上,这种不平衡力将全部传给基础,可能使附近的仪器设备及建筑物发生振动,并产生强烈噪声。为减小不平衡力的传递,通常在机器底部加装弹簧、橡皮、软木、毛毡等垫料,这相当于机器底部与基础之间有弹簧与阻尼器隔开,如图 4-3-1 所示。图中机器竖向振动时,传给基础的振动力是弹簧力 kv 与阻尼力 $c\dot{v}$ 之和,即

$$kv + c\dot{v} = k\rho\sin(\overline{\omega}t - \theta) + c\overline{\omega}\rho\cos(\overline{\omega}t - \theta) = F_T\sin(\overline{\omega}t - \theta + \alpha) \tag{4-5-1}$$

$$F_T = \sqrt{(k\rho)^2 + (c\overline{\omega}\rho)^2} = \rho\sqrt{k^2 + (c\overline{\omega})^2} \tag{4-5-2}$$

$$\alpha = \tan^{-1}\frac{c\overline{\omega}}{k} \tag{4-5-3}$$

式中:F_T——传给基础的振动力的幅值;

α——振动力相位角。

振动力幅值 F_T 与激扰力幅值 P_0 之比称为支承体系的传导比,记为 TR,故

$$TR = \frac{F_T}{P_0} = \frac{\rho\sqrt{k^2 + (c\overline{\omega})^2}}{k\rho/D} = D\sqrt{1 + \left(\frac{2m\xi\omega\overline{\omega}}{k}\right)^2} = D\sqrt{1 + (2\xi\beta)^2} \tag{4-5-4}$$

由式(4-4-7)得

$$TR = \frac{\rho}{v_{g0}} = D\sqrt{1 + (2\xi\beta)^2} \tag{4-5-5}$$

因此得出结论:要使不平衡力不传给基础(即要求 $F_T \ll P_0$),或者要使基础的振动不传给其上的物体(即要求 $\rho \ll v_{g0}$),是完全相同的问题,都是振动隔离问题。

为便于进行隔振体系的设计,宜采用隔振效率 $IE = 1 - TR$ 反映隔振效果。根据图 4-4-2,要保持良好隔振效果,应选择 $\beta \gg \sqrt{2}$ 及非常小的阻尼。采用零阻尼的传导比及隔振效率的表达式分别为

$$TR = \frac{1}{\beta^2 - 1}, IE = 1 - TR = \frac{\beta^2 - 2}{\beta^2 - 1} \tag{4-5-6}$$

式中：$\beta \geqslant \sqrt{2}$。

注意到 $\beta^2 = \frac{\overline{\omega}^2}{\omega^2} = \frac{\overline{\omega}^2 m}{k} = \frac{\overline{\omega}^2 W}{kg} = \frac{\overline{\omega}^2 \Delta_{st}}{g}$（$g$ 为重力加速度，$\Delta_{st} = \frac{W}{k}$，$\Delta_{st}$ 为隔振物体由其重量 W 产生的静力变位）及 $\overline{\omega} = 2\pi \overline{f}$（$\overline{f}$ 为激扰频率，亦称输入频率），则由式(4-5-6)的第二式得出输入频率 $\overline{f}$ 与隔振效率 IE 的关系式

$$\overline{f} = \frac{\overline{\omega}}{2\pi} = \frac{1}{2\pi}\sqrt{\frac{g(2 - IE)}{\Delta_{st}(1 - IE)}} \tag{4-5-7}$$

给定 $\overline{f}$ 及 Δ_{st}，可算出隔振效率 IE；反之，给定 $\overline{f}$ 及 IE，则可算出 Δ_{st}，从而算出支承衬垫的刚度系数 k。文献[1]根据式(4-5-7)做出了隔振设计计算图，可直接查出所需数据，十分方便。

【例 4-3】 混凝土桥梁由于徐变而产生挠度。如果桥面由一系列等跨度的梁组成，当车辆在桥上匀速行驶时，这些挠度将产生简谐激扰，相当于上述基础的竖向简谐运动。汽车弹簧和冲击减震器的设置，就是使整个汽车成为隔振体系，以限制路面不平顺传给乘客的竖向振动。这种体系的理想化模型示于图 4-5-1，图中车辆重量 4 000 磅(17.78kN)，弹簧刚度由试验测定。试验结果为加 100 磅(444.52N)产生 0.08in(2.032×10^{-3}m)的挠度。用一个波长为 40ft(12.192m，梁的跨度)，幅值为 1.2in(3.05×10^{-2}m)的正弦曲线代表桥的纵向竖剖面。当汽车以每小时 45mile(72.42km)的速度过桥并假设阻尼为临界阻尼的 40% 时，要求预测汽车的稳态竖向运动振幅值。

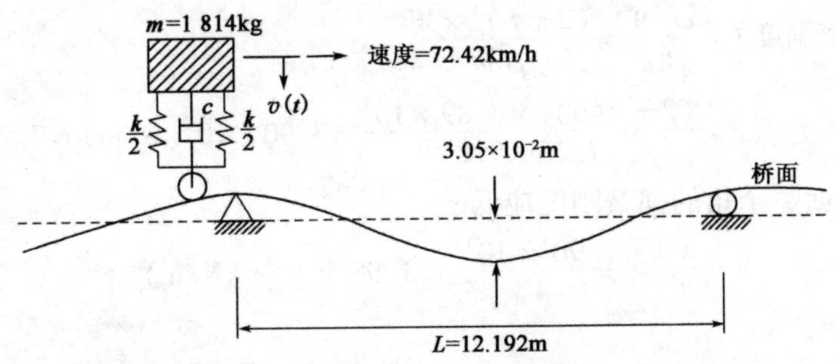

图 4-5-1　在不平桥面板上行驶的车辆示意图

解：稳态竖向振幅由式(4-5-5)算出，即

$$\rho = v_{g0} D\sqrt{1 + (2\xi\beta)^2} = \frac{v_{g0}\sqrt{1 + (2\xi\beta)^2}}{\sqrt{(1 - \beta^2)^2 + (2\xi\beta)^2}}$$

车速 72.42(km/h) = 20.12(m/s)

桥面对车辆的激扰周期 $T_p = \frac{12.192}{20.12} = 0.606(\mathrm{s})$

车辆竖向振动周期 $T = \frac{2\pi}{\omega} = 2\pi\sqrt{\frac{m}{k}} = 2\pi\sqrt{\frac{1\,814}{444.52/(2.032 \times 10^{-3})}} = 0.572(\mathrm{s})$

因此,频率比 $\beta=\dfrac{\overline{\omega}}{\omega}=\dfrac{T}{T_p}=\dfrac{0.572}{0.606}=0.944$

$\xi=0.40, v_{g0}=3.05\times10^{-2}\text{m}$

故振幅 $$\rho=\frac{3.05\times10^{-2}\sqrt{1+(2\times0.4\times0.944)^2}}{\sqrt{(1-0.944^2)^2+(2\times0.4\times0.944)^2}}=0.05(\text{m})$$

若车辆没有阻尼($\xi=0$),则

$$\rho=\frac{3.05\times10^{-2}}{\sqrt{(1-0.944^2)^2}}=\frac{3.05\times10^{-2}}{0.11}=0.277(\text{m})$$

当然,这样大的振幅使弹簧早已超过弹性范围,无实际意义,但它说明:在限制由于路面不平顺所引起的车辆振动中,冲击减震器起着重要作用。

【例4-4】 一往复式机器重20 000磅(88.9kN),当机器的运转频率为40Hz时,产生幅值为500磅(2.22kN)的竖向谐振力。为了限制此机器对所在建筑物的振动,在其矩形底面的四角,各用一个弹簧支承。为了使机器传给建筑物的全部谐振力限制在80磅(0.355 6kN)以内,所需采用的弹簧刚度应为多少?

解:传导比 $TR=\dfrac{F_T}{P_0}=\dfrac{0.355\,6}{2.22}=0.16$

由式(4-5-6)的第一式,得 $\beta^2-1=\dfrac{1}{TR}=\dfrac{1}{0.16}=6.25$,得到 $\beta^2=7.25$。

同时有 $$\beta^2=\frac{\overline{\omega}^2}{\omega^2}=\overline{\omega}^2\frac{W}{kg}$$

解得总的弹簧刚度 $$k=\frac{\overline{\omega}^2W}{\beta^2g}=\frac{(2\pi\overline{f})^2\times W}{\beta^2g}$$

$$=\frac{(2\pi\times40)^2\times8.89\times10^4}{7.25\times9.8}=7.90\times10^7(\text{N/m})=7.90\times10^4(\text{kN/m})$$

因此,机器底面每个角的弹簧刚度应低于

$$\frac{k}{4}=\frac{7.90\times10^4}{4}=1.98\times10^4(\text{kN/m})$$

4.6 测振仪表(位移计与加速度计)的设计原理

式(4-4-5)、式(4-4-13)分别表示质量 m 的振动位移与基础位移及加速度的关系。因此,若将质量 m 附在振动物体上,物体振动引起质量 m 振动,就可由 m 的振动测出物体的振动,这就是测振仪表的设计思想,测振仪如图4-6-1所示。

设附加质量 m 及物体的绝对位移分别为 v 及 v_g,质量 m 相对于物体的竖向位移为 $z=v-v_g$,则质量 m 的运动方程为

$$m\ddot{v}+c(\dot{v}-\dot{v}_g)+k(v-v_g)=0$$

即 $$m\ddot{z}+c\dot{z}+kz=-m\ddot{v}_g \tag{4-6-1}$$

设待测物体的振动为

$$v_g = v_{g0}\sin\overline{\omega}t \tag{4-6-2}$$

代入式(4-6-1),得

$$m\ddot{z} + c\dot{z} + kz = m\overline{\omega}^2 v_{g0}\sin\overline{\omega}t \tag{4-6-3}$$

由式(4-3-4)知,此时质量 m 的稳态振动反应为

$$z = \frac{m\overline{\omega}^2 v_{g0}}{k}D\sin(\overline{\omega}t - \theta) = v_{g0}\beta^2 D\sin(\overline{\omega}t - \theta) \tag{4-6-4}$$

式中,θ 的表达式见式(4-3-6);$\beta^2 D$ 与 β 的关系曲线示于图 4-6-2。显然,当 $\xi = 0.5$ 及 $\beta > 1$ 时,$\beta^2 D$ 基本上为常数,质量 m 的相对稳态振动 z 与物体振动 v_g 的振幅成正比例,只落后一个相位角 θ。于是在仪器中设置一圆鼓,它由时钟驱动,匀速旋转。另外,连一指针于质量 m,指针与圆鼓接触。物体振动时,指针就在圆鼓表面的记录纸上画出振动 z 的波形,它与振动波形成比例及差一相位角 θ。这就是振动位移计的原理。因此,具有 $\xi = 0.5$ 及固有频率 ω 小于振动物体频率 $\overline{\omega}$ 的仪器,可作测量振动物体的位移计。

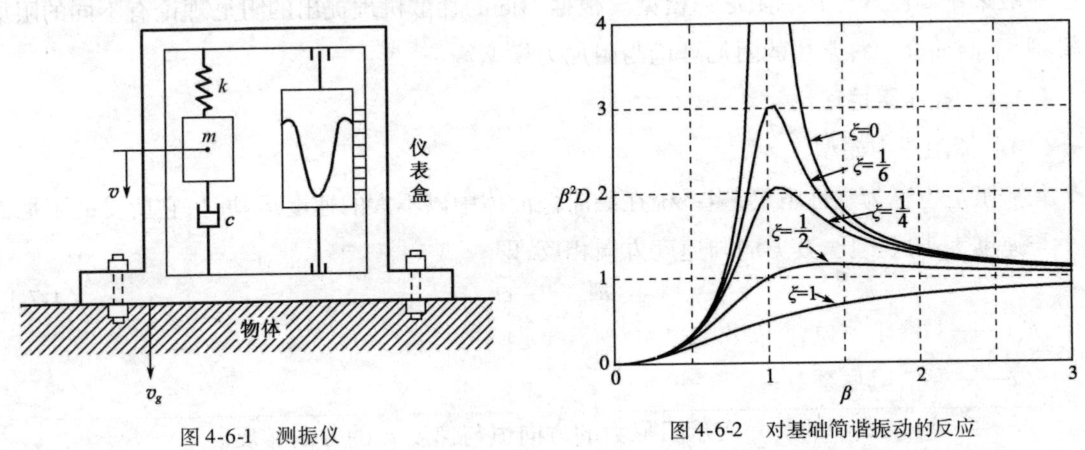

图 4-6-1　测振仪　　　图 4-6-2　对基础简谐振动的反应

降低仪器的固有频率 ω,即减小弹簧刚度或增加质量,可扩大这类仪器的适用范围,才能量测频率较低的物体振动。这样,仪器质量 m 的静位移也会增大,导致位移计构造重、体积大等缺点。

若物体具有加速度为 $\ddot{v}_g = \ddot{v}_{g0}\sin\overline{\omega}t$ 的简谐运动,则质量 m 的运动方程为式(4-4-12),其相对于物体的稳态振动见式(4-4-13)。

由图 4-3-3 知,当阻尼比 $\xi = 0.7$ 时,在 $0 < \beta < 0.6$ 范围内,动力放大系数接近于常数,物体的振动加速度与质量 m 的相对振动 z 的振幅成比例,只是方向相反并超前一相位角 θ。因此,可用质量 m 的相对位移 z 测量物体的振动加速度,这就是加速度计的设计原理。由于这种仪器要求 $\xi = 0.7$,$0 < \beta < 0.6$,要测量物体较高频率的振动,必须提高仪器的固有频率 ω,而 $\omega = \sqrt{k/m}$,故增大仪器弹簧刚度或减少仪器质量,均可扩大加速度计的试用范围。这样,加速度计体积小、重量轻,便于携带和安装。因此,现在的振动测量,多用加速度计。仪表中质量的相对运动通常变换为电信号,利用积分网络很容易将加速度转变为速度与位移。

4.7 阻尼理论简介

工程实践表明,体系自由振动逐渐衰减,最终停止。强迫振动必须不断地施加外力,才能维持体系的稳态振动。这些说明振动过程中体系的能量不断耗散。从微观上看,结构振动时材料分子间相对运动产生的热效应是不可逆的。同时,由于材料的不均匀性也将产生局部非弹性变形。这些都会导致结构在振动过程中材料消耗能量。结构联结处(例如钢结构螺栓连接处的摩擦,混凝土裂缝的张开与闭合),往往由于相对运动产生摩擦而消耗能量。结构周围的介质阻止结构振动(例如飞机受到大气的阻力,潜艇受到海水的阻力等),也将耗散振动能量。再者,结构振动能量传递到地基,地基土壤等介质的内摩擦也会耗散能量。引起体系能量耗散的作用通常称为阻尼,它将以阻尼力的形式作用在振动物体上。

实际问题中,以上影响因素往往同时存在,将其分开考虑几乎不可能,在结构振动响应分析中一般采用高度理想化的阻尼力模型。根据不同的耗散机理提出的阻尼理论有不同的阻尼力模型,下面简介三种常用的阻尼理论与阻尼力模型。

4.7.1 黏滞阻尼理论

(1)黏滞阻尼力模型

黏滞阻尼也称为黏性阻尼,当系统在黏滞性液体中以不大的速度运动时,它所受的阻尼力大小与速度大小成正比,其方向与速度方向相反,即

$$F_{\mathrm{vd}} = -c\dot{v} \tag{4-7-1}$$

式中:F_{vd}——黏滞阻尼力;

c——黏滞阻尼系数;

$\dot{v}$——速度,式中的负号表示阻尼力的方向恒与速度 $\dot{v}$ 的方向相反。

黏滞阻尼假设使系统微分方程保持为线性,根据这一理论建立的运动方程易于求解,所以目前动力分析中广泛采用这样的阻尼假定。

(2)黏滞阻尼存在的问题

试验表明,黏滞阻尼假设并不完全符合实际结构的能量耗散规律。为分析黏滞阻尼存在的问题,首先考察黏滞阻尼的耗能机理。

在荷载 $P(t)=P_0\sin\overline{\omega}t$ 作用下,单自由度体系的稳态位移响应为 $v(t)=\rho\sin(\overline{\omega}t-\theta)$,相应的速度为

$$\dot{v}(t) = \rho\overline{\omega}\cos(\overline{\omega}t-\theta) = \pm\rho\overline{\omega}\sqrt{1-\sin^2(\overline{\omega}t-\theta)} = \pm\rho\overline{\omega}\sqrt{1-\left(\frac{v}{\rho}\right)^2}$$

阻尼力(为了与其他章节保持一致,这里将黏滞阻尼力写为 F_d)为 $F_d(t) = -c\dot{v}(t) = \pm c\rho\overline{\omega}\sqrt{1-\left(\frac{v}{\rho}\right)^2}$,此式亦可写成

$$\left(\frac{F_d}{c\overline{\omega}\rho}\right)^2 + \left(\frac{v}{\rho}\right)^2 = 1 \tag{4-7-2}$$

这表示阻尼力 F_d 和位移 v 之间的关系是一个椭圆，如图 4-7-1a）所示。此曲线称为滞回曲线或滞变环，它表示黏滞阻尼系统在稳态谐振中的滞回特性。

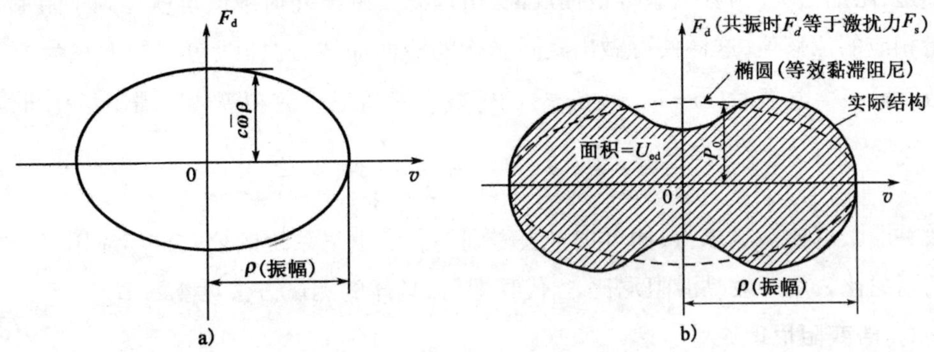

图 4-7-1　黏滞阻尼与等效黏滞阻尼的滞回曲线

a）黏滞阻尼；b）等效黏滞阻尼

考查一个振动周期内，阻尼力 F_d 在位移 v 上所做的功。阻尼力 F_d 和位移 v 都随时间而变化，F_d 在一个周期 T 内所做的功（实际上为负功，下式仅计算做功大小）为

$$W_d = \int_0^T F_d \frac{dv}{dt} dt = \int_0^T c\dot{v}\dot{v} dt = c\int_0^T \dot{v}^2 dt = c\rho^2\overline{\omega}^2\int_0^T \cos^2(\overline{\omega}t - \theta) dt = \pi c\rho^2\overline{\omega}$$

容易证明，这个量值就等于图 4-7-1a）所示椭圆所包围的面积。通常用 U_{vd} 表示黏滞阻尼振动一个周期消耗的能量，称之为耗能

$$U_{vd} = \pi c\rho^2\overline{\omega} \tag{4-7-3}$$

上式说明，由黏滞阻尼假设推导出的耗能和荷载频率成正比，即振动越快则每周消耗的能量越大。但是，实验证明，许多结构振动一个周期的耗能与振动频率无关，也就是说耗能和振动的快慢无关。因此，这就需要对黏滞阻尼假设给予符合实际情况的修正，或者另行考虑其他的阻尼假设。

（3）等效黏滞阻尼

实验表明，结构在振动时，阻尼对结构振动的影响程度主要取决于耗能的数值，而与耗能的具体过程关系不大。基于这一点，人们建立了等效黏滞阻尼的概念。尽管实际结构并非黏滞阻尼系统，但为了能利用黏滞阻尼简化计算的优点，可以假定系统为一等效黏滞阻尼系统。等效黏滞阻尼假设系统在一个周期内消耗的能量和实际结构在一个周期内所消耗的能量相等，并且两者具有相等的位移幅值。即设图 4-7-1b）中实线表示的实际结构滞回曲线包围的面积和虚线所表示的椭圆面积相等，即 U_{ed}，并具有相等的位移幅值 ρ。故有

$$U_{ed} = \pi c_{eq}\rho^2\overline{\omega} \tag{4-7-4}$$

可以求出等效黏滞阻尼系数 c_{eq} 和等效黏滞阻尼比 ξ_{eq}

$$c_{eq} = \frac{U_{ed}}{\pi\rho^2\overline{\omega}}, \xi_{eq} = \frac{c_{eq}}{2m\omega} \tag{4-7-5}$$

实际结构一个周期的耗能 U_{ed} 可由系统的共振实验测定。因为在共振时($\overline{\omega}=\omega$),从 4.3 节分析知道,阻尼力 F_d 与外荷载等值而反向,所以只要测出外荷载值也就得到了阻尼力的值,同时测量相应的位移值,这样便可做出实际结构的滞回曲线,此曲线包围的面积为 U_{ed}。考虑刚度系数 $k=m\omega^2$,共振时($\overline{\omega}=\omega,\rho=\rho_{\beta=1}$)的等效黏滞阻尼系数和等效黏滞阻尼比可以写成

$$c_{eq} = \frac{U_{ed}}{\pi\rho_{\beta=1}^2\omega}, \xi_{eq} = \frac{c_{eq}}{2m\omega} = \frac{U_{ed}}{2\pi m\rho_{\beta=1}^2\omega^2} = \frac{U_{ed}}{2\pi k\rho_{\beta=1}^2} \tag{4-7-6}$$

等效黏滞阻尼比一旦求得,便可把过去得到的黏滞阻尼系统的公式推广应用,只要将原来公式中的阻尼比 ξ 用等效黏滞阻尼比 ξ_{eq} 代替即可,具体的测试方法见 4.8 节。

4.7.2　滞变阻尼理论

虽然黏滞阻尼模型使得运动方程的形式更简便,但试验结果很少与这种类型的能量损失特性相符。在很多试验中,用每周能量损失定义的等效黏滞阻尼概念,可以使理论接近于试验结果。但是,如上所述黏滞阻尼机理依赖于频率的情况与大量试验结果不符,大部分试验结果表明,阻尼力和试验频率几乎是无关的。

滞变阻尼理论提供的数学模型便具有与频率无关的特性,这种阻尼可定义为一种与速度同相而与位移成正比的阻尼力。滞变阻尼能较好地反映材料内摩擦的耗能机理,也称为材料阻尼或结构阻尼。滞变阻尼力—位移关系可用下式表达

$$F_{hd} = \zeta k|v|\frac{\dot{v}}{|\dot{v}|} \tag{4-7-7}$$

式中:F_{hd}——滞变阻尼力;

k——弹性刚度系数;

$|v|$——位移的绝对值;

$\dot{v}$——速度;

$|\dot{v}|$——速度的绝对值;

ζ——滞变阻尼系数,它是阻尼力与弹性力大小的比值。

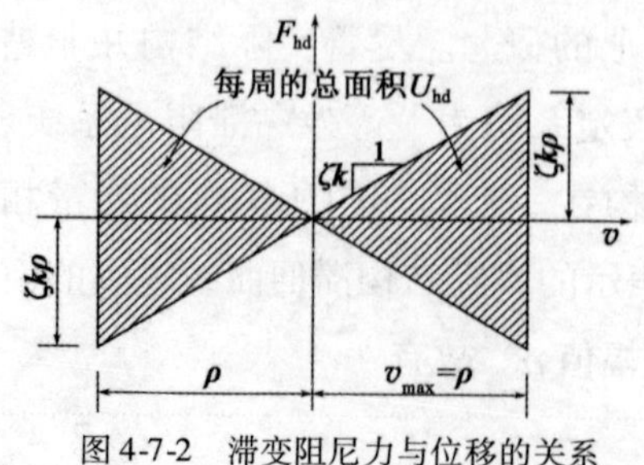

图 4-7-2　滞变阻尼力与位移的关系

一次简谐位移循环中的滞变阻尼力—位移关系见图 4-7-2。可以看出,在位移量增大时,阻尼抗力和线性弹性力相似,当位移量减小时,阻尼力的指向与其相反,由这种机理给出的每周滞变能量损失为

$$U_{hd} = 2\zeta k\rho^2 \tag{4-7-8}$$

与式(4-7-4)不同,滞变阻尼理论给出的每周滞变能

量损失与试验荷载作用频率无关。

4.7.3　摩擦阻尼理论

体系各构件间作相对运动的摩擦以及体系与支承面的摩擦，例如桥梁梁体与支座的摩擦，及图 4-7-3 中质量块 M 与支承面的摩擦等。这种摩擦力称为干摩擦或库仑摩擦力，假设摩擦力 F_{fd} 与支承面的法向压力大小 N 成正比，其方向与速度方向相反，即

$$F_{fd} = -\mu N \frac{\dot{v}}{|\dot{v}|} \tag{4-7-9}$$

式中：F_{fd}——摩擦阻尼力；

μ——摩擦系数；

N——摩擦接触面间的法向压力的大小；

$\dot{v}$——速度；

$|\dot{v}|$——速度的绝对值，负号表示阻尼力的方向与速度方向相反。

实验证明，低速运动过程中，μ 几乎为常数（小于静摩擦系数）。当 μ 为常数时，摩擦力也为常数，与速度无关，这种阻尼称为库仑阻尼。考虑库仑阻尼的体系运动方程的求解比较复杂。

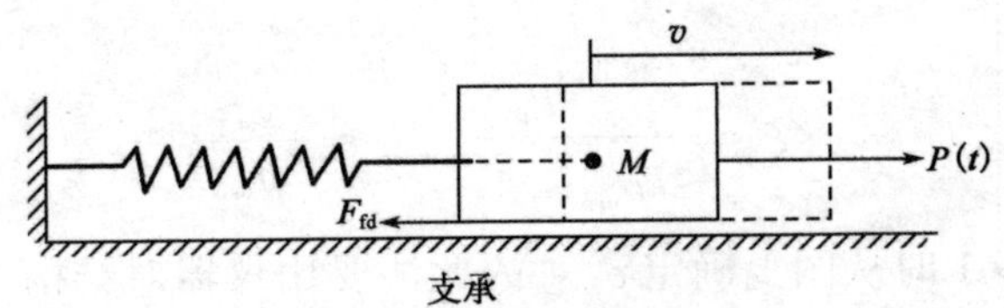

图 4-7-3　库仑摩擦

4.8　用试验方法确定体系的黏滞阻尼比

分析单自由度结构的振动反应，需要确定体系的质量、刚度和阻尼等物理参数。大多数情况下，体系的质量与刚度参数比较容易用简单的物理方法计算得到。然而，目前还很难充分了解实际结构的阻尼机理，实际结构的阻尼能量损失机理要比单自由度运动方程列式时所假定的黏滞阻尼复杂得多。但是，通过试验确定一个适当的等效黏滞阻尼参数是可行的。下面介绍用实测结果计算黏滞阻尼比的主要方法。

1. 自由振动衰减法

按 4.2 节的式(4-2-11)，阻尼比

$$\xi = \frac{\delta_s}{2\pi s \dfrac{\omega}{\omega_D}} \approx \frac{\delta_s}{2\pi s} \tag{4-8-1}$$

式中：$\delta_s = \ln(\frac{v_m}{v_{m+s}})$——$s$ 周后的对数衰减率。

因此，用任意手段使体系产生自由振动后，量取第 m 周及第 $m+s$ 周的振幅，即可由式(4-8-1)算出阻尼比 ξ。因为第一振型振动分量占体系振动的绝大部分，这样求出的阻尼比实际上是体系作第一个主振动的阻尼比 ξ_1。此法所需仪器、设备最少，可用任何简便方法起振，因而是最简单和最常用的方法。

2. 共振放大法

由式(4-3-9)得

$$\xi = \frac{P_0}{2k\rho_{\beta=1}} = \frac{v_{st}}{2\rho_{\beta=1}} \tag{4-8-2}$$

式中：$v_{st} = \frac{P_0}{k}$——激扰力引起的静挠度；

$\rho_{\beta=1}$——体系稳态反应的共振振幅。

实践中，施加精确的共振频率很困难，而根据体系的频率反应曲线确定最大反应幅值 ρ_{max} 比较方便，它发生于激扰频率 $\overline{\omega}$ 稍小于自振频率 ω(即 β 稍小于1)时，此时 ξ 由式(4-3-12)计算，即

$$\xi = \frac{P_0}{2k\rho_{max}\sqrt{1-\xi^2}} \approx \frac{v_{st}}{2\rho_{max}} \tag{4-8-3}$$

因为要在 β 稍小于1时从图上确定 ρ_{max}，故此法要用仪器对结构施加各种频率的简谐激扰力并量测对应的振幅，做出结构的频率反应曲线，如图4-8-1所示。此法问题在于激扰力产生的静挠度 v_{st} 很难确定，因为实现动力加载和测量动力信号的仪器设备不能在零频率工作。

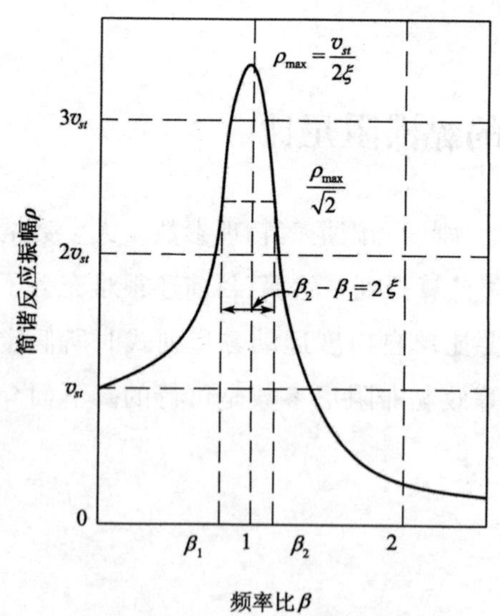

图4-8-1　频率反应曲线

3. 半功率法(亦称半带宽法)

根据式(4-3-5)可知，整个频率反应曲线被体系的阻尼值所控制。因此，可从该曲线的许多不同特性来求得阻尼比，其中最方便的方法之一为半功率法(上述共振放大法也是从反应曲线的特性得出的)。此法根据振幅等于 $\frac{1}{\sqrt{2}}\rho_{max}$ 时的激扰频率来确定阻尼比，在此频率下输入功率近似为共振功率的一半，半功率法因此而得名。

由式(4-3-5),振幅 $\rho = \frac{P_0 D}{k} = v_{st}[(1-\beta^2)^2 + (2\xi\beta)^2]^{-\frac{1}{2}}$,将式(4-3-10)代入得,$\rho_{\max} = \frac{P_0}{2k\xi\sqrt{1-\xi^2}} = \frac{v_{st}}{2\xi\sqrt{1-\xi^2}}$,则由振幅 ρ 等于$\frac{1}{\sqrt{2}}\rho_{\max}$的条件,得

$$\frac{1}{\sqrt{2}}\frac{v_{st}}{2\xi\sqrt{1-\xi^2}} = \frac{v_{st}}{\sqrt{(1-\beta^2)^2 + (2\xi\beta)^2}}$$

解得频率比的平方为

$$\beta_{1,2}^2 = 1 - 2\xi^2 \pm 2\xi\sqrt{1-\xi^2}$$

一般工程结构 ξ 很小,忽略上式中的 ξ^2 项,得

$$\beta_{1,2} = \sqrt{1 \pm 2\xi}$$

根据泰勒级数展开略去二阶及二阶以上的高阶小量,由此得到两个半功率频率比

$$\beta_1 = \sqrt{1-2\xi} \approx 1 - \xi, \beta_2 = \sqrt{1+2\xi} \approx 1 + \xi \tag{4-8-4}$$

由 β_2 减 β_1,得

$$\beta_2 - \beta_1 = 2\xi$$

可得

$$\xi = \frac{1}{2}(\beta_2 - \beta_1) = \frac{1}{2}\left(\frac{\overline{\omega}_2}{\omega} - \frac{\overline{\omega}_1}{\omega}\right) = \frac{1}{2}\left(\frac{\overline{f}_2 - \overline{f}_1}{f}\right) \tag{4-8-5}$$

由 β_2 加 β_1,得

$$\beta_2 + \beta_1 = 2$$

可得

$$f = \frac{1}{2}(\overline{f}_2 + \overline{f}_1) \tag{4-8-6}$$

式(4-8-5)表示阻尼比等于两个半功率频率比差值的一半,式中频率比差值 $\beta_2 - \beta_1$ 须在频率反应曲线上定出,即在$\frac{1}{\sqrt{2}}\rho_{\max}$处作一条水平线(图 4-8-1),它与曲线相交的两频率比之间的差值,即为阻尼比的两倍。显然,此法可避免求静挠度 v_{st},然而,它必需精确地作出半功率范围及共振时的反应曲线。

关于半功率法名称来由,说明如下。单自由度体系在 $P(t) = P_0\sin\overline{\omega}t$ 正弦荷载作用下,其稳态反应为 $v(t) = \rho\sin(\overline{\omega}t - \theta)$。对于稳态振动,在一个振动循环过程中由作用力 $P(t)$ 输入体系的能量[即外力 $P(t)$ 所做的功]等于黏滞阻尼所消耗的能量(即阻尼力 F_d 所做的功),可以根据两者之一计算出体系的平均输入功率。稳态反应一个周期内作用力 $P(t) = P_0\sin\overline{\omega}t$ 输入体系的能量为

$$W_{\mathrm{p}} = \int P(t)\mathrm{d}v = \int_0^{\frac{2\pi}{\overline{\omega}}} P(t)\dot{v}\mathrm{d}t = P_0\rho\overline{\omega}\int_0^{\frac{2\pi}{\overline{\omega}}} \sin\overline{\omega}t\cos(\overline{\omega}t - \theta)\mathrm{d}t = P_0\rho\pi\sin\theta \tag{4-8-7}$$

由式(4-3-6)与式(4-3-5)可得

$$\sin\theta = \frac{2\xi\beta}{\sqrt{(1-\beta^2)^2 + (2\xi\beta)^2}} = \frac{\rho}{P_0/k}(2\xi\beta)$$

代入式(4-8-7)得

$$W_{\mathrm{p}} = 2\pi\xi k\beta\rho^2 \tag{4-8-8}$$

相应的平均输入功率为

$$P_{\mathrm{p,avg}} = \frac{W_{\mathrm{p}}}{T} = \frac{W_{\mathrm{p}}}{2\pi\sqrt{\omega}} = \xi m\omega^3(\beta\rho)^2 \tag{4-8-9}$$

另外,一个周期内黏滞阻尼耗散的能量(即阻尼力所做的功的大小)为

$$W_d = \int F_d \mathrm{d}v = \int_0^{\frac{2\pi}{\bar{\omega}}} c\dot{v}\dot{v}\mathrm{d}t = c\rho^2\bar{\omega}^2\int_0^{\frac{2\pi}{\bar{\omega}}}\cos^2(\bar{\omega}t-\theta)\,\mathrm{d}t = \pi c\bar{\omega}\rho^2$$

相应的平均能量耗散率为

$$P_{d,\mathrm{avg}} = \frac{W_d}{T} = \frac{W_d}{2\pi\sqrt{\omega}} = \frac{1}{2}c\,\bar{\omega}^2\rho^2 = \xi m\omega^3(\beta\rho)^2 \tag{4-8-10}$$

对比式(4-8-9)与式(4-8-10)可知,稳态振动中作用力 $P(t)$ 平均输入功率等于体系阻尼平均能量耗散功率。由式(4-8-9)知,平均输入功率与 $(\beta\rho)^2$ 成正比。当 $\beta=\beta_{\mathrm{m}}$ 时,即发生共振时,振幅 ρ 达到最大值 $\rho_{\max}$。对应的平均输入功率为 $P_{\mathrm{P,m}}$,当 $\rho_1=\rho_2=\frac{1}{\sqrt{2}}\rho_{\max}$ 时,ρ_1 与 ρ_2 对应的 β_1 与 β_2 处的平均输入功率为

$$P_{\beta_1} = \left(\frac{\beta_1\rho_1}{\beta_{\mathrm{m}}\,\rho_{\max}}\right)^2 P_{\mathrm{P,m}} = \left(\frac{\beta_1}{\beta_{\mathrm{m}}}\right)^2\frac{P_{\mathrm{P,m}}}{2}$$

$$P_{\beta_2} = \left(\frac{\beta_2\rho_2}{\beta_{\mathrm{m}}\,\rho_{\max}}\right)^2 P_{\mathrm{P,m}} = \left(\frac{\beta_2}{\beta_{\mathrm{m}}}\right)^2\frac{P_{\mathrm{P,m}}}{2}$$

在 β_1 处,平均输入功率 P_{β_1} 略小于峰值 β_{m} 处平均输入功率的一半,在 β_2 处平均输入功率 P_{β_2} 稍大于峰值 β_{m} 处平均输入功率的一半。因此,这两个平均输入功率的平均值很接近峰值 β_{m} 处平均输入功率的一半,故本节方法称为半功率法。

【例 4-5】 单自由度体系频率反应试验曲线及有关计算数据示于图 4-8-2,求体系的阻尼比。

解:(1)确定峰值反应 $\rho_{\max}=14.402\times10^{-2}(\mathrm{cm})$。

(2)在 $\frac{\rho_{\max}}{\sqrt{2}}$ 处作一条水平直线。

(3)确定上述水平直线与反应曲线相交处的两个频率:$\bar{f_1}=19.55(\mathrm{Hz})$,$\bar{f_2}=20.42(\mathrm{Hz})$。

(4)根据式(4-8-5)与式(4-8-6)计算阻尼比:

$$\xi = \frac{1}{2}\left(\frac{\overline{f_2}-\overline{f_1}}{\frac{\overline{f_1}+\overline{f_2}}{2}}\right)=\frac{\overline{f_2}-\overline{f_1}}{\overline{f_2}+\overline{f_1}}=\frac{20.42-19.55}{20.42+19.55}=\frac{0.87}{39.97}=2.18\%$$

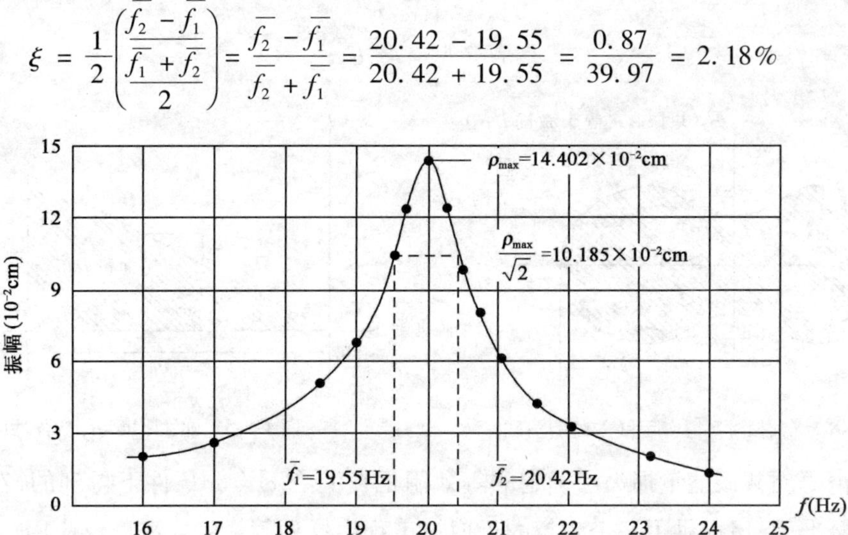

图4-8-2　确定阻尼比的频率反应曲线

4. 每周共振能量损失法

根据4.7节的分析得到,共振时($\overline{\omega}=\omega,\rho=\rho_{\beta=1}$)的等效黏滞阻尼系数和等效黏滞阻尼比可用一个周期内的能量消耗U_{ed}表示为

$$c_{eq}=\frac{U_{ed}}{\pi\rho_{\beta=1}^{2}\omega},\xi_{eq}=\frac{c_{eq}}{2m\omega}=\frac{U_{ed}}{2\pi m\rho_{\beta=1}^{2}\omega^{2}}=\frac{U_{ed}}{2\pi k\rho_{\beta=1}^{2}} \tag{4-8-11}$$

若能够测到共振时一个周期内的能量消耗U_{ed}、共振时的振幅值$\rho_{\beta=1}$与结构刚度系数k,则可由上式确定共振时的等效黏滞阻尼比。

由于共振时激扰力F_s与阻尼力F_d平衡(此概念在4.3节已阐述),此时一次加载循环中荷载—位移关系曲线可视为阻尼力—位移图。若结构具有线性黏滞阻尼,则根据式(4-7-2)曲线为一椭圆(其面积为$\pi\rho_{\beta=1}P_0$,P_0为共振激扰力的幅值),如图4-8-3中的虚线所示。如果不是线性黏滞阻尼,而是非线性黏滞阻尼,上述曲线不为椭圆,设为图4-8-3中的实线,其所包围的面积为U_{ed},最大振幅v_{max}为共振时的$\rho_{\beta=1}$。

此外,结构刚度系数k可用测量每周阻尼能量损失同样仪器装置来测定,只要使装置运转得很缓慢,使之基本达到静力条件即可。这样,测出静力条件下激扰力—位移曲线,得到结构最大弹性应变能U_s。若结构是线性弹性的,则用这样的方法所获得的静力—位移图将如图4-8-4所示,而刚度即等于直线斜率。共振时结构的最大弹性力为$k\rho_{\beta=1}$,结构最大弹性应变能$U_s=\frac{1}{2}k\rho_{\beta=1}^{2}$,故结构刚度系数也可表示为

$$k=\frac{2U_s}{\rho_{\beta=1}^{2}} \tag{4-8-12}$$

将式(4-8-12)代入式(4-8-11),可得

$$\xi_{\mathrm{eq}} = \frac{U_{\mathrm{ed}}}{4\pi U_s} \tag{4-8-13}$$

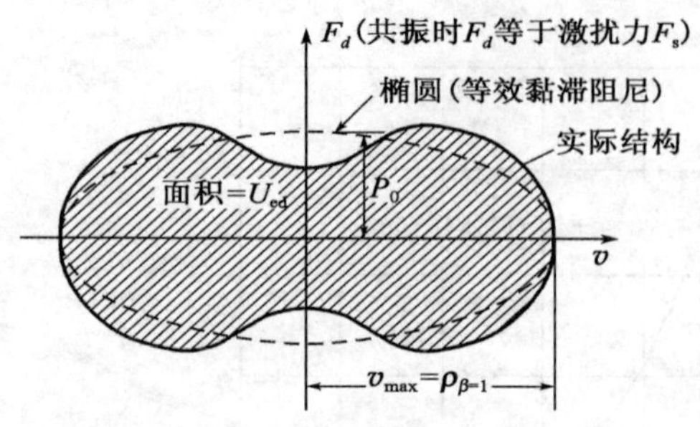

图 4-8-3　共振时每周实际和等效阻尼耗能

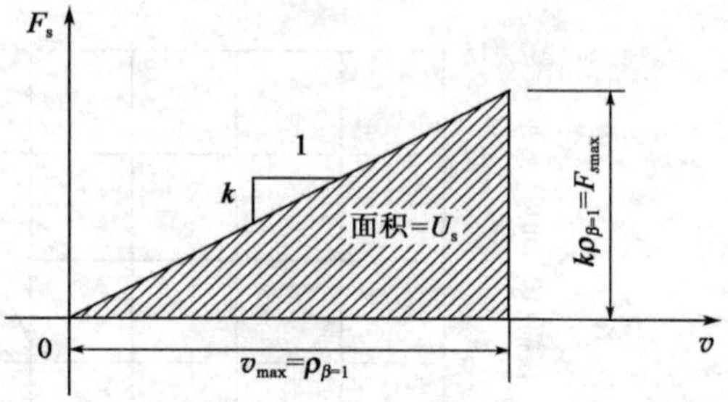

图 4-8-4　弹性刚度与结构弹性应变能

本节由每周共振能量损失法确定的等效阻尼比是在 $\overline{\omega}=\omega$ 条件下得到的,对于其他频率可能不完全准确,但提供了一个满意的近似。工程中这种等效的方法广泛应用,对多自由度体系同样适用。

4.9　单自由度体系对周期性荷载的反应

往复式机械引起的惯性效应及船尾推进器产生的动压力等都属于周期性变化荷载,其随时间变化的一般规律可用图 4-9-1 所示曲线来表征。由于任意周期荷载可用傅里叶级数展开为多个简谐荷载之和。对于线弹性结构,叠加各简谐荷载的响应,就得出周期性荷载引起的结构总响应。另外,周期性荷载的响应分析对计算非周期性荷载引起的响应亦有启发。

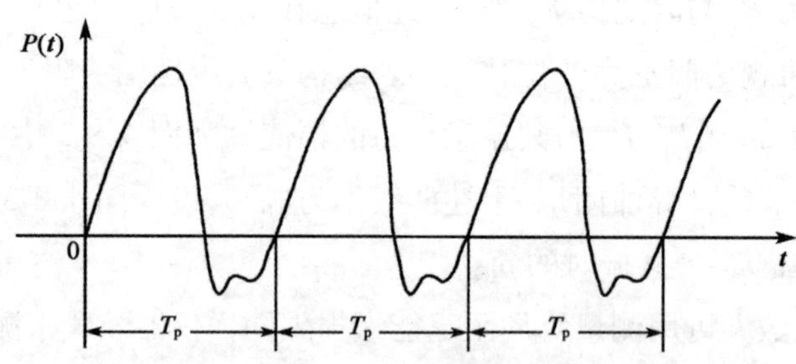

图 4-9-1　任意周期性荷载

任意周期性荷载 $P(t)$ 可以展开成傅里叶级数,即

$$P(t) = \frac{A_0}{2} + \sum_{n=1}^{\infty}(A_n \cos n\overline{\omega}_1 t + B_n \sin n\overline{\omega}_1 t) \tag{4-9-1}$$

式中:$\overline{\omega}_1$——$\overline{\omega}_1 = \dfrac{2\pi}{T_{\mathrm{P}}}$;

A_0——$A_0 = \dfrac{2}{T_{\mathrm{P}}}\int_0^{T_{\mathrm{P}}} P(t)\,\mathrm{d}t$;

A_n——$A_n = \frac{2}{T_P}\int_0^{T_P} P(t)\cos n\overline{\omega}_1 t\mathrm{d}t \quad (n=1,2,3,\cdots)$；

B_n——$B_n = \frac{2}{T_P}\int_0^{T_P} P(t)\sin n\overline{\omega}_1 t\mathrm{d}t \quad (n=1,2,3,\cdots)$；

T_P——荷载基准周期。

在周期性荷载 $P(t)$ 作用下，单自由度体系的运动方程为

$$m\ddot{v} + c\dot{v} + kv = \frac{A_0}{2} + \sum_{n=1}^{\infty}\left(A_n\cos n\overline{\omega}_1 t + B_n\sin n\overline{\omega}_1 t\right) \tag{4-9-2}$$

由式(4-3-4)，得体系的稳态响应

$$v(t) = \frac{A_0}{2k} + \frac{1}{k}\sum_{n=1}^{\infty}\left[A_n D_n\cos(n\overline{\omega}_1 t - \theta_n) + B_n D_n\sin(n\overline{\omega}_1 t - \theta_n)\right] \tag{4-9-3}$$

式中：$\frac{A_0}{2k}$ ——常量荷载 $\frac{A_0}{2}$ 引起的体系静位移。

$$D_n = \left[(1-\beta_n^2)^2 + (2\xi\beta_n)^2\right]^{-\frac{1}{2}},\beta_n = \frac{n\overline{\omega}_1}{\omega},\theta_n = \tan^{-1}\frac{2\xi\beta_n}{1-\beta_n^2} \tag{4-9-4}$$

此外，也可以将荷载与反应用复数形式表达。利用欧拉方程给出的相应指数形式代替三角函数，即可将式(4-9-1)的傅里叶级数表达式写成指数形式。欧拉方程为

$$\cos\theta = \frac{1}{2}(\mathrm{e}^{i\theta} + \mathrm{e}^{-i\theta}),\sin\theta = -\frac{i}{2}(\mathrm{e}^{i\theta} - \mathrm{e}^{-i\theta})$$

运用欧拉方程，式(4-9-1)可化为

$$\begin{aligned} P(t) &= \frac{A_0}{2} + \sum_{n=1}^{\infty}(A_n\cos n\overline{\omega}_1 t + B_n\sin n\overline{\omega}_1 t) \\ &= \frac{A_0}{2} + \sum_{n=1}^{\infty}\left[\frac{A_n}{2}(\mathrm{e}^{in\overline{\omega}_1 t} + \mathrm{e}^{-in\overline{\omega}_1 t}) - i\frac{B_n}{2}(\mathrm{e}^{in\overline{\omega}_1 t} - \mathrm{e}^{-in\overline{\omega}_1 t})\right] \\ &= \frac{A_0}{2} + \sum_{n=1}^{\infty}\left[\left(\frac{A_n}{2} - i\frac{B_n}{2}\right)\mathrm{e}^{in\overline{\omega}_1 t} + \left(\frac{A_n}{2} + i\frac{B_n}{2}\right)\mathrm{e}^{-in\overline{\omega}_1 t}\right] \end{aligned}$$

令　　$a_0 = \frac{A_0}{2},a_n = \frac{A_n}{2} - i\frac{B_n}{2},a_{-n} = \frac{A_n}{2} + i\frac{B_n}{2}\ (n=1,2,3,\cdots)$，得到

$$\begin{aligned} P(t) &= a_0 + \sum_{n=1}^{\infty}(a_n\mathrm{e}^{in\overline{\omega}_1 t} + a_{-n}\mathrm{e}^{-in\overline{\omega}_1 t}) \\ &\equiv \sum_{n=-\infty}^{\infty} a_n\mathrm{e}^{in\overline{\omega}_1 t} \end{aligned} \tag{4-9-5}$$

在式(4-9-5)中，对于每一个 n 的正值，如 $n=+m$，对应一对互为共轭复数的系数 a_{+m} 与 a_{-m}。a_{+m} 与 a_{-m} 分别按逆时针和顺时针方向旋转角度 $m\overline{\omega}_1 t$ 可得到另一对共轭复数 $a_{+m}\mathrm{e}^{im\overline{\omega}_1 t}$ 与 $a_{-m}\mathrm{e}^{-im\overline{\omega}_1 t}$，见图 4-9-2。$a_{+m}\mathrm{e}^{im\overline{\omega}_1 t}$ 与 $a_{-m}\mathrm{e}^{-im\overline{\omega}_1 t}$ 的虚部分量相互抵消，得到 $P(t)$ 为实函数。

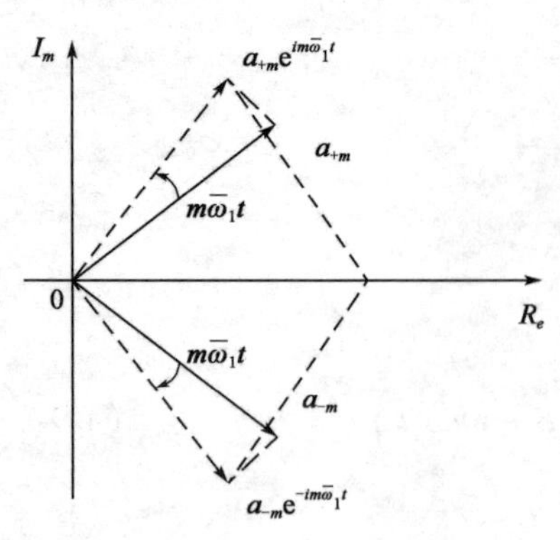

图 4-9-2　指数荷载项的矢量表示法

式(4-9-5)中,$a_n(n=-\infty\to+\infty)$为待定复系数,其计算式推导如下:

以 $e^{-in\bar{\omega}_1 t}dt$ 乘式(4-9-5)两边并从 0 至 T_P 积分(这里 n 为不变量,故将求和式中 n 改写为 m),得

$$\int_0^{T_P}P(t)e^{-in\bar{\omega}_1 t}dt=\int_0^{T_P}(\sum_{m=-\infty}^{\infty}a_m e^{im\bar{\omega}_1 t})e^{-in\bar{\omega}_1 t}dt$$
$$=\int_0^{T_P}\sum_{m=-\infty}^{+\infty}a_m e^{i(m-n)\bar{\omega}_1 t}dt$$
$$=\sum_{m=-\infty}^{+\infty}\int_0^{T_P}a_m e^{i(m-n)\bar{\omega}_1 t}dt$$

当 $m\neq n$ 时

$$\int_0^{T_P}a_m e^{i(m-n)\bar{\omega}_1 t}dt=\frac{a_m}{i(m-n)\bar{\omega}_1}\int_0^{T_P}e^{i(m-n)\bar{\omega}_1 t}d[i(m-n)\bar{\omega}_1 t]$$
$$=\frac{a_m}{i(m-n)\bar{\omega}_1}\left[e^{i(m-n)\bar{\omega}_1 t}\right]_0^{T_P}$$
$$=\frac{a_m}{i(m-n)\bar{\omega}_1}\left[e^{i(m-n)\bar{\omega}_1\frac{2\pi}{\bar{\omega}_1}}-1\right]$$
$$=\frac{a_m}{i(m-n)\bar{\omega}_1}[\cos2(m-n)\pi+i\sin2(m-n)\pi-1]$$
$$=0$$

故有
$$\int_0^{T_P}P(t)e^{-in\bar{\omega}_1 t}dt=\sum_{m=-\infty}^{+\infty}\int_0^{T_P}a_m e^{i(m-n)\bar{\omega}_1 t}dt=\int_0^{T_P}a_n dt=a_n T_P$$

得出
$$a_n=\frac{1}{T_P}\int_0^{T_P}P(t)e^{-in\bar{\omega}_1 t}dt \tag{4-9-6}$$

以上将任意周期性荷载表示成傅里叶级数的指数形式,下面讨论反应的指数形式。这里假定周期性荷载作用时间足够长,以至开始时引起的瞬态反应已经消失,因而仅讨论稳态反应。为此,需要引出复频响应函数 $H(\bar{\omega})$ 的概念。设作用于体系的激扰力为单位谐振力($\sin\bar{\omega}t$ 或 $\cos\bar{\omega}t$),如果将单位谐振力写为复数式 $e^{i\bar{\omega}t}$,对应单自由度体系的运动方程为

$$m\ddot{v}+c\dot{v}+kv=e^{i\bar{\omega}t} \tag{4-9-7}$$

其稳态响应的形式如下

$$v(t)=H(\bar{\omega})e^{i\bar{\omega}t} \tag{4-9-8}$$

式中:$H(\bar{\omega})$——复常数,后面看出它是激扰频率 $\bar{\omega}$ 的函数,故称为复频响应函数。

因为荷载 $e^{i\bar{\omega}t}$ 为复数,此时得出的反应 $v(t)$ 也为复数。

式(4-9-8)代入式(4-9-7),得

$$H(\bar{\omega}) = \frac{1}{k - \bar{\omega}^2 m + i\bar{\omega}c} = \frac{1}{k(1 - \beta^2 + i2\xi\beta)} \tag{4-9-9}$$

当 $\bar{\omega} = n\bar{\omega}_1$ 时，则 $\beta = n\beta_1, \beta_1 = \dfrac{\bar{\omega}_1}{\omega}$

$$H(n\bar{\omega}_1) = \frac{1}{k(1 - n^2\beta_1^2 + i2\xi n\beta_1)} \tag{4-9-10}$$

很显然，当 $\bar{\omega} = -n\bar{\omega}_1$ 时，

$$H(-n\bar{\omega}_1) = \frac{1}{k(1 - n^2\beta_1^2 - i2\xi n\beta_1)} \tag{4-9-11}$$

故 $H(n\bar{\omega}_1)$ 为 $H(-n\bar{\omega}_1)$ 的共轭复数。

当 $P(t) = \sum\limits_{n=-\infty}^{+\infty} a_n e^{in\bar{\omega}_1 t}$ 时，体系稳态反应为

$$v(t) = \sum_{n=-\infty}^{+\infty} a_n H(n\bar{\omega}_1) e^{in\bar{\omega}_1 t} \tag{4-9-12}$$

因为按式(4-9-5)确定的荷载 $P(t)$ 虽为复数和的形式，实际仍为实数，此时得出的反应 $v(t)$ 也是实数。

【例4-6】 图4-9-3a)的单自由度体系承受按图4-9-3b)所示规律变化的周期性荷载作用，假定荷载基准周期 T_P 为结构自振周期 T 的4/3。假定结构无阻尼，试求其稳态振动反应。

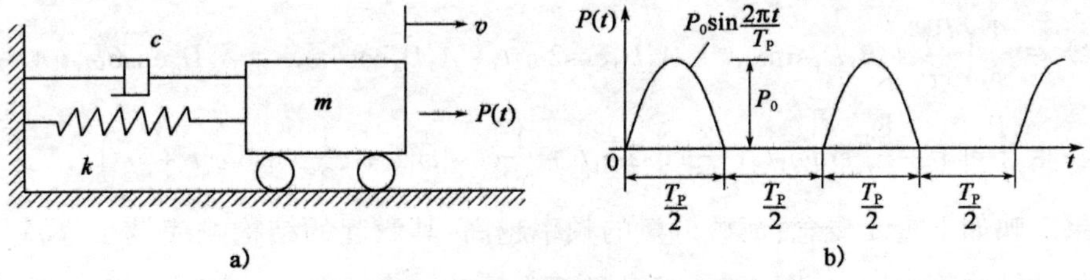

图4-9-3　单自由度体系及对应荷载

a)单自由度体系；b)周期性荷载

解： 先将 $P(t)$ 展开为傅里叶级数，其中 $\bar{\omega}_n = n\bar{\omega}_1 = n\dfrac{2\pi}{T_P}$，

$$\frac{A_0}{2} = \frac{1}{T_P}\int_0^{\frac{T_P}{2}} P_0 \sin\frac{2\pi t}{T_P} dt = \frac{P_0}{\pi}$$

$$A_n = \frac{2}{T_P}\int_0^{\frac{T_P}{2}} P_0 \sin\frac{2\pi t}{T_P}\cos\frac{2n\pi t}{T_P} dt = \begin{cases} 0 & (n = 1,3,5,\cdots) \\ \dfrac{P_0}{\pi}\dfrac{2}{1-n^2} & (n = 2,4,6,\cdots) \end{cases}$$

$$B_n = \frac{2}{T_P}\int_0^{\frac{T_P}{2}} P_0 \sin\frac{2\pi t}{T_P}\sin\frac{2n\pi t}{T_P} dt = \begin{cases} \dfrac{P_0}{2} & (n = 1) \\ 0 & (n > 1) \end{cases}$$

代入式(4-9-1),得荷载 $P(t)$ 的级数表达式

$$P(t) = \frac{P_0}{\pi}\left(1 + \frac{\pi}{2}\sin\bar{\omega}_1 t - \frac{2}{3}\cos 2\bar{\omega}_1 t - \frac{2}{15}\cos 4\bar{\omega}_1 t - \frac{2}{35}\cos 6\bar{\omega}_1 t + \cdots\right)$$

式中,$\bar{\omega}_1 = \frac{2\pi}{T_P}$。因 $\frac{T}{T_P} = \frac{3}{4}$,故 $\beta_1 = \frac{\bar{\omega}_1}{\omega} = \frac{T}{T_P} = \frac{3}{4}$,$\beta_2 = \frac{2\bar{\omega}_1}{\omega} = \frac{3}{2}$,$\beta_4 = \frac{4\bar{\omega}_1}{\omega} = 3$,$\beta_6 = \frac{6\bar{\omega}_1}{\omega} = \frac{9}{2}$

又因假定无阻尼,故 $D_n = \frac{1}{1-\beta_n^2}$,$\theta_n = 0$。所以

$$B_1D_1 = \frac{P_0}{2}\frac{1}{1-\beta_1^2} = \frac{P_0}{2}\frac{1}{1-\left(\frac{3}{4}\right)^2} = \frac{8P_0}{7}$$

$$A_2D_2 = \frac{P_0}{\pi}\frac{2}{1-2^2}\frac{1}{1-\beta_2^2} = -\frac{2P_0}{3\pi}\frac{1}{1-\left(\frac{3}{2}\right)^2} = \frac{8P_0}{15\pi}$$

$$A_4D_4 = \frac{P_0}{\pi}\frac{2}{1-4^2}\frac{1}{1-\beta_4^2} = -\frac{2P_0}{15\pi}\frac{1}{1-3^2} = \frac{P_0}{60\pi}$$

$$A_6D_6 = \frac{P_0}{\pi}\frac{2}{1-6^2}\frac{1}{1-\beta_6^2} = -\frac{2P_0}{35\pi}\frac{1}{1-\left(\frac{9}{2}\right)^2} = \frac{8P_0}{2\,695\pi} \approx \frac{P_0}{337\pi}$$

将上述诸参数代入式(4-9-3),得结构稳态反应

$$\begin{aligned} v(t) &= \frac{1}{k}\left(\frac{P_0}{\pi} + B_1D_1\sin\bar{\omega}_1 t + A_2D_2\cos 2\bar{\omega}_1 t + A_4D_4\cos 4\bar{\omega}_1 t + A_6D_6\cos 6\bar{\omega}_1 t + \cdots\right) \\ &= \frac{P_0}{k\pi}\left(1 + \frac{8\pi}{7}\sin\bar{\omega}_1 t + \frac{8}{15}\cos 2\bar{\omega}_1 t + \frac{1}{60}\cos 4\bar{\omega}_1 t + \frac{1}{337}\cos 6\bar{\omega}_1 t + \cdots\right) \end{aligned}$$

此结果反映如下重要概念:荷载分量的频率越高,其激起的结构响应越小,高频率荷载分量几乎带不动结构,此结论与图 4-3-3 反映的概念一致。

4.10 单自由度体系对冲击荷载的反应

原子弹冲击波和炸弹爆炸对建筑物的冲击,钢轨接头、路面凹陷等对车辆的冲击等都是典型的冲击荷载,如图 4-10-1 所示。在冲击荷载下,结构在很短的时间内达到反应最大值。此时阻尼力还来不及从结构吸收较多的能量,阻尼对控制结构的最大反应影响很小。因此,计算结构在冲击荷载的响应时,一般不考虑阻尼。为了理解结构在冲击荷载的特性,下面介绍三种典型冲击荷载引起单自由度结构动力反应特征。

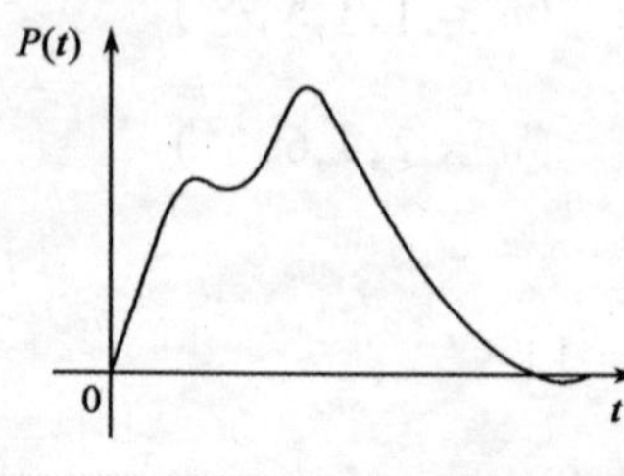

图 4-10-1 典型冲击荷载

1. 正弦波脉冲荷载

如图 4-10-2 所示正弦波脉冲,此时反应可分为两个阶段:阶

段Ⅰ相当于荷载作用期内的强迫振动，阶段Ⅱ对应于随后发生的自由振动。

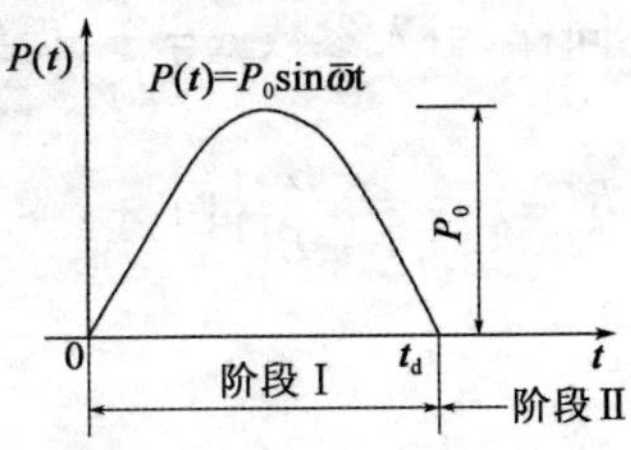

图4-10-2 半正弦波脉冲荷载

阶段Ⅰ：在这个阶段内（$t<t_d$），结构承受图4-10-2所示单一的半正弦波荷载。假设体系从静止开始运动，即$v(0)=\dot{v}(0)=0$，不考虑体系阻尼，即$\xi=0$，$\omega_D=\omega$。将这些条件代入式(4-3-8)，得体系振动的表达式

$$v(t)=\frac{P_0}{k(1-\beta^2)}(\sin\bar{\omega}t-\beta\sin\omega t)\qquad(0\leqslant t\leqslant t_d)\tag{4-10-1}$$

引入参数$\alpha=\frac{t}{t_d}$，同时考虑$\bar{\omega}=\frac{2\pi}{2t_d}=\frac{\pi}{t_d}$，得到阶段Ⅰ反应比时间历程为

$$R(\alpha)=\frac{1}{1-\beta^2}\left[\sin\pi\alpha-\beta\sin\left(\frac{\pi\alpha}{\beta}\right)\right]\qquad(0\leqslant\alpha\leqslant 1)\tag{4-10-2}$$

当$\beta=1$时，上式将是不确定的，此时应用罗彼塔法则获得此特殊情况的适用表达式，即

$$R(\alpha)=\frac{1}{2}(\sin\pi\alpha-\pi\alpha\cos\pi\alpha)\qquad(\beta=1,0\leqslant\alpha\leqslant 1)\tag{4-10-3}$$

阶段Ⅱ：在荷载作用终止之后，即当$\bar{t}=t-t_d\geqslant 0$时，体系由于荷载终止时（$t=t_d$）的位移$v(t_d)$及速度$\dot{v}(t_d)$而作自由振动，按照式(4-1-14)，阶段Ⅱ的体系振动为

$$v(t)=\frac{\dot{v}(t_d)}{\omega}\sin\omega\bar{t}+v(t_d)\cos\omega\bar{t}\tag{4-10-4}$$

由式(4-10-1)算出$v(t_d)$及$\dot{v}(t_d)$为

$$\begin{aligned}v(t_d)&=\frac{P_0}{k(1-\beta^2)}(\sin\bar{\omega}t_d-\beta\sin\omega t_d)\\&=-\frac{P_0\beta}{k(1-\beta^2)}\sin\frac{\pi}{\beta}\end{aligned}\tag{4-10-5}$$

$$\begin{aligned}\dot{v}(t_d)&=\frac{P_0}{k(1-\beta^2)}(\bar{\omega}\cos\bar{\omega}t_d-\beta\omega\cos\omega t_d)\\&=-\frac{P_0\bar{\omega}}{k(1-\beta^2)}\left(1+\cos\frac{\pi}{\beta}\right)\end{aligned}\tag{4-10-6}$$

将$v(t_d)$及$\dot{v}(t_d)$代入式(4-10-4)得到

$$v(t)=\frac{-P_0\beta}{k(1-\beta^2)}\left[\left(1+\cos\frac{\pi}{\beta}\right)\sin\omega(t-t_d)+\sin\frac{\pi}{\beta}\cos\omega(t-t_d)\right]\qquad(t\geqslant t_d)\tag{4-10-7}$$

同样,引入参数 $\alpha=\frac{t}{t_d}$,得到阶段Ⅱ反应比时间历程为

$$R(\alpha)=\frac{-\beta}{1-\beta^2}\left\{\left(1+\cos\frac{\pi}{\beta}\right)\sin\left[\frac{\pi}{\beta}(\alpha-1)\right]+\sin\frac{\pi}{\beta}\cos\left[\frac{\pi}{\beta}(\alpha-1)\right]\right\}\qquad(\alpha\geqslant 1)\tag{4-10-8}$$

其中,$\frac{\pi}{\beta}(\alpha-1)=\omega(t-t_d)$。式(4-10-8)与式(4-10-2)一样,对 $\beta=1$ 是不确定的。再次利用罗彼塔法则导得

$$R(\alpha)=\frac{\pi}{2}\cos[\pi(\alpha-1)]\qquad(\beta=1,\alpha\geqslant 1)\tag{4-10-9}$$

在阶段Ⅰ使用式(4-10-2)和式(4-10-3),在阶段Ⅱ使用式(4-10-8)和式(4-10-9),对不同的 β 值可做出图 4-10-3 实线所示的反应比—时间历程。这里 β 值分别选为 1/10,1/4,1/3,1/2,1 和 3/2,相应的 $\frac{t_d}{T}$ 值分别为 5,2,3/2,1,1/2 和 1/3。为了进行对照,图中用虚线做出了拟静力反应比 $[P(t)/k]/(P_0/k)=P(t)/P_0$,它的峰值等于 1。注意:对 $t_d/T=1/2$(即 $\beta=1$),精确的最大反应 e 点出现在阶段Ⅰ结束的地方。对任何 t_d/T 小于 1/2(即 $\beta>1$)的情况,最大反应出现在阶段Ⅱ;而对任何 t_d/T 大于 1/2(即 $\beta<1$)时,最大反应出现在阶段Ⅰ。显然,反应的最大值依赖于荷载持续时间与结构振动周期的比值 t_d/T。

虽然理解图 4-10-3 所示完整的时间历程很重要,但工程技术人员通常仅对 a、b、c、d、e 和 f 点所表示的反应最大值更有兴趣。若最大值出现在阶段Ⅰ,则 α 的值可由式(4-10-2)对 α 求导并令其等于零获得

$$\frac{dR(\alpha)}{d\alpha}=\left(\frac{\pi}{1-\beta^2}\right)\left(\cos\pi\alpha-\cos\frac{\pi\alpha}{\beta}\right)=0\tag{4-10-10}$$

由此可得

$$\cos\pi\alpha=\cos\frac{\pi\alpha}{\beta}$$

为满足上式,需

$$\pi\alpha=\pm\frac{\pi\alpha}{\beta}+2\pi n\qquad(n=0,\pm1,\pm2,\cdots)\tag{4-10-11}$$

解此可得

$$\alpha=\frac{2\beta n}{\beta\pm 1}\qquad(n=0,\pm1,\pm2,\cdots)\tag{4-10-12}$$

当然,只有 α 值位于阶段Ⅰ(即 α 值的范围为 $0\leqslant\alpha\leqslant1$)时,式(4-10-12)才有意义。如前所述,仅在 $0\leqslant\beta\leqslant1$ 时才遇到这一条件。为了满足这两个条件,n 的正负号要和式(4-10-12)分母中的正负号一致才行。注意:$n=0$ 的情况可以不予考虑,因为与 $\alpha=0$ 对应的零速度初始条件已得到满足。

为了增加对式(4-10-12)的理解，现在考虑图 4-10-3 与表 4-10-1 所示的情况。对 $\beta=1$ 的界限值情况，利用式中正号并且 $n=+1$ 可获得 $\alpha=1$，代入式(4-10-3)得到图 4-10-3 中 e 点的 $R(1)=\pi/2$。当 $\beta=1/2$ 时，此时式(4-10-12)仅有一个有效解，即式(4-10-12)中取正号且 $n=+1$，此时 α 的值为 2/3，代入式(4-10-12)得到图 4-10-3 中 d 点的 $R(2/3)=1.73$。对于 $\beta=1/3$，式(4-10-12)中取正号分别对应 $n=+1$ 和 $+2$ 可得 α 为 1/2 和 1，代入式(4-10-2)得到图 4-10-3 中 c 点的 $R(1/2)=3/2$ 和 i 点的 $R(1)=0$。注意：因为在这种情况下 $\dot{R}(1)$ 是零，因而在阶段Ⅱ没有自由振动。如果 $\beta=1/4$，显然在阶段Ⅰ有两个极大值（点 b 和 h）和一个极小值（点 g）。点 b 和 h 分别对应式(4-10-12)中取正号，并取 $n=+1$ 和 $+2$，α 分别为 2/5 和 4/5。g 点对应于式(4-10-12)中取负号，并取 $n=-1$，得 $\alpha=2/3$。现在显然可见，对于最大值，在式(4-10-12)中的符号应该取正，且 n 应是正的来得到 α；而对于最小值，在式(4-10-12)中的符号应该取负，且 n 应是负的来得到 α。将上述的 α 值代入式(4-10-2)，可得 $R(2/5)=1.268$，$R(4/5)=0.784$ 和 $R(2/3)=0.693$，分别对应于点 b、h 和 g。若考虑 β 值进一步减小的情况，则在阶段Ⅰ极值的数量将继续增加，如 $\beta=1/3$ 时只有 1 次，$\beta=1/4$ 时 3 次，$\beta=1/10$ 时 9 次。极限情况是 $\beta\to 0$，反应比曲线将接近图 4-10-3 虚线所示的拟静力反应曲线，即 R_{max} 接近于 1。

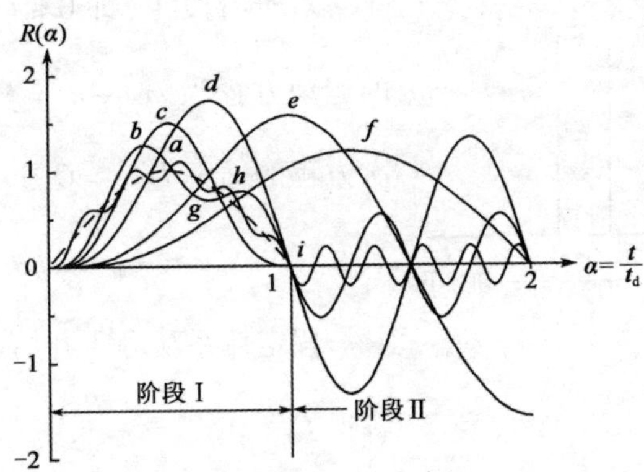

图 4-10-3　半正弦波脉冲荷载引起的反应比

半正弦波脉冲荷载引起的最大反应比计算情况　　表 4-10-1

β	$\frac{1}{10}$	$\frac{1}{4}$	$\frac{1}{3}$	$\frac{1}{2}$	1	$\frac{3}{2}$
t_d/T	5	2	$\frac{3}{2}$	1	$\frac{1}{2}$	$\frac{1}{3}$
最大值点	a	b	c	d	e	f
最大值点对应的 α	$\frac{6}{11}$	$\frac{2}{5}$	$\frac{1}{2}$	$\frac{2}{3}$	1	—
式(4-10-12)n 取值	3	1	1	1	1	—
式(4-10-12)“±”选取	+	+	+	+	+	—
R_{max}	1.099 7	1.268	1.50	1.73	1.57	1.20

最后,讨论$\beta=3/2$的情况,其最大反应发生在阶段Ⅱ,如图中f点所示。在自由振动的情况下,没有必要再去求解最大反应所对应的α值。因为所期望的最大值可直接由式(4-10-7)从两正交分量的矢量得到动力系数为

$$D = R_{\max} = \left(\frac{-\beta}{1-\beta^2}\right)\left[\left(1+\cos\frac{\pi}{\beta}\right)^2+\left(\sin\frac{\pi}{\beta}\right)^2\right]^{\frac{1}{2}}$$

$$= \left(\frac{-\beta}{1-\beta^2}\right)\left[2\left(1+\cos\frac{\pi}{\beta}\right)\right]^{\frac{1}{2}} \tag{4-10-13}$$

最后用三角恒等式$\left[2\left(1+\cos\frac{\pi}{\beta}\right)\right]^{\frac{1}{2}}=2\cos\frac{\pi}{2\beta}$可将式(4-10-13)写为如下简单形式

$$D = \frac{-2\beta}{1-\beta^2}\cos\frac{\pi}{2\beta} \tag{4-10-14}$$

对上述$\beta=3/2$的情况,$D=1.2$。

2. 矩形脉冲荷载

矩形脉冲荷载如图4-10-4所示,反应同样分为两个阶段,阶段Ⅰ为强迫振动阶段,阶段Ⅱ对应于自由振动阶段。

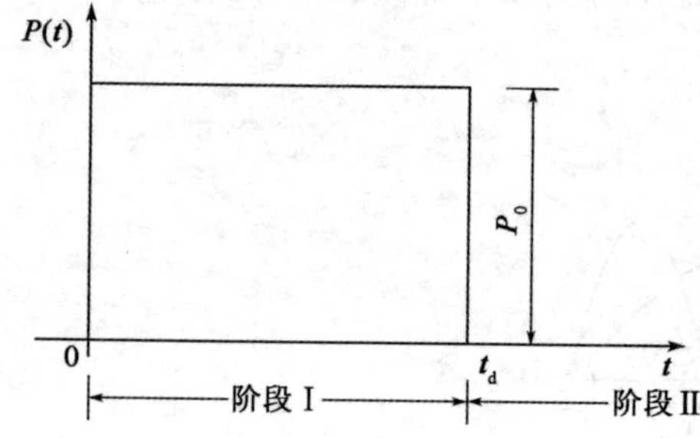

图4-10-4　矩形脉冲荷载

对于阶段Ⅰ(即$0\leqslant t\leqslant t_d$),此时单自由度体系的运动方程为$m\ddot{v}+kv=P_0$,其特解$v_p=\frac{P_0}{k}$,对应齐次方程的通解为$v_c=C_1\sin\omega t+C_2\cos\omega t$,故其全解为

$$v = C_1\sin\omega t + C_2\cos\omega t + \frac{P_0}{k}$$

假定体系从静止开始运动,即$v(0)=\dot{v}(0)=0$,解得$C_1=0$,$C_2=-\frac{P_0}{k}$

于是
$$v = \frac{P_0}{k}(1-\cos\omega t)\quad(0\leqslant t\leqslant t_d) \tag{4-10-15}$$

分析$1-\cos\omega t$的函数曲线特征可知,当$t_d\geqslant\frac{T}{2}$(即$\frac{t_d}{T}\geqslant\frac{1}{2}$)时,反应的最大值出现在阶段Ⅰ。

当$\frac{t_d}{T}\geqslant 1/2$时,反应出现最大值的时间$t_m$为

$$t_m = \frac{\pi}{\omega} = \frac{T}{2}$$

对应反应的最大值$v_{\max}$为

$$v_{\max} = \frac{P_0}{k}\left[1-\cos\left(\frac{\pi}{\omega}\cdot\omega\right)\right] = \frac{2P_0}{k}$$

当$\frac{t_d}{T}<\frac{1}{2}$时，反应最大值出现在阶段Ⅱ，可根据自由振动规律确定最大振幅与动力系数如下：

对于阶段Ⅱ（即 $t>t_d$），体系因 $t=t_d$ 时的位移$v(t_d)$及速度 $\dot{v}(t_d)$作用而自由振动，其振幅为

$$\rho=\left\{[v(t_d)]^2+\left[\frac{\dot{v}(t_d)}{\omega}\right]^2\right\}^{\frac{1}{2}} \tag{4-10-16}$$

其中，$v(t_d)=\frac{P_0}{k}(1-\cos\omega t_d)$，$\dot{v}(t_d)=\frac{P_0}{k}\omega\sin\omega t_d$ 再考虑 $\omega=\frac{2\pi}{T}$，$1-\cos\frac{2\pi t_d}{T}=2\sin^2\frac{\pi t_d}{T}$

则
$$\rho=\frac{P_0}{k}\left[\left(1-\cos\frac{2\pi t_d}{T}\right)^2+\sin^2\frac{2\pi t_d}{T}\right]^{\frac{1}{2}}$$

$$=\frac{P_0}{k}\left[2\left(1-\cos\frac{2\pi t_d}{T}\right)\right]^{\frac{1}{2}}=\frac{2P_0}{k}\left|\sin\frac{\pi t_d}{T}\right| \tag{4-10-17}$$

于是，当$\frac{t_d}{T}<\frac{1}{2}$时，动力放大系数为

$$D=2\sin\frac{\pi t_d}{T} \tag{4-10-18}$$

可见，动力放大系数 D 随荷载脉冲长度比$\frac{t_d}{T}$而变化。

3. 三角形脉冲荷载

三角形脉冲荷载如图 4-10-5 所示，忽略阻尼并假定零初始条件，对于阶段Ⅰ，体系运动方程为

$$m\ddot{v}+kv=P_0\left(1-\frac{t}{t_d}\right)$$

对于阶段Ⅰ，其全解为

$$v=C_1\sin\omega t+C_2\cos\omega t+\frac{P_0}{k}\left(1-\frac{t}{t_d}\right) \tag{4-10-19}$$

由 $v(0)=\dot{v}(0)=0$，解得 $C_1=\frac{P_0}{kt_d\omega}$，$C_2=-\frac{P_0}{k}$。

$$v=\frac{P_0}{k}\left(\frac{1}{\omega t_d}\sin\omega t-\cos\omega t+1-\frac{t}{t_d}\right)\quad(0\leqslant t\leqslant t_d) \tag{4-10-20}$$

$$\dot{v}=\frac{dv}{dt}=\frac{P_0\omega}{k}\left(\frac{\cos\omega t}{\omega t_d}+\sin\omega t-\frac{1}{\omega t_d}\right)\quad(0\leqslant t\leqslant t_d) \tag{4-10-21}$$

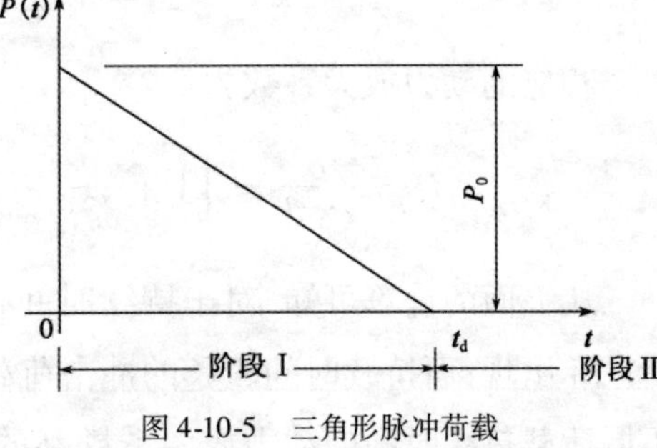

图 4-10-5　三角形脉冲荷载

令式(4-10-21)等于零,并利用三角函数关系 $\sin2\alpha = 2\sin\alpha\cos\alpha$, $\cos2\alpha = 1 - 2\sin^2\alpha$,可以解出最大位移发生的时间 t_m

$$t_m = \frac{2}{\omega}\arctan(\omega t_d)$$

将上式代入式(4-10-20),得到最大位移响应

$$v_{max} = \frac{2P_0}{k}\left(1 - \frac{1}{\omega t_d}\arctan\omega t_d\right)$$

相应的动力放大系数为

$$D = \frac{v_{max}}{P_0/k} = 2\left(1 - \frac{1}{\omega t_d}\arctan\omega t_d\right) \quad \left(\frac{t_d}{T} \geqslant 0.371\right)$$

必须注意,以上两式仅在 $t_m \leqslant t_d$ 时才成立,此时最大位移响应出现在阶段Ⅰ。将 $t_m = \frac{2}{\omega}\arctan(\omega t_d)$ 代入 $t_m \leqslant t_d$,可得 $\omega t_d \leqslant \tan(1/2\omega t_d)$ 或者 $\omega t_d \geqslant 0.742\pi$。即当 $t_d/T \geqslant 0.371$ 时,最大位移响应出现在阶段Ⅰ。

当 $\frac{t_d}{T} < 0.371$ 时,最大位移反应发生在冲击结束后的自由振动阶段。自由振动由冲击结束后 $t = t_d$ 时刻位移 $v(t_d)$ 及速度 $\dot{v}(t_d)$ 引起。由式(4-10-20)与式(4-10-21)可知,$t = t_d$ 刻的位移和速度分别为

$$v(t_d) = \frac{P_0}{k}\left(\frac{\sin\omega t_d}{\omega t_d} - \cos\omega t_d\right)$$

$$\dot{v}(t_d) = \frac{P_0\omega}{k}\left(\frac{\cos\omega t_d}{\omega t_d} + \sin\omega t_d - \frac{1}{\omega t_d}\right)$$

故由式(4-10-16)可得自由振动阶段的振幅(即为最大反应值)为

$$\begin{aligned}\rho &= \frac{P_0}{k}\left[\left(\frac{\sin\omega t_d}{\omega t_d} - \cos\omega t_d\right)^2 + \left(\frac{\cos\omega t_d}{\omega t_d} + \sin\omega t_d - \frac{1}{\omega t_d}\right)^2\right]^{\frac{1}{2}} \\ &= \frac{P_0}{k}\left[1 + \frac{2}{(\omega t_d)^2} - \frac{2}{\omega t_d}\left(\frac{\cos\omega t_d}{\omega t_d} + \sin\omega t_d\right)\right]^{\frac{1}{2}}\end{aligned}$$

相应的动力放大系数为

$$D = \frac{\rho}{P_0/k} = \left[1 + \frac{2}{\omega^2 t_d^2} - \frac{2}{\omega t_d}\left(\frac{\cos\omega t_d}{\omega t_d} + \sin\omega t_d\right)\right]^{\frac{1}{2}} \quad \left(\frac{t_d}{T} < 0.371\right) \tag{4-10-22}$$

从上面的计算可知,对于持续时间很短的冲击荷载作用($t_d/T < 0.371$),最大响应 v_{max} 在阶段Ⅱ出现;而持续时间较长的冲击荷载作用($t_d/T \geqslant 0.371$),最大响应 v_{max} 在阶段Ⅰ内发生。不同荷载持续时间的动力放大系数 D 的数值示于表4-10-2。

三角形脉冲荷载作用下的动力放大系数 D　　表 4-10-2

$\frac{t_d}{T}$	0.20	0.371	0.50	0.75	1.00	1.50	2.00
D	0.60	1.00	1.20	1.42	1.55	1.69	1.76

4. 不同冲击荷载作用下的反应比及规律

下面摘录 4 种冲击荷载作用下单自由度体系的反应比 $R(t)$ 波形，示于图 4-10-6，从图中可以看出：

(1) 最大反应在一般第一个峰值处。

(2) 荷载持续时间较长（即 t_d/T 较大）时，最大反应在荷载作用期间出现；荷载持续时间很短（即 t_d/T 很小）时，最大反应在自由振动阶段发生。

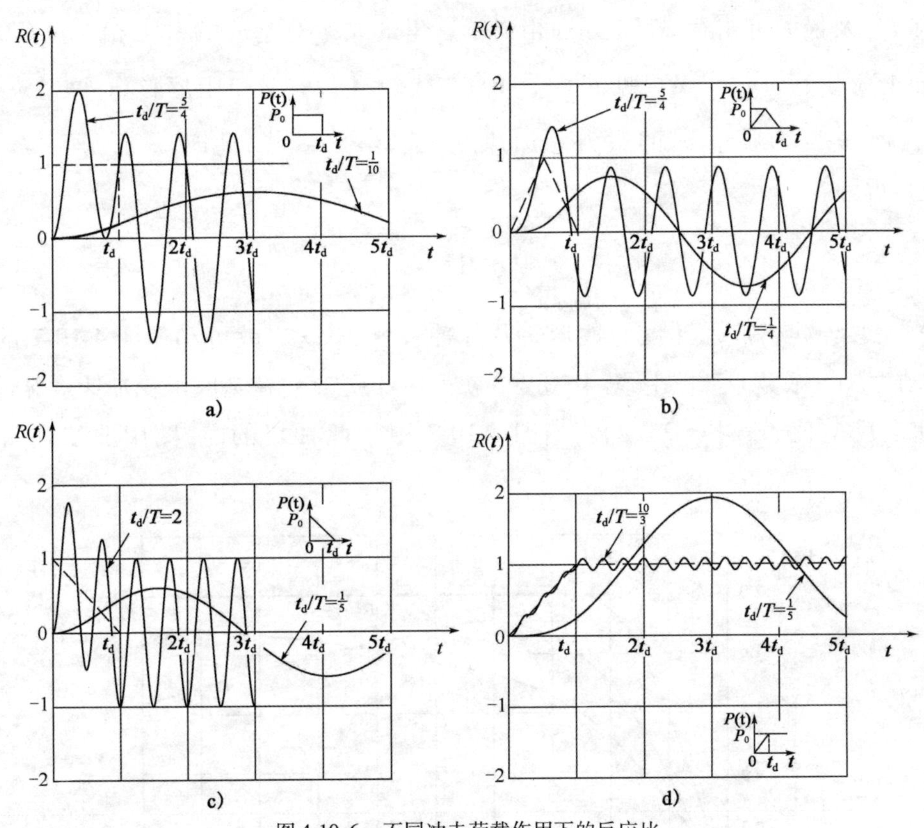

图 4-10-6　不同冲击荷载作用下的反应比

a) 矩形脉冲；b) 对称三角形脉冲；c) 突加三角形脉冲；d) 有限渐增时间的常量力

5. 反应谱或震动谱

上述各动力放大系数计算式表明：在冲击荷载作用下，无阻尼单自由度结构的最大反应仅依赖于脉冲的持续时间与结构固有周期的比值 t_d/T。因此，对各种冲击荷载，可以做出一条动力放大系数 D 与 t_d/T 的关系曲线，如图 4-10-7。这些曲线称为冲击荷载的位移反应谱或简称反应谱。利用这些曲线可在工程设计所需精度内，估计给定冲击荷载产生的简单结构的最大响应。

这些反应谱也可用来求结构对其基底加速度脉冲的反应。设作用于基底的加速度为 $\ddot{v}_g(t)$，由式(4-4-12)知，它所引起的等效冲击荷载为 $P_{eff}(t) = -m\ddot{v}_g(t)$。若以 $\ddot{v}_{g0}$ 代表最大基底加速度，则最大等效冲击荷载为 $P_{0,eff} = -m\ddot{v}_{g0}$（它相当于图4-10-2、图4-10-4、图4-10-5中的 P_0）。于是对应的动力放大系数为

$$D = \left|\frac{z_{max}}{m\ddot{v}_{g0}/k}\right| \tag{4-10-23}$$

通常仅对反应绝对值的大小感兴趣，故上式取绝对值，式中 z_{max} 为结构相对于其基底的最大位移。式(4-10-23)与前面各动力放大系数 D 的计算式完全相似，前面计算式的最大位移 v_{max} 及最大冲击荷载 P_0 分别相当于这里的质量对基底的最大相对位移 z_{max} 及最大等效冲击荷载值 $m\ddot{v}_{g0}$。又根据式(4-4-10)与式(4-4-12)，忽略阻尼影响，得到 $m\ddot{v} = -kz$。当 z 为 z_{max} 时，$\ddot{v}$ 变为质量 m 的最大总加速度 $\ddot{v}_{max} = \ddot{z}_{max} + \ddot{v}_{g0}$，此时，$m\ddot{v}_{max} = -kz_{max}$，代入(4-10-23)，得

$$D = \left|\frac{\ddot{v}_{max}}{\ddot{v}_{g0}}\right| \tag{4-10-24}$$

这样，只要给定基底加速度脉冲形式及脉冲长度比 t_d/T，就可利用图4-10-7的对应曲线，找出动力放大系数 D。再由式(4-10-24)就可估计质量 m 在基底承受加速度脉冲时的最大总加速度反应值 $|\ddot{v}_{max}| = D|\ddot{v}_{g0}|$。当图4-10-7用于此种目的时，图中曲线通常称为震动谱。

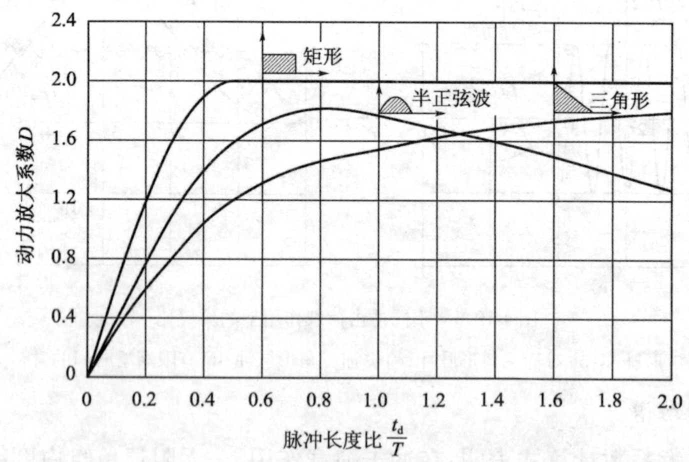

图4-10-7　单自由度体系对三种脉冲形式的位移反应谱(震动谱)

【例4-7】　图4-10-8表示承受冲击波荷载的单自由度建筑物及冲击荷载 $P(t)$。试根据图中资料，利用图4-10-7反应谱，估计此结构的最大位移 v_{max} 及最大弹性抗力 $F_{s,max} = kv_{max}$。

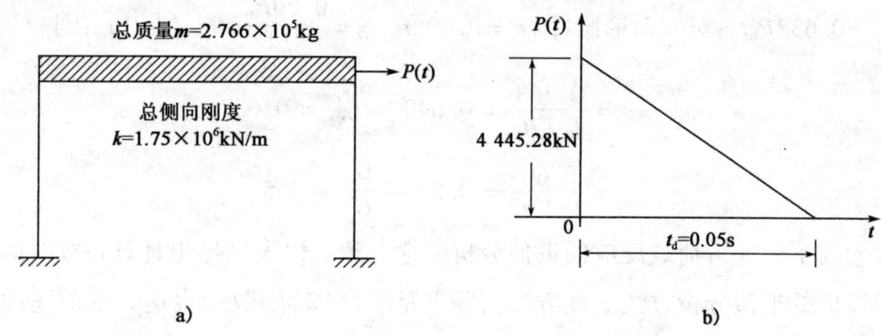

图 4-10-8　承受冲击波荷载作用的单自由度体系

a)结构示意图;b)冲击波荷载

解:结构自振周期 $T=\dfrac{2\pi}{\omega}=2\pi\sqrt{\dfrac{m}{k}}=2\pi\sqrt{\dfrac{2.766\times10^{5}}{1.75\times10^{9}}}=0.079(\mathrm{s})$

冲击波长度比 $\dfrac{t_d}{T}=\dfrac{0.05}{0.079}=0.63$,查图 4-10-7,得动力放大系数 $D=1.33$

因此最大位移为

$$v_{max}=\frac{P_0D}{k}=\frac{4\,445.28\times1.33}{1.75\times10^{6}}=3.38\times10^{-3}(\mathrm{m})$$

结构最大弹性抗力 $F_{s,max}=kv_{max}=1.75\times10^{6}\times3.38\times10^{-3}=5.915\times10^{3}(\mathrm{kN})$。

若冲击波压力脉冲持续时间 t_d 仅为上述持续时间的 $\dfrac{1}{10}$(即 $t_d=0.005\mathrm{s}$),则对此脉冲长度比 $\dfrac{t_d}{T}=\dfrac{0.005}{0.079}=0.063$,动力放大系数 D 仅为 0.2。此时的结构弹性恢复力仅为 889.47kN。由此可见,持续时间很短的冲击荷载的大部分为结构的惯性力所抵抗,因而它在结构中产生的应力将比持续时间长的荷载所产生的应力小很多。

6. *冲击荷载反应的近似分析*

观察图 4-10-6 及图 4-10-7,可得出下面两个结论:

(1)对于持续时间长的荷载,例如 $\dfrac{t_d}{T}>1$,动力放大系数主要依赖于荷载达到它的最大值的增长速度。具有足够持续时间的矩形脉冲荷载加载瞬时即达到其最大值,所产生的动力放大系数为 2;而对于缓慢增长的荷载,动力放大系数为 1,如图 4-10-6d)所示。

(2)对于持续时间很短的荷载,例如 $\dfrac{t_d}{T}=0.2$,最大位移幅值 v_{max} 主要依赖于冲量 $G=\int_0^{t_d}P(t)\,\mathrm{d}t$ 的大小,而脉冲荷载的形式对它的影响不大,分析如下。

对矩形脉冲,$D_a=1.176$,$v_{a,max}=\dfrac{1.176P_0}{k}$,$G_a=P_0t_d$;对半正弦波脉冲 $D_b=0.763$,$v_{b,max}=$

$\frac{0.763P_0}{k}$,$G_b=0.637P_0t_d$;对三角形脉冲 $D_c=0.60$,$v_{c,\max}=\frac{0.60P_0}{k}$,$G_c=\frac{1}{2}P_0t_d$;则

$$\frac{v_{b,\max}}{v_{a,\max}}=\frac{0.763}{1.176}=0.649\approx\frac{G_b}{G_a}=0.637$$

$$\frac{v_{c,\max}}{v_{a,\max}}=\frac{0.60}{1.176}=0.51\approx\frac{G_c}{G_a}=0.5$$

这一概念与下述冲击荷载反应的近似分析概念一致。以下推导出计算持续时间短的冲击荷载下最大反应的近似分析方法。此方法实际上是结论(2)的数学表达。由前述冲击荷载下单自由度体系(初始位移与速度均为0)的运动方程 $m\ddot{v}+kv=P(t)$,得出 $m\ddot{v}=P(t)-kv$,从 $t=0$至 $t=t_d$ 积分,得

$$m\int_0^{t_d}\ddot{v}\mathrm{d}t=\int_0^{t_d}[P(t)-kv]\mathrm{d}t$$

即

$$m\Delta\dot{v}=\int_0^{t_d}[P(t)-kv]\mathrm{d}t \tag{4-10-25}$$

式中,$\Delta\dot{v}=\int_0^{t_d}\ddot{v}\mathrm{d}t$ 是由荷载引起的质量 m 速度增量。

当时间 t_d 很小时,并设0到 t_d 时段平均加速度为 a,此时有

$$\Delta\dot{v}=\dot{v}(t_d)\approx at_d$$

$$\Delta v=v(t_d)\approx\frac{1}{2}at_d^2$$

可见,当 t_d 很小时,在荷载作用期间所引起的位移增量 Δv 是 t_d 平方的函数,而速度增量 $\Delta\dot{v}$ 是 t_d 一次方的函数,因而冲量也是 t_d 量级的。可见,当 t_d 很小时,式(4-10-25)中弹性力项 kv 很小,可以忽略(例4-7也说明了此特性),式(4-10-25)可近似表示为

$$m\Delta\dot{v}\approx\int_0^{t_d}P(t)\mathrm{d}t\quad 或\quad \Delta\dot{v}=\frac{1}{m}\int_0^{t_d}P(t)\mathrm{d}t \tag{4-10-26}$$

加载结束之后,质量 m 因 $t=t_d$ 时的位移 $v(t_d)$ 及速度 $\dot{v}(t_d)$ 而作自由振动(这里考虑冲击荷载响应,不计阻尼)。

$$v(\bar{t})=v(t_d)\cos\omega\bar{t}+\frac{\dot{v}(t_d)}{\omega}\sin\omega\bar{t}$$

式中:$\bar{t}=t-t_d$。

由于 $v(t_d)$很小,第一项可以忽略,$\dot{v}(t_d)=\Delta\dot{v}$,因此

$$v(\bar{t})\approx\frac{1}{m\omega}\left[\int_0^{t_d}P(t)\mathrm{d}t\right]\sin\omega\bar{t} \tag{4-10-27}$$

【例4-8】 讨论图4-10-9体系在所示冲击荷载下的反应。

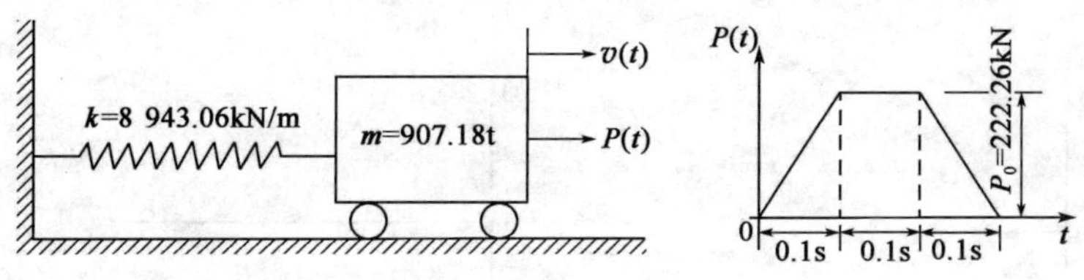

图 4-10-9　近似冲击反应分析

解:自振频率 $\omega=\sqrt{\frac{k}{m}}=\sqrt{\frac{8\,943.06\times10^3}{907.18\times10^3}}=3.14(\mathrm{rad/s})$

$$\int_0^{t_\mathrm{d}}P(t)\,\mathrm{d}t=2\times\frac{1}{2}\times0.1\times222.26+0.1\times222.26=44.45(\mathrm{kN\cdot s})$$

代入式(4-10-27)得质量 m 的位移

$$v(\bar{t})=\frac{44.45}{907.18\times3.14}\sin\omega\bar{t}$$

当 $\sin\omega\bar{t}=1$ 时,最大位移 $v_{\max}=\frac{44.45}{907.18\times3.14}\approx1.56\times10^{-2}\mathrm{m}$。

弹簧中最大弹性力 $F_{\mathrm{s,max}}=kv_{\max}=8\,943.06\times1.56\times10^{-2}=139.55(\mathrm{kN})$,因为此体系振动周期 $T=\frac{2\pi}{\omega}=\frac{2\pi}{3.14}=2\mathrm{s}$,$\frac{t_\mathrm{d}}{T}=\frac{0.3}{2}=0.15$,故对持续时间这样短的荷载,近似分析可以认为是很可靠的。实际上,将该体系运动方程 $m\ddot{v}+kv=P(t)$ 直接积分,求得的最大位移为 0.015 3m。因此,近似分析结果的误差小于 2%。

4.11　单自由度体系对任意动力荷载的反应

在前述振动响应计算中,动力荷载都可用显式解析函数表示,因而可以直接求解体系运动方程得出响应的解析解。工程中许多荷载如风载、地震荷载、波浪力、地面或轨道对车辆的激扰力等只能通过试验测出,不能表现为显式解析函数。这种荷载作用下的响应分析常用杜哈美积分、傅里叶积分。当然,这两种方法也能用于解析荷载的响应分析。本节分别采用数学与物理两种方法推导杜哈美积分,数学方法需要引入几个特殊时间域函数,推导过程相对繁琐,而物理方法相对简洁一些。

4.11.1　单自由度体系在特殊时变荷载作用下振动响应分析

1)单位阶跃函数 $I(t)$

如图 4-11-1 所示,单位阶跃函数 $I(t)$ 的表达式为

$$I(t)=\begin{cases}0 & (t<0)\\1 & (t\geqslant0)\end{cases}\qquad\text{或}\qquad I(t-\tau)=\begin{cases}0 & (t<\tau)\\1 & (t\geqslant\tau)\end{cases}$$

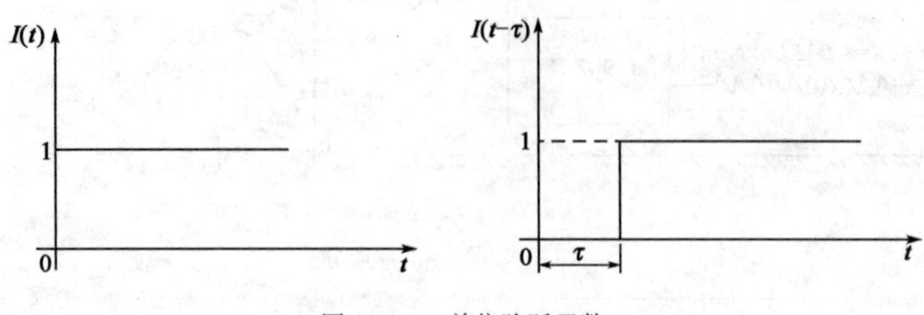

图 4-11-1 单位阶跃函数

2)单位脉冲函数 $\delta(t)$

单位脉冲函数首先是由狄拉克(Dirac)根据物理研究上的需要而引入的,故常称为狄拉克函数,简称 δ - 函数。δ - 函数是线性问题中描述点源或瞬时量的用途非常广泛的一个广义函数,它的应用使得一些很复杂的极限过程能够以非常简洁的数学形式来表示。如图 4-11-2 所示,δ - 函数的表达式为

$$\delta(t) = \begin{cases} \infty & (t = 0) \\ 0 & (t \neq 0) \end{cases} \left[\text{此式可写成} \lim_{\varepsilon \to 0} \int_{-\varepsilon}^{\varepsilon} \delta(t)\,\mathrm{d}t = 1 \text{ 或} \int_{-\infty}^{\infty} \delta(t)\,\mathrm{d}t = 1\right]$$

或

$$\delta(t - \tau) = \begin{cases} \infty & (t = \tau) \\ 0 & (t \neq \tau) \end{cases} \left[\text{此式可写成} \lim_{\varepsilon \to 0} \int_{\tau-\varepsilon}^{\tau+\varepsilon} \delta(t - \tau)\,\mathrm{d}t = 1 \text{ 或} \int_{-\infty}^{\infty} \delta(t - \tau)\,\mathrm{d}t = 1\right]$$

瞬时激扰力 $X(t)$ 可表示为 δ - 函数,即

$$X(t) = G\delta(t) \tag{4-11-1}$$

式中:G——常量参数,其量纲是[力]·[时间]。

当 $X(t)$ 表示力时,式(4-11-1)描述的是一个冲击,G 为一个冲量,因为

$$\int_{-\infty}^{\infty} X(t)\,\mathrm{d}t = G\int_{-\infty}^{\infty} \delta(t)\,\mathrm{d}t = G$$

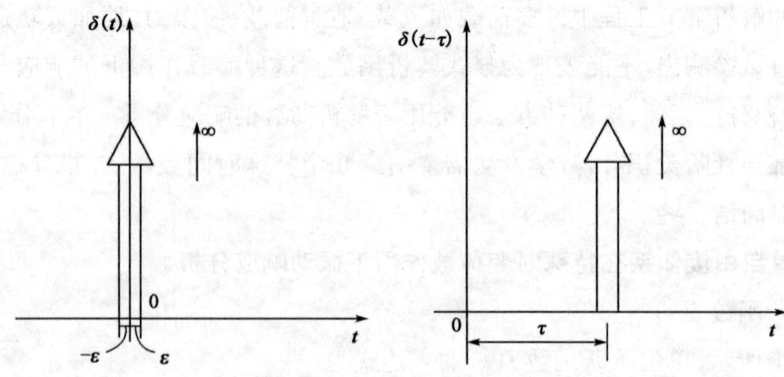

图 4-11-2 单位脉冲函数

下面进一步探讨在上述特殊荷载作用下单自由度体系振动响应。

(1)单位阶跃函数激起的单自由度静止弹性体系的响应，称为指数导纳，以 $A(t)$ 表示。先不计阻尼，此时体系运动方程为

$$m\ddot{v} + kv = I(t)$$

即
$$\ddot{v} + \omega^2 v = \frac{I(t)}{m} \tag{4-11-2}$$

式(4-11-2)的全解(同矩形脉冲荷载对应的全解)为

$$v = \frac{1}{m\omega^2} + C_1\sin\omega t + C_2\cos\omega t$$

由零初始条件 $v(0) = \dot{v}(0) = 0$，解得

$$C_1 = 0, C_2 = -\frac{1}{m\omega^2}$$

得 $v = A(t) = \frac{1}{m\omega^2}(1 - \cos\omega t)$，显然，$t = 0$ 时，$A(0) = 0$。

(2)单位脉冲函数 $\delta(t)$ 激起的单自由度体系的响应，称为单位脉冲响应，以 $h(t)$ 表示，此时体系的运动方程为

$$m\ddot{v} + kv = \delta(t)$$

即
$$\ddot{v} + \omega^2 v = \frac{\delta(t)}{m} \tag{4-11-3}$$

按前述 $\delta(t)$ 函数定义，初始条件为 $t \leqslant -\varepsilon(\varepsilon > 0)$ 时，$v = \dot{v} = 0$。式(4-11-3)两边对 t 积分，得 $\int_{-\varepsilon}^{\varepsilon}\ddot{v}\mathrm{d}t + \omega^2\int_{-\varepsilon}^{\varepsilon}v\mathrm{d}t = \frac{1}{m}\int_{-\varepsilon}^{\varepsilon}\delta(t)\,\mathrm{d}t = \frac{1}{m}$。由于

$$\int_{-\varepsilon}^{\varepsilon}\ddot{v}\mathrm{d}t = \int_{-\varepsilon}^{\varepsilon}\mathrm{d}\dot{v} = \dot{v}\,|_{-\varepsilon}^{\varepsilon} = \dot{v}_{t=\varepsilon} - \dot{v}_{t=-\varepsilon} = \dot{v}_{t=\varepsilon}\text{(考虑了上述初始条件)}$$

因为 v 是一有限量值，设 $|v| \leqslant k$，由 $\varepsilon \to 0$ 得

$$\left|\int_{-\varepsilon}^{\varepsilon}v\mathrm{d}t\right| \leqslant 2k\varepsilon \to 0$$

所以 $\dot{v}_{t=\varepsilon} = \frac{1}{m}$。

当 $t > \varepsilon$ 时，式(4-11-3)变为

$$\ddot{v} + \omega^2 v = 0 \tag{4-11-4}$$

该式所表示运动的初始条件[即 $t = \varepsilon(\varepsilon \to 0)$ 时刻的位移与速度，$v_{t=\varepsilon}$ 很小，忽略不计]为 $v_{t=\varepsilon} = 0, \dot{v}_{t=\varepsilon} = \frac{1}{m}$。因此，式(4-11-4)的解为

$$v = h(t) = v_{t=\varepsilon}\cos\omega t + \frac{\dot{v}_{t=\varepsilon}}{\omega}\sin\omega t = \frac{1}{m\omega}\sin\omega t$$

而
$$\frac{\mathrm{d}A(t)}{\mathrm{d}t} = \frac{\mathrm{d}}{\mathrm{d}t}\left[\frac{1}{m\omega^2}(1-\cos\omega t)\right] = \frac{1}{m\omega}\sin\omega t$$

故 $h(t) = \frac{\mathrm{d}A(t)}{\mathrm{d}t}$。上面忽略了阻尼。考虑阻尼后,$h(t)$ 必定衰减,由式(4-2-5),此时 $h(t) = \frac{\mathrm{e}^{-\xi\omega t}}{m\omega_D}\sin\omega_D t$,其表示的振动历程如图 4-11-3a)所示。

当单位脉冲作用在 $t=\tau$ 时,单位脉冲响应以 $h(t-\tau)$ 表示。同理,不考虑阻尼时

$$h(t-\tau) = \frac{\mathrm{d}A(t-\tau)}{\mathrm{d}t} = \frac{1}{m\omega}\sin\omega(t-\tau) \tag{4-11-5}$$

当考虑阻尼时[图 4-11-3b)]

$$h(t-\tau) = \frac{\mathrm{e}^{-\xi\omega(t-\tau)}}{m\omega_D}\sin\omega_D(t-\tau) \tag{4-11-6}$$

因为 $h(t)$ 和 $h(t-\tau)$ 为单位冲量响应,故其量纲为[位移]/[冲量],或者相当于[速度]/[力]。

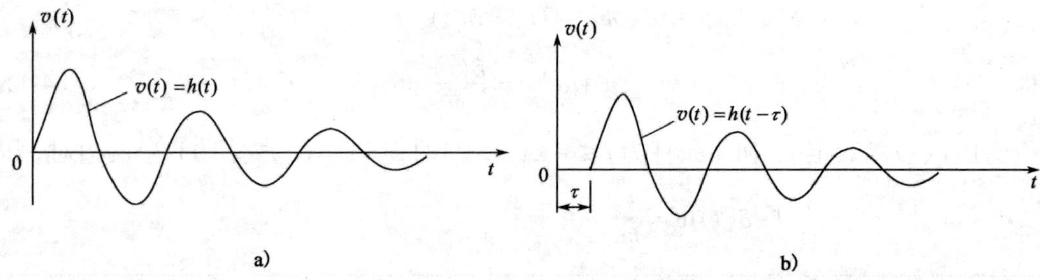

图 4-11-3　单位脉冲响应

a)单位脉冲作用在 $t=0$ 时;b)单位脉冲作用在 $t=\tau$ 时

4.11.2　杜哈美积分

(1)数学方法推导杜哈美积分

当单自由度体系受任意变化的激扰力 $P(t)$ 作用时,$P(t)$ 可视为由许多阶跃增量 $\mathrm{d}P$ 组成,如图 4-11-4 所示。对于线性体系,叠加原理适用,体系响应等于各个阶跃增量 $\mathrm{d}P$ 所引起响应之和。

这样,按图 4-11-4 得

$$P(t) = P(0)I(t) + \int_0^t I(t-\tau)\,\mathrm{d}P$$

由线性系统分析的叠加原理,得 $v(t) = P(0)A(t) + \int_0^t A(t-\tau)\,\mathrm{d}P$,分部积分后,变为

$$
\begin{aligned}
v(t) &= P(0)A(t) + [P(\tau)A(t-\tau)]_0^t - \int_0^t P(\tau)\,\mathrm{d}A(t-\tau) \\
&= P(0)A(t) + P(t)A(0) - P(0)A(t) - \int_0^t P(\tau)\frac{\mathrm{d}A(t-\tau)}{\mathrm{d}\tau}\mathrm{d}\tau \\
&= \int_0^t P(\tau)h(t-\tau)\,\mathrm{d}\tau \qquad [A(0)=0]
\end{aligned}
\tag{4-11-7}
$$

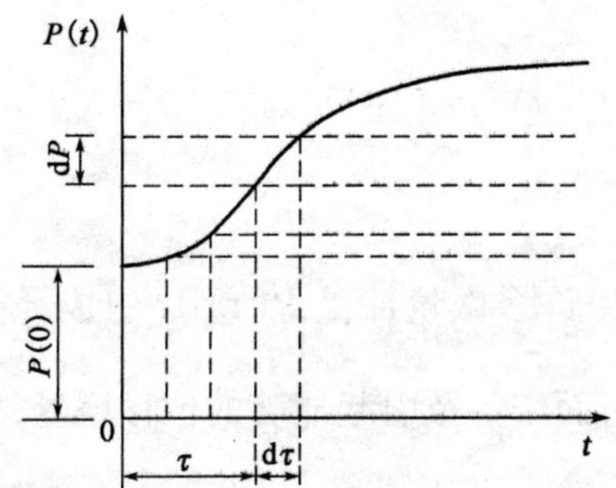

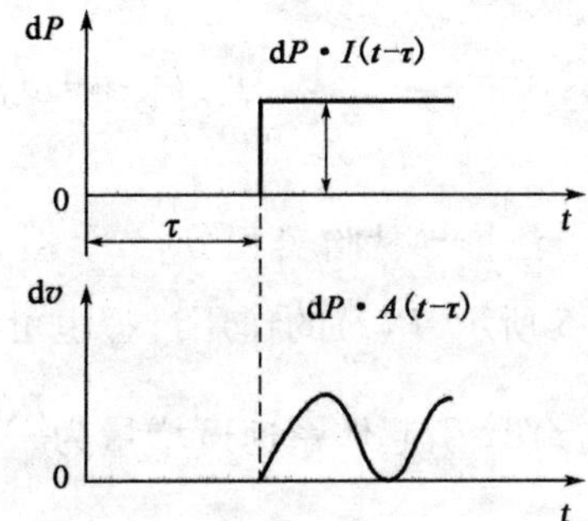

图 4-11-4　任意函数载荷的阶跃增量分解及其响应

式(4-11-7)表示任意载荷 $P(t)$ 引起的单自由度响应为载荷分解为许多冲量后各冲量引起响应的总和,如图 4-11-5 所示。将式(4-11-5)、式(4-11-6)分别代入式(4-11-7),得到处于静止状态的单自由度体系受任意激扰力作用时的响应。

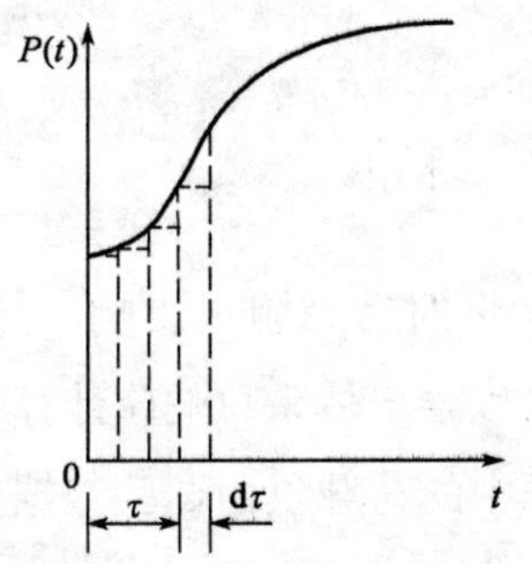

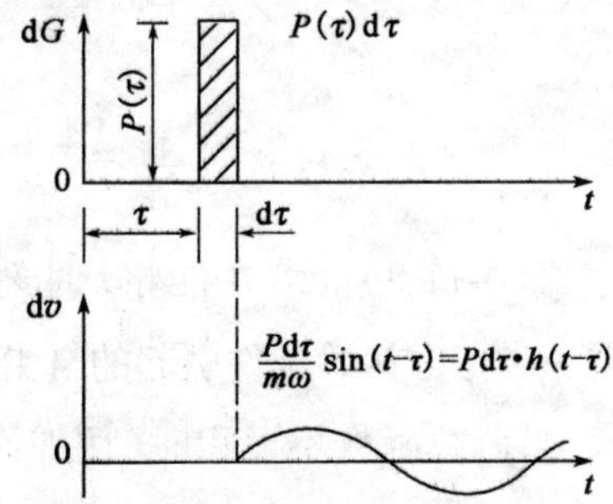

图 4-11-5　任意函数载荷的冲量分解及其响应

不计阻尼情况

$$
v(t) = \frac{1}{m\omega}\int_0^t P(\tau)\sin\omega(t-\tau)\,\mathrm{d}\tau \tag{4-11-8}
$$

考虑阻尼的情况

$$
v(t) = \frac{1}{m\omega_D}\int_0^t \mathrm{e}^{-\xi\omega(t-\tau)}P(\tau)\sin\omega_D(t-\tau)\,\mathrm{d}\tau \tag{4-11-9}
$$

杜哈美积分表示的位移纯粹由荷载引起的,不管体系受载前的状态如何。故若体系有初始位移 $v(0)$ 及初始速度 $\dot{v}(0)$,应将荷载引起的振动与初始条件引起的振动相加,得到体系的总振动响应。

不计阻尼的情况

$$v(t) = v(0)\cos\omega t + \frac{\dot{v}(0)}{\omega}\sin\omega t + \frac{1}{m\omega}\int_0^t P(\tau)\sin\omega(t-\tau)\,\mathrm{d}\tau \tag{4-11-10}$$

考虑阻尼的情况

$$v(t) = \mathrm{e}^{-\xi\omega t}\left[v(0)\cos\omega_D t + \frac{\dot{v}(0) + \xi\omega v(0)}{\omega_D}\sin\omega_D t\right] +$$

$$\frac{1}{m\omega_D}\int_0^t \mathrm{e}^{-\xi\omega(t-\tau)}P(\tau)\sin\omega_D(t-\tau)\,\mathrm{d}\tau \tag{4-11-11}$$

(2)物理方法推导杜哈美积分

如图4-11-5所示,$P(t)$的作用过程也可视为由许多微量冲量 $P(\tau)\mathrm{d}\tau$ 组成。在极短时间内微量冲量 $P(\tau)\mathrm{d}\tau$ 引起体系速度增量为$\frac{P(\tau)\mathrm{d}\tau}{m}$,而来不及引起显著的位移增量,故忽略不计(4.10节已作数学说明)。在不计阻尼的情况下,以该速度增量$\frac{P(\tau)\mathrm{d}\tau}{m}$为初始条件形成的自由振动反应为微量冲量 $P(\tau)\mathrm{d}\tau$引起后续时刻 t 的动力反应,即

$$\mathrm{d}v = \frac{1}{m\omega}P(\tau)\mathrm{d}\tau\sin\omega(t-\tau) \qquad (t \geqslant \tau)$$

然后对加载过程中产生的所有微量位移反应进行叠加,即对上式积分可得荷载引起的反应为

$$v(t) = \int_0^t \mathrm{d}v = \frac{1}{m\omega}\int_0^t P(\tau)\sin\omega(t-\tau)\,\mathrm{d}\tau$$

同样得到了式(4-11-8)。若在推导 t 时刻的微量位移 $\mathrm{d}v$ 时考虑阻尼影响,同理可以推导出(4-11-9)。进一步考虑初始条件引起的自由振动,同样可以导出体系总响应计算式(4-11-10)与式(4-11-11)。当荷载函数不可积时(例如许多实际问题中的荷载仅由试验数据给出),杜哈美积分需采用数值计算,详见文献[1]。

【例4-9】 某单自由度体系受到如图4-10-4所示的矩形脉冲荷载,初始位移与速度均为零,体系的质量为 m,刚度系数为 k,不计阻尼影响,用杜哈美积分法列出该体系位移响应表达式。

解:荷载 $P(t)$ 可以表示为如下分段函数:

$$P(t) = \begin{cases} P_0 & (0 \leqslant t \leqslant t_\mathrm{d}) \\ 0 & (t > t_\mathrm{d}) \end{cases}$$

阶段Ⅰ($0 \leqslant t \leqslant t_\mathrm{d}$):体系受突然外力 P_0 作用,在零初始条件下,由杜哈美积分式(4-11-10)得:

$$\begin{aligned} v(t) &= \frac{1}{m\omega}\int_0^t P_0 \sin\omega(t-\tau)\,\mathrm{d}\tau \\ &= \left[\frac{P_0}{m\omega^2}\cos\omega(t-\tau)\right]_0^t \\ &= \frac{P_0}{k}(1-\cos\omega t) \qquad (0 \leqslant t \leqslant t_{\mathrm{d}}) \end{aligned}$$

阶段Ⅱ($t > t_{\mathrm{d}}$):在脉冲作用完成后,体系不受外力作用而作自由振动。振动位移既可用阶段Ⅰ结束时的位移 $v(t_{\mathrm{d}})$ 和速度 $\dot{v}(t_{\mathrm{d}})$ 为初始条件求出,也可以由杜哈美积分求得如下:

$$\begin{aligned} v(t) &= \frac{1}{m\omega}\int_0^{t_{\mathrm{d}}} P_0 \sin\omega(t-\tau)\,\mathrm{d}\tau \\ &= \left[\frac{P_0}{m\omega^2}\cos\omega(t-\tau)\right]_0^{t_{\mathrm{d}}} \\ &= \frac{2P_0}{k}\sin\frac{\omega t_{\mathrm{d}}}{2}\sin\omega\left(t-\frac{t_{\mathrm{d}}}{2}\right) \qquad (t > t_{\mathrm{d}}) \end{aligned}$$

此处用杜哈美积分所得响应与4.10节的解析解完全一致。

4.11.3 单自由度体系振动分析的频域法(傅里叶积分)

杜哈美积分是一种时域分析法。对任意动力荷载的反应,有时用频域分析法更为方便。频域分析法的物理概念与前述对周期荷载响应的分析相似,都是先将荷载展开成许多简谐分量项,计算体系对每个分量的反应,最后叠加各简谐反应而得到结构的总反应。为此,需要把傅里叶级数的概念推广用于非周期性荷载的展开。

周期性荷载 $P(t)$ 的傅里叶级数展开式(4-9-1)中有两个重要参数:基准周期 T_{P} 及频率 $\bar{\omega}_1$。$P(t)$ 展开之后就出现离散频谱 $n\bar{\omega}_1(n=1,2,\cdots)$。非周期性荷载的特点主要是其波形永远不重复,故可以认为其周期为无穷大,即 $T_P=\infty$,对应频率 $\bar{\omega}_1=\frac{2\pi}{T_{\mathrm{P}}}$ 为无限小,即 $\bar{\omega}_1 \to \mathrm{d}\bar{\omega}$,$\frac{1}{T_{\mathrm{P}}} \to \frac{\mathrm{d}\bar{\omega}}{2\pi}$,离散的频率 $n\bar{\omega}_1(n=-\infty,\cdots,-1,0,1,\cdots,\infty)$ 就变成连续曲线。

先将式(4-9-6)改写为

$$a_n = \frac{1}{T_P}\int_{-\frac{T_{\mathrm{P}}}{2}}^{\frac{T_{\mathrm{P}}}{2}} P(t)\mathrm{e}^{-in\bar{\omega}_1 t}\mathrm{d}t \qquad (n=-\infty,\cdots,-1,0,1,\cdots,\infty) \tag{4-11-12}$$

在 $T_P \to \infty$ 的条件下,再令 $\bar{\omega}=n\bar{\omega}_1$,$\frac{\mathrm{d}\bar{\omega}}{2\pi}=\frac{1}{T_P}$,这样式(4-9-6)可以进一步改写为

$$a_n = \frac{\mathrm{d}\bar{\omega}}{2\pi}\int_{-\infty}^{\infty} P(t)\mathrm{e}^{-i\bar{\omega}t}\mathrm{d}t \tag{4-11-13}$$

将式(4-11-13)代入式(4-9-5),并将式(4-9-5)的求和式改为积分式,可得傅里叶积分为

$$P(t) = \frac{1}{2\pi}\int_{-\infty}^{\infty}\left[\int_{-\infty}^{\infty}P(t)\mathrm{e}^{-i\overline{\omega}t}\mathrm{d}t\right]\mathrm{e}^{i\overline{\omega}t}\mathrm{d}\overline{\omega}$$

$$= \frac{1}{2\pi}\int_{-\infty}^{\infty}\overline{P}(\overline{\omega})\mathrm{e}^{i\overline{\omega}t}\mathrm{d}\overline{\omega} \tag{4-11-14}$$

式中
$$\overline{P}(\overline{\omega}) = \int_{-\infty}^{\infty}P(t)\mathrm{e}^{-i\overline{\omega}t}\mathrm{d}t \tag{4-11-15}$$

$\overline{P}(\overline{\omega})$为$\overline{\omega}$的函数,称式(4-11-15)为$P(t)$的傅里叶变换,式(4-11-14)为其逆变换,两者称为傅里叶变换对。傅里叶变换的必要条件:积分$\int_{-\infty}^{\infty}|P(t)|\mathrm{d}t$为有限值。显然,只要荷载$P(t)$实际作用时间是有限的,此必要条件即可满足。

式(4-11-14)中$\frac{\overline{P}(\overline{\omega})}{2\pi}$表示频率为$\overline{\omega}$处每单位$\overline{\omega}$的复幅值强度,$\frac{\overline{P}(\overline{\omega})}{2\pi}\mathrm{e}^{i\overline{\omega}t}\mathrm{d}\overline{\omega}$就是频率$\overline{\omega}$处的一个荷载,式(4-11-14)表示$P(t)$为无穷个荷载$\frac{\overline{P}(\overline{\omega})}{2\pi}\mathrm{e}^{i\overline{\omega}t}\mathrm{d}\overline{\omega}$的总和。若单位荷载$\mathrm{e}^{i\overline{\omega}t}$激起的体系响应为$H(\overline{\omega})\mathrm{e}^{i\overline{\omega}t}$,体系又是线性的,则应用叠加原理,得出载荷$P(t)$产生的体系稳态响应为

$$v(t) = \frac{1}{2\pi}\int_{-\infty}^{\infty}H(\overline{\omega})\overline{P}(\overline{\omega})\mathrm{e}^{i\overline{\omega}t}\mathrm{d}\overline{\omega} \tag{4-11-16}$$

式(4-11-16)为利用频域法进行响应分析的基本方程。

【例 4-10】 分析图 4-10-4 所示矩形脉冲荷载引起的响应。当$0<t<t_d$时,$P(t)=P_0$,在其他时间荷载为零。

解:作荷载的傅里叶变换

$$\overline{P}(\overline{\omega}) = \int_0^{t_\mathrm{d}}P_0\mathrm{e}^{-i\overline{\omega}t}\mathrm{d}t = -\frac{P_0}{i\overline{\omega}}(\mathrm{e}^{-i\overline{\omega}t_\mathrm{d}} - 1)$$

将上式及式(4-9-9)表示的复频响应函数$H(\overline{\omega})$代入式(4-11-16),得体系反应的积分式

$$v(t) = \frac{1}{2\pi}\int_{-\infty}^{\infty}\frac{1}{k(-\beta^2+2i\beta\xi+1)}\left[-\frac{P_0}{i\overline{\omega}}(\mathrm{e}^{-i\overline{\omega}t_d}-1)\right]\mathrm{e}^{i\overline{\omega}t}\mathrm{d}\overline{\omega}$$

考虑$\overline{\omega}=\beta\omega$($\omega$为体系自振频率)及$-\beta^2+2i\beta\xi+1=-(\beta-\xi i+\sqrt{1-\xi^2})(\beta-\xi i-\sqrt{1-\xi^2})$,并以$i=\sqrt{-1}$乘上式右边的分子和分母,得

$$v(t) = \frac{iP_0}{2\pi k}\left[\int_{-\infty}^{\infty}-\frac{\mathrm{e}^{-i\omega\beta(t_\mathrm{d}-t)}}{\beta(\beta-\gamma_1)(\beta-\gamma_2)}\mathrm{d}\beta + \int_{-\infty}^{\infty}\frac{\mathrm{e}^{i\omega\beta t}}{\beta(\beta-\gamma_1)(\beta-\gamma_2)}\mathrm{d}\beta\right]$$

式中:$\gamma_1=\xi i+\sqrt{1-\xi^2}$;$\gamma_2=\xi i-\sqrt{1-\xi^2}$。

上式中两个无穷积分可用复β平面内的围道积分确定。从而在$0<\xi<1$的情况下得

$$v(t)=0 \qquad (t\leqslant 0)$$

$$v(t)=\frac{P_0}{k}\left[1-\mathrm{e}^{-\xi\omega t}\left(\cos\omega_{\mathrm{D}}t+\frac{\xi}{\sqrt{1-\xi^2}}\sin\omega_{\mathrm{D}}t\right)\right] \qquad (0\leqslant t\leqslant t_{\mathrm{d}})$$

$$v(t)=\frac{P_0}{k}\mathrm{e}^{-\xi\omega(t-t_{\mathrm{d}})}\left\{\begin{aligned}&\left[\mathrm{e}^{-\xi\omega t_{\mathrm{d}}}\left(\sin\omega_{\mathrm{D}}t_{\mathrm{d}}-\frac{\xi}{\sqrt{1-\xi^2}}\cos\omega_{\mathrm{D}}t_{\mathrm{d}}\right)+\frac{\xi}{\sqrt{1-\xi^2}}\right]\times\sin\omega_{\mathrm{D}}(t-t_{\mathrm{d}})+\\&\left[1-\mathrm{e}^{-\xi\omega t_{\mathrm{d}}}\left(\cos\omega_{\mathrm{D}}t_{\mathrm{d}}+\frac{\xi}{\sqrt{1-\xi^2}}\sin\omega_{\mathrm{D}}t_{\mathrm{d}}\right)\right]\times\cos\omega_{\mathrm{D}}(t-t_{\mathrm{d}})\end{aligned}\right\} \qquad (t\geqslant t_{\mathrm{d}})$$

令上式中的 $\xi=0$，即得到与前面时域分析一致的结果，见式(4-10-15)及式(4-10-16)。

4.11.4　频域分析的简化方法(离散傅里叶变换)

上例荷载的傅里叶积分变换很简单，而计算最后所得的积分却很麻烦；若荷载复杂，积分变换已很烦琐，甚至无法变换为解析式，最后响应积分计算更不可能得出解析式。因此，常改用数值计算法。数值法包括两方面内容：①将荷载傅里叶变换对的无穷积分式用离散傅里叶变换(简称 DFT)对代替；②计算离散傅里叶变换的快速方法——快速傅里叶变换(简称 FFT)分析。后者内容很多，详见快速傅里叶变换的专著，下面推导离散傅里叶变换算法。

前面推导荷载的傅里叶积分变换，假定荷载周期为无穷大，以保持非周期荷载的特性；又令周期荷载傅里叶级数展开式(4-9-1)中的 $n\overline{\omega}_1=\overline{\omega}$ 及 $\Delta\overline{\omega}=(n+1)\overline{\omega}_1-n\overline{\omega}_1=\dfrac{2\pi}{T_{\mathrm{P}}}$；然后取极限(令 $T_{\mathrm{P}}\to\infty$)，而得出傅里叶积分式(4-11-14)。它表示 $P(t)$ 为无限宽广频域内无限个荷载 $\dfrac{\overline{P}(\overline{\omega})}{2\pi}\mathrm{e}^{i\overline{\omega}t}\mathrm{d}\overline{\omega}$ 的总和。对任何具体荷载来说，只能在有限频域内取为有限个荷载的总和。因此，推导荷载的离散傅里叶变换时，假定周期 T_{P} 为很长的有限值(超过荷载的实际作用时间，见图 4-11-6)的周期性荷载(傅里叶积分是假定荷载为周期 $T_{\mathrm{P}}=\infty$ 的周期性荷载)，将 T_{P} 分为 N 个等时间增量 Δt(亦称时间步长)。T_{P} 的具体数值由分析中可能考虑的最低频率 $\overline{\omega}_1=\Delta\overline{\omega}=\dfrac{2\pi}{T_{\mathrm{P}}}$来决定。考虑了 $\Delta\overline{\omega}$ 后就在傅里叶积分的频率轴上规定了 $N+1$ 个离散频率 $n\overline{\omega}_1=n\Delta\overline{\omega}\equiv\overline{\omega}_n$ $(n=0,1,\cdots,N)$。故在荷载周期分成 N 等分的条件下，所考虑的最高频率为 $(N-1)\Delta\overline{\omega}$。另一方面，由于规定 $T_{\mathrm{P}}=N\Delta t$，在时间轴上就规定了 $N+1$ 个离散点 t_m($t_m=m\Delta t,m=0,1,2,\cdots,N$)，所考虑的最大时间为 $(N-1)\Delta t$，见图 4-11-6。这样，以 $\Delta t,t_{\mathrm{m}}=m\Delta t,\Delta\overline{\omega},n\Delta\overline{\omega}=\overline{\omega}_n=n\dfrac{2\pi}{T_{\mathrm{P}}}=n\dfrac{2\pi}{N\Delta t}$依次代替傅里叶变换对式(4-11-14)与式(4-11-15)中的 $\mathrm{d}t,t,\mathrm{d}\overline{\omega},\overline{\omega}$；又以级数和代替积分，则得荷载的离散傅里叶变换(DFT)对

$$P(t_{\mathrm{m}})=\frac{\Delta\overline{\omega}}{2\pi}\sum_{n=0}^{N-1}\overline{P}(\overline{\omega}_n)\mathrm{e}^{2\pi i\frac{nm}{N}} \qquad (4\text{-}11\text{-}17)$$

$$\overline{P}(\overline{\omega}_n)=\Delta t\sum_{m=0}^{N-1}P(t_m)\mathrm{e}^{-in\Delta\overline{\omega}m\Delta t}=\Delta t\sum_{m=0}^{N-1}P(t_m)\mathrm{e}^{-inm\Delta t\frac{2\pi}{N\Delta t}}=\Delta t\sum_{m=0}^{N-1}P(t_m)\mathrm{e}^{-2\pi i\frac{nm}{N}} \tag{4-11-18}$$

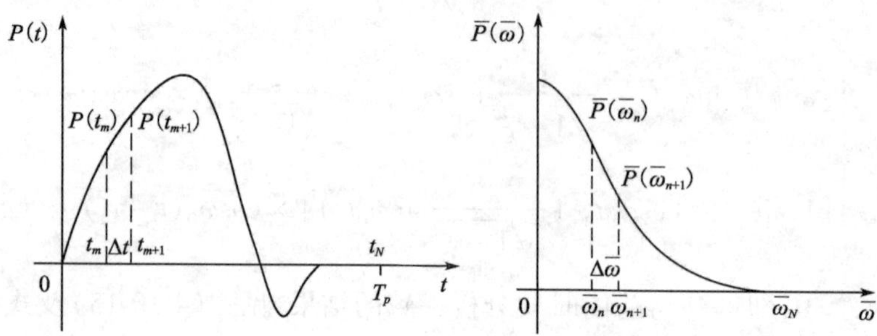

图 4-11-6 荷载的时域与频域离散化

它们与式(4-11-14)及式(4-11-15)的连续变换相对应,式(4-11-18)为荷载的离散傅里叶变换,式(4-11-17)为其逆变换。对式(4-11-16)做同样变换,可以得到载荷 $P(t)$ 产生的体系稳态响应为

$$v(t_m)=\frac{1}{2\pi}\sum_{n=0}^{N-1}H(\overline{\omega}_n)\overline{P}(\overline{\omega}_n)\mathrm{e}^{i\overline{\omega}_n t_m}\Delta\overline{\omega}=\frac{1}{T_P}\sum_{n=0}^{N-1}H(\overline{\omega}_n)\overline{P}(\overline{\omega}_n)\mathrm{e}^{2\pi i\frac{nm}{N}} \tag{4-11-19}$$

式(4-11-19)为利用离散傅里叶变换进行响应分析的基本方程。

利用离散傅里叶变换时必须记住,离散分析采用了荷载是周期性的基本假定。为了使非周期荷载分析中的误差减至最小,可使周期 T_P 里包括很长一段零荷载区段,用来扩展荷载的周期,所得到的荷载过程如图 4-11-7 所示。

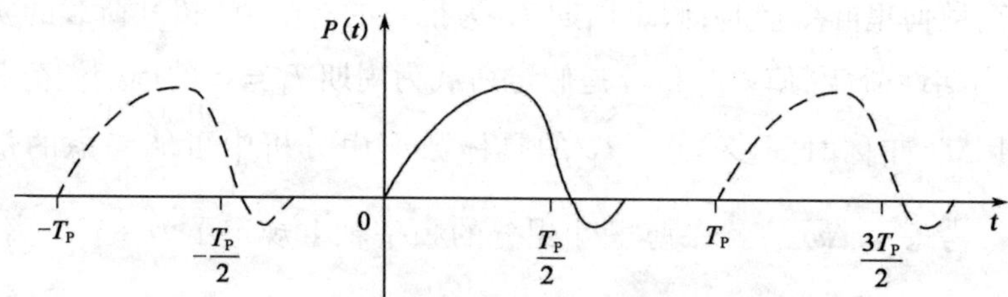

图 4-11-7 任意荷载被表示成傅里叶级数

杜哈美积分法及频域分析法都应用了叠加原理,只能适用于线性体系,即振动过程中特性保持不变的体系。有些体系的特性随振动过程变化,例如强烈地震下弹塑性振动的建筑物、列车过桥梁时作自激振动的车桥体系等都是体系特性随振动过程变化的典型例子,其振动反应的分析不能采用杜哈美积分法及频域分析法,需采用后面介绍的逐步积分法。

第5章　多自由度体系反应计算的振型叠加法

第3章基于线性系统的振型叠加原理,实现了多自由度体系(也包括无限自由度的连续体系)运动方程的解耦。将耦联的多自由度问题转化为一系列独立的单自由度问题进行分析。于是,第4章对单自由度体系的反应计算方法及振动特性进行了详细阐述。本章的任务是结合上两章的内容,以离散多自由度体系为例,继续讲述动力反应计算的振型叠加法以及体系振动特性。对于无限自由度的连续体系,当取前面若干阶振型近似表达其振动位形时,体系自由度由无限多个缩减到有限个,计算其反应的振型叠加法同离散多自由度体系,故不再单独讲述。

5.1　不计阻尼时体系对初始条件的自由振动反应

根据第3章的论述,可以通过正则坐标变换将具有 n 个自由度体系振动方程进行解耦,转化为 n 个独立的正则化方程。对应正则坐标自由振动方程为

$$\ddot{\overline{T}}_i(t)+\omega_i^2\overline{T}_i(t)=0\qquad(i=1,2,\cdots,n)\tag{5-1-1}$$

若对第 i 个正则坐标施加初始条件 $\overline{T}_i(0)$、$\dot{\overline{T}}_i(0)$,则可算出第 i 个正则坐标的自由振动反应

$$\overline{T}_i(t)=\overline{T}_i(0)\cos\omega_i t+\frac{\dot{\overline{T}}_i(0)}{\omega_i}\sin\omega_i t\qquad(i=1,2,\cdots,n)\tag{5-1-2}$$

将式(3-6-1)左乘$\overline{\boldsymbol{A}}^{\mathrm{T}}\boldsymbol{M}$ 且考虑式(3-5-22),令 $t=0$,可得

$$\overline{\boldsymbol{T}}(0)=\overline{\boldsymbol{A}}^{\mathrm{T}}\boldsymbol{M}\boldsymbol{q}_0\tag{5-1-3}$$

同样得到

$$\dot{\overline{\boldsymbol{T}}}_i(0)=\overline{\boldsymbol{A}}^{\mathrm{T}}\boldsymbol{M}\dot{\boldsymbol{q}}_0\tag{5-1-4}$$

$\boldsymbol{q}_0=\{q_{01}\quad q_{02}\quad\cdots\quad q_{0n}\}^{\mathrm{T}}$,$\dot{\boldsymbol{q}}_0=\{\dot{q}_{01}\quad\dot{q}_{02}\quad\cdots\quad\dot{q}_{0n}\}^{\mathrm{T}}$ 为体系按原始广义坐标表述的初始条件;$\overline{\boldsymbol{T}}(0)=\{\overline{T}_1(0)\quad\overline{T}_2(0)\quad\cdots\quad\overline{T}_n(0)\}^{\mathrm{T}}$,$\dot{\overline{\boldsymbol{T}}}(0)=\{\dot{\overline{T}}_1(0)\quad\dot{\overline{T}}_2(0)\quad\cdots\quad\dot{\overline{T}}_n(0)\}$为体系按正则坐标表述的初始条件。

将式(5-1-2)代入式(3-6-1)可算出体系按原始广义坐标表述的自由振动反应。当体系有刚体振型时,对应的频率 $\omega_i=0$,式(5-1-1)变为

$$\ddot{\overline{T}}_i(t)=0 \tag{5-1-5}$$

此式对时间 t 积分两次,得

$$\overline{T}_i(t)=\overline{T}_i(0)+\dot{\overline{T}}_i(0)t \tag{5-1-6}$$

体系按正则坐标表示的刚体振型反应即由式(5-1-6)算出。

【例 5-1】 重新考虑例 3-1 所给系统,但假定 $k_1=0$,分析其自由振动反应。

解:根据例 3-1 分析,考虑 $k_1=0$,得到体系自由振动方程为

$$\boldsymbol{M}\ddot{\boldsymbol{q}}+\boldsymbol{K}\boldsymbol{q}=0$$

此地 $\ddot{\boldsymbol{q}}=\{\ddot{v}_1 \quad \ddot{v}_2 \quad \ddot{v}_3\}^{\mathrm{T}}$,$\boldsymbol{q}=\{v_1 \quad v_2 \quad v_3\}^{\mathrm{T}}$

$$\boldsymbol{M}=\begin{bmatrix} m & 0 & 0 \\ 0 & m & 0 \\ 0 & 0 & m \end{bmatrix} \qquad \boldsymbol{K}=k\begin{bmatrix} 1 & -1 & 0 \\ -1 & 2 & -1 \\ 0 & -1 & 1 \end{bmatrix}$$

显然,$\boldsymbol{K}=0$,即刚度矩阵为奇异的。

$$\boldsymbol{B}=\boldsymbol{M}^{-1}\boldsymbol{K}=\begin{bmatrix} 1/m & 0 & 0 \\ 0 & 1/m & 0 \\ 0 & 0 & 1/m \end{bmatrix}k\begin{bmatrix} 1 & -1 & 0 \\ -1 & 2 & -1 \\ 0 & -1 & 1 \end{bmatrix}=\frac{k}{m}\begin{bmatrix} 1 & -1 & 0 \\ -1 & 2 & -1 \\ 0 & -1 & 1 \end{bmatrix}$$

特征矩阵 $\boldsymbol{S}=\boldsymbol{B}-\lambda\boldsymbol{I}=\frac{k}{m}\begin{bmatrix} 1-\beta & -1 & 0 \\ -1 & 2-\beta & -1 \\ 0 & -1 & 1-\beta \end{bmatrix}$,$\beta=\frac{m}{k}\lambda=\frac{m}{k}\omega^2$,由 $|\boldsymbol{S}|=0$ 得

$\beta(\beta-1)(\beta-3)=0$,故 $\beta_1=0$,$\beta_2=1$,$\beta_3=3$,体系自振频率分别为 $\omega_1=0$,$\omega_2=\sqrt{\frac{k}{m}}$,$\omega_3=\sqrt{\frac{3k}{m}}$。

将 $\beta_1=0$,$\beta_2=1$,$\beta_3=3$ 分别代入方程$(\boldsymbol{B}-\lambda\boldsymbol{I})\boldsymbol{A}=0$,得出体系三阶振型如下:

$$\boldsymbol{A}_1=\{1 \quad 1 \quad 1\}^{\mathrm{T}} \qquad (\text{对应刚体振型},\omega_1=0)$$

$$\boldsymbol{A}_2=\{1 \quad 0 \quad -1\}^{\mathrm{T}}$$

$$\boldsymbol{A}_3=\{1 \quad -2 \quad 1\}^{\mathrm{T}}$$

设该系统在静止状态下,质量 m_1 突然受到打击得到速度 $\dot{v}_{01}$,试确定系统由此打击所引起的反应。

体系各广义质量为

$$M_1=\boldsymbol{A}_1^{\mathrm{T}}\boldsymbol{M}\boldsymbol{A}_1=m(1^2+1^2+1^2)=3m$$
$$M_2=\boldsymbol{A}_2^{\mathrm{T}}\boldsymbol{M}\boldsymbol{A}_2=m(1^2+1^2)=2m$$
$$M_3=\boldsymbol{A}_3^{\mathrm{T}}\boldsymbol{M}\boldsymbol{A}_3=m(1^2+2^2+1^2)=6m$$

于是,正则振型矩阵

$$\overline{\boldsymbol{A}}=\left[\frac{\boldsymbol{A}_1}{\sqrt{M_1}}\quad\frac{\boldsymbol{A}_2}{\sqrt{M_2}}\quad\frac{\boldsymbol{A}_3}{\sqrt{M_3}}\right]=\frac{1}{\sqrt{6m}}\begin{bmatrix}\sqrt{2} & \sqrt{3} & 1\\ \sqrt{2} & 0 & -2\\ \sqrt{2} & -\sqrt{3} & 1\end{bmatrix}$$

于是可得

$$\overline{\boldsymbol{A}}^{\mathrm{T}}\boldsymbol{M}=\frac{1}{\sqrt{6m}}\begin{bmatrix}\sqrt{2} & \sqrt{2} & \sqrt{2}\\ \sqrt{3} & 0 & -\sqrt{3}\\ 1 & -2 & 1\end{bmatrix}\begin{bmatrix}m & 0 & 0\\ 0 & m & 0\\ 0 & 0 & m\end{bmatrix}=\sqrt{\frac{m}{6}}\begin{bmatrix}\sqrt{2} & \sqrt{2} & \sqrt{2}\\ \sqrt{3} & 0 & -\sqrt{3}\\ 1 & -2 & 1\end{bmatrix}$$

体系按原始广义坐标的初始条件向量为

$$\boldsymbol{q}_0=\begin{Bmatrix}0\\0\\0\end{Bmatrix},\qquad \dot{\boldsymbol{q}}_0=\begin{Bmatrix}\dot{v}_{01}\\0\\0\end{Bmatrix}\tag{5-1-7}$$

将式(5-1-7)转换到正则坐标

$$\overline{\boldsymbol{T}}(0)=\overline{\boldsymbol{A}}^{\mathrm{T}}\boldsymbol{M}\boldsymbol{q}_0=\begin{Bmatrix}0\\0\\0\end{Bmatrix}$$

$$\dot{\overline{\boldsymbol{T}}}(0)=\overline{\boldsymbol{A}}^{\mathrm{T}}\boldsymbol{M}\dot{\boldsymbol{q}}_0=\sqrt{\frac{m}{6}}\begin{bmatrix}\sqrt{2} & \sqrt{2} & \sqrt{2}\\ \sqrt{3} & 0 & -\sqrt{3}\\ 1 & -2 & 1\end{bmatrix}\begin{Bmatrix}\dot{v}_{01}\\0\\0\end{Bmatrix}=\dot{v}_{01}\sqrt{\frac{m}{6}}\begin{Bmatrix}\sqrt{2}\\ \sqrt{3}\\ 1\end{Bmatrix}\tag{5-1-8}$$

将式(5-1-8)中的第一行代入式(5-1-6),第二、三行依次代入式(5-1-2)得

$$\overline{\boldsymbol{T}}(t)=\dot{v}_{01}\sqrt{\frac{m}{6}}\begin{Bmatrix}\sqrt{2}t\\ \dfrac{\sqrt{3}\sin\omega_2 t}{\omega_2}\\ \dfrac{\sin\omega_3 t}{\omega_3}\end{Bmatrix}\tag{5-1-9}$$

将 $\overline{\boldsymbol{T}}(t)$ 变换到原始广义坐标,得出

$$\boldsymbol{q}=\overline{\boldsymbol{A}}\,\overline{\boldsymbol{T}}(t)=\frac{1}{\sqrt{6m}}\begin{bmatrix}\sqrt{2} & \sqrt{3} & 1\\ \sqrt{2} & 0 & -2\\ \sqrt{2} & -\sqrt{3} & 1\end{bmatrix}\dot{v}_{01}\sqrt{\frac{m}{6}}\begin{Bmatrix}\sqrt{2}t\\ \dfrac{\sqrt{3}\sin\omega_2 t}{\omega_2}\\ \dfrac{\sin\omega_3 t}{\omega_3}\end{Bmatrix}=\frac{\dot{v}_{01}}{6}\begin{Bmatrix}2t+\dfrac{3\sin\omega_2 t}{\omega_2}+\dfrac{\sin\omega_3 t}{\omega_3}\\ 2t-\dfrac{2\sin\omega_3 t}{\omega_3}\\ 2t-\dfrac{3\sin\omega_2 t}{\omega_2}+\dfrac{\sin\omega_3 t}{\omega_3}\end{Bmatrix}\tag{5-1-10}$$

式(5-1-10)中每一反应的刚体分量都等于$\frac{\dot{v}_{01}t}{3}$。

若体系所有质量具有相同的初始速度$\dot{v}_0$,则初始速度向量为$\dot{\boldsymbol{q}}_0=\{\dot{v}_0 \quad \dot{v}_0 \quad \dot{v}_0\}^{\mathrm{T}}$;式(5-1-8),式(5-1-9),式(5-1-10)分别变为

$$\overline{\boldsymbol{T}}(0)=\begin{Bmatrix}0\\0\\0\end{Bmatrix},\dot{\overline{\boldsymbol{T}}}(0)=\dot{v}_0\sqrt{3m}\begin{Bmatrix}1\\0\\0\end{Bmatrix},\overline{\boldsymbol{T}}(t)=\dot{v}_0t\sqrt{3m}\begin{Bmatrix}1\\0\\0\end{Bmatrix},\boldsymbol{q}=\dot{v}_0t\begin{Bmatrix}1\\1\\1\end{Bmatrix} \tag{5-1-11}$$

可见,体系仅发生刚体平动,没有振动。

若体系质量m_1、m_2与m_3的初始速度分别为$\dot{v}_0$、0与$-\dot{v}_0$,初始位移全为零,则初始速度向量为$\dot{\boldsymbol{q}}_0=\{\dot{v}_0 \quad 0 \quad -\dot{v}_0\}^{\mathrm{T}}$;式(5-1-8)~式(5-1-10)分别变为

$$\overline{\boldsymbol{T}}(0)=\begin{Bmatrix}0\\0\\0\end{Bmatrix},\dot{\overline{\boldsymbol{T}}}(0)=\dot{v}_0\sqrt{2m}\begin{Bmatrix}0\\1\\0\end{Bmatrix},\overline{\boldsymbol{T}}(t)=\frac{\sqrt{2m}\dot{v}_0\sin\omega_2t}{\omega_2}\begin{Bmatrix}0\\1\\0\end{Bmatrix},\boldsymbol{q}=\frac{\dot{v}_0\sin\omega_2t}{\omega_2}\begin{Bmatrix}1\\0\\-1\end{Bmatrix} \tag{5-1-12}$$

此时,初始条件仅激发体系第二阶主振动,可见只要具备合适的初始条件,体系能独立地发生某一阶主振动,而且是按简谐规律振动。该特性与3.4节理论分析结论一致,在连续体系振型正交性与自由振动分析等处均已用到这一主振动特性。

【例5-2】 图5-1-1表示三个质量m_1,m_2,m_3置于一根紧紧张拉着的钢丝上。$m_1=m_2=m_3=m,l_1=l_2=l_3=l_4=l$。设钢丝中的拉力$T$极大,因而当诸质点有微小侧移时,钢丝中拉力$T$不会明显改变。在$m_2$上作用一水平静力$P$。求突然释放$P$引起体系自由振动反应。

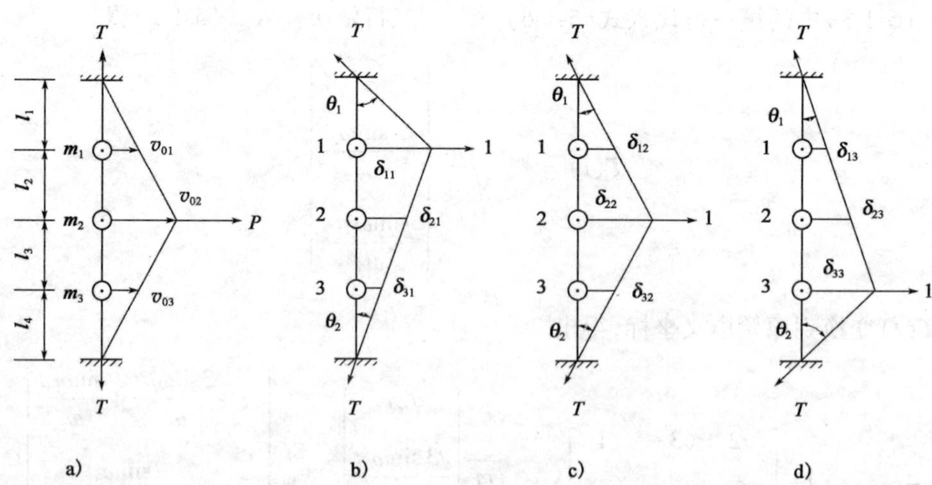

图5-1-1 多质量钢丝系统示意图

解:用振型叠加法求解,需先求出各阶频率、振型矩阵$\boldsymbol{A}$。本题宜用柔度表示的特征方程计算各阶频率与振型$\boldsymbol{A}$。按图5-1-1b)~d)计算体系柔度系数δ_{ij}(考虑题中假定及微小变形)

如下：

根据图 5-1-1b）建立 m_1 处平衡方程：$T\sin\theta_1 + T\sin\theta_2 = 1$，因为 $\sin\theta_1 \approx \frac{\delta_{11}}{l}$，$\sin\theta_2 \approx \frac{\delta_{11}}{3l}$，所以 $T\left(\frac{\delta_{11}}{l} + \frac{\delta_{11}}{3l}\right) = 1$ 可得：$\delta_{11} = \frac{3l}{4T}$，$\delta_{21} = \frac{2}{3}\delta_{11} = \frac{l}{2T}$，$\delta_{31} = \frac{1}{3}\delta_{11} = \frac{l}{4T}$。

根据图 5-1-1c）建立 m_2 处平衡方程：$T\sin\theta_1 + T\sin\theta_2 = 1$，因为 $\sin\theta_1 = \sin\theta_2 \approx \frac{\delta_{22}}{2l}$，可得：$\delta_{22} = \frac{l}{T}$，$\delta_{12} = \delta_{32} = \frac{\delta_{22}}{2} = \frac{l}{2T}$。

图 5-1-1d）与图 5-1-1b）反对称，可知：$\delta_{13} = \frac{l}{4T}$，$\delta_{23} = \frac{l}{2T}$，$\delta_{33} = \frac{3l}{4T}$。

柔度矩阵

$$\boldsymbol{R} = \boldsymbol{K}^{-1} = \begin{bmatrix} \delta_{11} & \delta_{12} & \delta_{13} \\ \delta_{21} & \delta_{22} & \delta_{23} \\ \delta_{31} & \delta_{32} & \delta_{33} \end{bmatrix} = \frac{l}{4T}\begin{bmatrix} 3 & 2 & 1 \\ 2 & 4 & 2 \\ 1 & 2 & 3 \end{bmatrix}$$

质量矩阵

$$\boldsymbol{M} = \begin{bmatrix} m & 0 & 0 \\ 0 & m & 0 \\ 0 & 0 & m \end{bmatrix}$$

$$\boldsymbol{D} = \boldsymbol{RM} = \frac{ml}{4T}\begin{bmatrix} 3 & 2 & 1 \\ 2 & 4 & 2 \\ 1 & 2 & 3 \end{bmatrix}$$

特征矩阵

$$\boldsymbol{D} - \bar{\lambda}\boldsymbol{I} = \begin{bmatrix} 3\alpha - \bar{\lambda} & 2\alpha & \alpha \\ 2\alpha & 4\alpha - \bar{\lambda} & 2\alpha \\ \alpha & 2\alpha & 3\alpha - \bar{\lambda} \end{bmatrix}$$

式中：$\alpha = \frac{ml}{4T}$。

由 $|\boldsymbol{D} - \bar{\lambda}\boldsymbol{I}| = 0$ 得

$$(\bar{\lambda} - 2\alpha)(\bar{\lambda}^2 - 8\alpha\bar{\lambda} + 8\alpha^2) = 0$$

解得：$\bar{\lambda}_1 = 2(2 + \sqrt{2})\alpha$，$\bar{\lambda}_2 = 2\alpha$，$\bar{\lambda}_3 = 2(2 - \sqrt{2})\alpha$，由 $\bar{\lambda}_i = \frac{1}{\omega_i^2}$ 可解得各阶频率 ω_i。

将特征值 $\bar{\lambda}_1$，$\bar{\lambda}_2$，$\bar{\lambda}_3$ 依次代入方程 $(\boldsymbol{D} - \bar{\lambda}\boldsymbol{I})\boldsymbol{A} = 0$，求出对应振型，得出体系的振型矩阵

$$\boldsymbol{A}=[\boldsymbol{A}_1\quad \boldsymbol{A}_2\quad \boldsymbol{A}_3]=\begin{bmatrix}1 & 1 & 1\\ \sqrt{2} & 0 & -\sqrt{2}\\ 1 & -1 & 1\end{bmatrix}$$

体系各广义质量 $M_i(i=1,2,3)$ 为

$$M_1=\boldsymbol{A}_1^{\mathrm{T}}\boldsymbol{M}\boldsymbol{A}_1=m[1^2+\sqrt{2}^2+1]=4m$$

$$M_2=\boldsymbol{A}_2^{\mathrm{T}}\boldsymbol{M}\boldsymbol{A}_2=m[1^2+(-1)^2]=2m$$

$$M_3=\boldsymbol{A}_3^{\mathrm{T}}\boldsymbol{M}\boldsymbol{A}_3=m[1^2+(-\sqrt{2})^2+1]=4m$$

故正则振型矩阵

$$\overline{\boldsymbol{A}}=\left[\frac{\boldsymbol{A}_1}{\sqrt{M_1}}\quad \frac{\boldsymbol{A}_2}{\sqrt{M_2}}\quad \frac{\boldsymbol{A}_3}{\sqrt{M_3}}\right]=\frac{1}{2\sqrt{m}}\begin{bmatrix}1 & \sqrt{2} & 1\\ \sqrt{2} & 0 & -\sqrt{2}\\ 1 & -\sqrt{2} & 1\end{bmatrix}$$

于是有

$$\overline{\boldsymbol{A}}^{\mathrm{T}}\boldsymbol{M}=\frac{\sqrt{m}}{2}\begin{bmatrix}1 & \sqrt{2} & 1\\ \sqrt{2} & 0 & -\sqrt{2}\\ 1 & -\sqrt{2} & 1\end{bmatrix}$$

体系初始位移按图 5-1-1a)计算，$\frac{v_{02}}{2l}=\frac{P}{2T}$，得 $v_{02}=\frac{Pl}{T}$，$v_{01}=v_{03}=\frac{Pl}{2T}$，故初始条件向量为

$$\boldsymbol{q}_0=\frac{Pl}{2T}\begin{Bmatrix}1\\2\\1\end{Bmatrix},\dot{\boldsymbol{q}}_0=\begin{Bmatrix}0\\0\\0\end{Bmatrix}$$

变换到正则坐标有

$$\overline{\boldsymbol{T}}(0)=\overline{\boldsymbol{A}}^{\mathrm{T}}\boldsymbol{M}\boldsymbol{q}_0=\frac{\sqrt{m}}{2}\begin{bmatrix}1 & \sqrt{2} & 1\\ \sqrt{2} & 0 & -\sqrt{2}\\ 1 & -\sqrt{2} & 1\end{bmatrix}\frac{Pl}{2T}\begin{Bmatrix}1\\2\\1\end{Bmatrix}=\frac{Pl\sqrt{m}}{2T}\begin{Bmatrix}1+\sqrt{2}\\0\\1-\sqrt{2}\end{Bmatrix}\tag{5-1-13}$$

$$\dot{\overline{\boldsymbol{T}}}(0)=\overline{\boldsymbol{A}}^{\mathrm{T}}\boldsymbol{M}\dot{\boldsymbol{q}}_0=\begin{Bmatrix}0\\0\\0\end{Bmatrix}\tag{5-1-14}$$

将式(5-1-13)与式(5-1-14)各行，依次代入式(5-1-2)，得体系按正则坐标的反应

$$\overline{\boldsymbol{T}}(t)=\frac{Pl\sqrt{m}}{2T}\begin{Bmatrix}(1+\sqrt{2})\cos\omega_1 t\\0\\(1-\sqrt{2})\cos\omega_3 t\end{Bmatrix}\tag{5-1-15}$$

继续将式(5-1-15)变换为原始广义坐标的反应

$$\boldsymbol{q}=\overline{\boldsymbol{A}}\,\overline{\boldsymbol{T}}(t)=\frac{Pl}{4T}\begin{Bmatrix}(1+\sqrt{2})\cos\omega_1 t+(1-\sqrt{2})\cos\omega_3 t\\(\sqrt{2}+2)\cos\omega_1 t-(\sqrt{2}-2)\cos\omega_3 t\\(1+\sqrt{2})\cos\omega_1 t+(1-\sqrt{2})\cos\omega_3 t\end{Bmatrix}\tag{5-1-16}$$

从式(5-1-16)可以看出,上述初始条件不激发反对称的第二阶主振动,只影响对称的第一及第三阶主振动。质量 m_1,m_3 具有相同反应,这是由对称初始位移引起的。

5.2　不计阻尼时体系对任意动力荷载的反应

无阻尼体系经由正则坐标解耦的正则化方程由式(3-6-6)给出,现直接引用如下

$$\ddot{\overline{T}}_i(t)+\lambda_i\overline{T}_i(t)=\overline{P}_i\qquad(i=1,2,\cdots,n;\lambda_i=\omega_i^2)\tag{5-2-1}$$

由杜哈美积分得式(5-2-1)的解

$$\overline{T}_i(t)=\overline{T}_i(0)\cos\omega_i t+\frac{\dot{\overline{T}}_i(0)}{\omega_i}\sin\omega_i t+\frac{1}{\omega_i}\int_0^t\overline{P}_i(\tau)\sin\omega_i(t-\tau)\mathrm{d}\tau\tag{5-2-2}$$

上式中初始条件 $\overline{T}_i(0)$、$\dot{\overline{T}}_i(0)$ 由式(5-1-3)与式(5-1-4)确定。

当体系第 i 阶振型为刚体振型时,$\lambda_i=0$,相应的运动方程为

$$\ddot{\overline{T}}_i(t)=\overline{P}_i\tag{5-2-3}$$

对 t 积分两次,得

$$\overline{T}_i(t)=\int_0^t\left(\int_0^t\overline{P}_i\mathrm{d}t\right)\mathrm{d}t+C_1t+C_2\tag{5-2-4}$$

式中,积分常数 C_1,C_2 由刚体运动的初始条件决定。因此,当存在刚体振型时,用式(5-2-4)代替式(5-2-2)计算振型响应。

当外荷载为简谐荷载时,例如 $\overline{P}_i=P_{i0}\sin\overline{\omega}t$,则由式(5-2-2)得

$$\overline{T}_i(t)=\overline{T}_i(0)\cos\omega_i t+\frac{\dot{\overline{T}}_i(0)}{\omega_i}\sin\omega_i t-\frac{P_{i0}\overline{\omega}}{\omega_i(\omega_i^2-\overline{\omega}^2)}\sin\omega_i t+\frac{P_{i0}}{\omega_i^2-\overline{\omega}^2}\sin\overline{\omega}t\tag{5-2-5}$$

式(5-2-5)中前三项都按固有频率 ω_i 振动,当有阻尼时,很快衰减,称为瞬态反应或瞬态振动。最后一项按简谐荷载频率 $\overline{\omega}$ 振动,随荷载作用而继续下去,称为稳态反应或稳态振动。

【例 5-3】 设有简谐荷载 $P\sin\overline{\omega}t$ 作用于图 5-2-1 体系第一个和第二个质量之间的钢丝中点上[如图 5-2-1a)],其余计算资料与例 5-2 相同。求该体系的稳态反应。

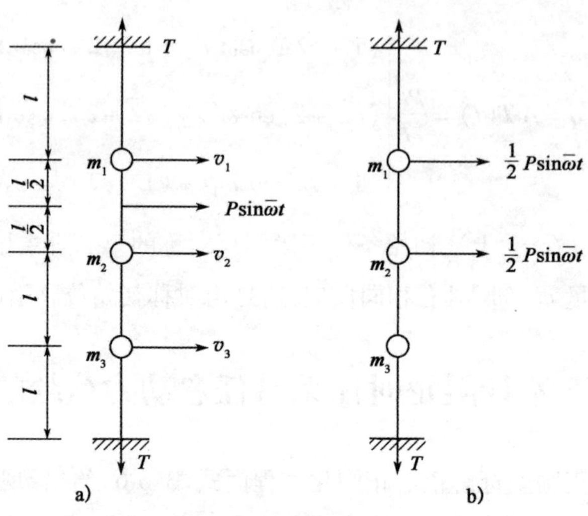

图 5-2-1 简谐荷载作用多质量钢丝系统示意图

a)实际受力;b)等效力

解:将荷载移置于质量 m_1,m_2 处,因为连接质量块的弦已有较大的初张力 T,在动态激扰力的作用下弦的横向位移很小且不改变初张力 T 的大小,故作用在质量块上的等效力如图 5-2-1b)所示,质量 m_1,m_2 与 m_3 的水平位移分别为 v_1、v_2 与 v_3。因此,$\boldsymbol{Q}=\left\{\frac{P}{2}\sin\overline{\omega}\,t \quad \frac{P}{2}\sin\overline{\omega}\,t \quad 0\right\}^{\mathrm{T}}$,例 5-2 中已求出正则振型矩阵

$$\overline{\boldsymbol{A}}=\frac{1}{2\sqrt{m}}\begin{bmatrix}1 & \sqrt{2} & 1\\ \sqrt{2} & 0 & -\sqrt{2}\\ 1 & -\sqrt{2} & 1\end{bmatrix}$$

故
$$\overline{\boldsymbol{P}}=\begin{Bmatrix}\overline{P}_1\\ \overline{P}_2\\ \overline{P}_3\end{Bmatrix}=\overline{\boldsymbol{A}}^{\mathrm{T}}\boldsymbol{Q}=\frac{1}{2\sqrt{m}}\begin{bmatrix}1 & \sqrt{2} & 1\\ \sqrt{2} & 0 & -\sqrt{2}\\ 1 & -\sqrt{2} & 1\end{bmatrix}\begin{Bmatrix}\frac{1}{2}P\sin\overline{\omega}\,t\\ \frac{1}{2}P\sin\overline{\omega}\,t\\ 0\end{Bmatrix}=\frac{P\sin\overline{\omega}\,t}{4\sqrt{m}}\begin{Bmatrix}1+\sqrt{2}\\ \sqrt{2}\\ 1-\sqrt{2}\end{Bmatrix}$$

由杜哈美积分算出正则坐标稳态反应

$$\overline{\boldsymbol{T}}(t)=\begin{Bmatrix}\overline{T}_1(t)\\ \overline{T}_2(t)\\ \overline{T}_3(t)\end{Bmatrix}=\frac{P\sin\overline{\omega}t}{4\sqrt{m}}\begin{Bmatrix}(1+\sqrt{2})D_1/\omega_1^2\\ \sqrt{2}D_2/\omega_2^2\\ (1-\sqrt{2})D_3/\omega_3^2\end{Bmatrix}$$

式中：$D_i=\dfrac{1}{1-\overline{\omega}^2/\omega_i^2}$，$(i=1,2,3)$。

将例 5-2 中算出的$\dfrac{1}{\omega_1^2}=2(2+\sqrt{2})\dfrac{ml}{4T}$，$\dfrac{1}{\omega_2^2}=\dfrac{2ml}{4T}$，$\dfrac{1}{\omega_3^2}=2(2-\sqrt{2})\dfrac{ml}{4T}$代入，得

$$\overline{\boldsymbol{T}}(t)=\frac{Pl\sqrt{m}\sin\overline{\omega}t}{8T}\begin{Bmatrix}(4+3\sqrt{2})D_1\\ \sqrt{2}D_2\\ (4-3\sqrt{2})D_3\end{Bmatrix}$$

由式(3-6-1)变换为原始广义坐标，得稳态反应为

$$\boldsymbol{q}=\begin{Bmatrix}v_1\\ v_2\\ v_3\end{Bmatrix}=\overline{\boldsymbol{A}}\,\overline{\boldsymbol{T}}(t)=\frac{Pl\sin\overline{\omega}t}{16T}\begin{Bmatrix}(4+3\sqrt{2})D_1+2D_2+(4-3\sqrt{2})D_3\\ 2(3+2\sqrt{2})D_1+2(3-2\sqrt{2})D_3\\ (4+3\sqrt{2})D_1-2D_2+(4-3\sqrt{2})D_3\end{Bmatrix}$$

由上式知，当简谐荷载频率 $\overline{\omega}$ 等于体系任一固有频率 ω_i 时，体系均发生共振。

5.3　考虑阻尼时体系对任意动力荷载的反应

实际体系都有阻尼，但不是所有情况都要考虑它。单自由度体系振动分析表明，当激扰力为冲击荷载时，由于作用时间很短，可略去阻尼作用。对作用于线弹性体系的周期荷载，一般常用傅里叶级数展开，再按每个简谐分量分别计算。此时对于激扰力频率与自振频率(特别是低阶频率)接近的情形，必须考虑阻尼的作用，本节例 5-4 说明了这种情形。对持续时间较长的一般动荷载，无论是用分析解法或数值解法，都应计入阻尼作用。

下面讨论体系考虑阻尼作用的非耦合运动方程及响应计算。前已得出 n 个自由度体系考虑阻尼的强迫振动方程的形式为

$$\boldsymbol{M}\ddot{\boldsymbol{q}}+\boldsymbol{C}\dot{\boldsymbol{q}}+\boldsymbol{K}\boldsymbol{q}=\boldsymbol{Q}\tag{5-3-1}$$

由第 3 章论述可知，体系各振型关于质量矩阵 $\boldsymbol{M}$ 与刚度矩阵 $\boldsymbol{K}$ 存在正交性，而关于阻尼矩阵 $\boldsymbol{C}$ 不存在正交性。若不采用适当假定，则得不出考虑阻尼的非耦合运动方程。因此，瑞利(Rayleigh)假定

$$\boldsymbol{C}=a_0\boldsymbol{M}+a_1\boldsymbol{K}\tag{5-3-2}$$

式中:a_0、a_1——待定常数。

式(5-3-2)将 $\boldsymbol{C}$ 表示为 $\boldsymbol{M}$ 与 $\boldsymbol{K}$ 的线性组合,故称为比例阻尼。将式(5-3-2)、式(3-6-1)代入式(5-3-1)后,再左乘 $\overline{\boldsymbol{A}}^{\mathrm{T}}$,并考虑振型的正交性,得

$$\ddot{\overline{\boldsymbol{T}}}(t)+(a_0\boldsymbol{I}+a_1\boldsymbol{\lambda})\dot{\overline{\boldsymbol{T}}}(t)+\boldsymbol{\lambda}\overline{\boldsymbol{T}}(t)=\overline{\boldsymbol{P}} \tag{5-3-3}$$

$$\overline{\boldsymbol{T}}=\{\overline{T}_1\quad \overline{T}_2\quad \cdots\quad \overline{T}_n\}^{\mathrm{T}}$$

$$\overline{\boldsymbol{P}}=\overline{\boldsymbol{A}}^{\mathrm{T}}\boldsymbol{Q}=\{\overline{P}_1\quad \overline{P}_2\quad \cdots\quad \overline{P}_n\}^{\mathrm{T}},\overline{P}_i=\overline{\boldsymbol{A}}_i^{\mathrm{T}}\boldsymbol{Q}\qquad (i=1,2,\cdots,n)$$

$$\boldsymbol{\lambda}=\begin{bmatrix}\lambda_1 & & & \\ & \lambda_2 & & \\ & & \ddots & \\ & & & \lambda_n\end{bmatrix},\lambda_i=\omega_i^2\qquad (i=1,2,\cdots,n)$$

将式(5-3-3)写成分量形式为

$$\ddot{\overline{T}}_i(t)+(a_0+a_1\omega_i^2)\dot{\overline{T}}_i(t)+\omega_i^2\overline{T}_i(t)=\overline{P}_i\qquad (i=1,2,\cdots,n) \tag{5-3-4}$$

令

$$a_0+a_1\omega_i^2=2\xi_i\omega_i \tag{5-3-5}$$

式中:ξ_i——体系相应于第 i 阶振型的阻尼比。

这样式(5-3-4)变为单自由度考虑黏滞阻尼的正则化运动方程

$$\ddot{\overline{T}}_i(t)+2\xi_i\omega_i\dot{\overline{T}}_i(t)+\omega_i^2\overline{T}_i(t)=\overline{P}_i\qquad (i=1,2,\cdots,n) \tag{5-3-6}$$

其解为

$$\begin{aligned}\overline{T}_i(t)=&\ \mathrm{e}^{-\xi_i\omega_i t}\left[\frac{\dot{\overline{T}}_i(0)+\overline{T}_i(0)\xi_i\omega_i}{\omega_{Di}}\sin\omega_{Di}t+\overline{T}_i(0)\cos\omega_{Di}t\right]+\\&\frac{1}{\omega_{Di}}\int_0^t\overline{P}_i(\tau)\mathrm{e}^{-\xi_i\omega_i(t-\tau)}\sin\omega_{Di}(t-\tau)\mathrm{d}\tau\end{aligned} \tag{5-3-7}$$

上式中初始条件 $\overline{T}_i(0)$、$\dot{\overline{T}}_i(0)$ 由式(5-1-3)与式(5-1-4)确定。

当 $\overline{P}_i(t)=P_{i0}\sin\overline{\omega}t$ 时,不必用杜哈美积分方法,由单自由度体系的解(4-3-8)直接得出式(5-3-6)的全解

$$\begin{aligned}\overline{T}_i(t)=&\ \mathrm{e}^{-\xi_i\omega_i t}\left[\frac{\dot{\overline{T}}_i(0)+\overline{T}_i(0)\xi_i\omega_i}{\omega_{Di}}\sin\omega_{Di}t+\overline{T}_i(0)\cos\omega_{Di}t\right]+\\&\rho\mathrm{e}^{-\xi_i\omega_i t}\left[\sin\theta_i\cos\omega_{Di}t+\frac{\xi_i\omega_i\sin\theta_i-\overline{\omega}\cos\theta_i}{\omega_{Di}}\sin\omega_{Di}t\right]+\frac{P_{i0}}{\omega_i^2}D_i\sin(\overline{\omega}t-\theta_i)\end{aligned} \tag{5-3-8}$$

式中

$$\omega_{Di} = \omega_i \sqrt{1-\xi_i^2}$$

$$D_i = \frac{1}{\sqrt{\left(1-\dfrac{\overline{\omega}^2}{\omega_i^2}\right)^2+\left(\dfrac{2\xi_i\overline{\omega}}{\omega_i}\right)^2}} \tag{5-3-9}$$

$$\theta_i = \arctan\left(\frac{2\xi_i\overline{\omega}/\omega_i}{1-\overline{\omega}^2/\omega_i^2}\right) \tag{5-3-10}$$

正则坐标反应 $\overline{\boldsymbol{T}}(t)$ 求出后，就可由式(3-6-1)求出体系按原始广义坐标表述的反应 $\boldsymbol{q}(t)$，这就是前述的振型叠加法，亦称模态分析法。计算证明，对于线性微振动，第一阶振型贡献最大，有的算例证明，它占总反应的90%以上，其次是第 2，3，…阶振型的贡献，更高阶振型几乎无影响。因此，实际应用振型叠加法时，通常只考虑前 N 阶低阶振型的贡献[见式(3-6-11)与式(3-6-12)]。究竟取多少阶振型计算比较合适，要作比较计算，先计算前 N 阶振型的贡献，再计算前 $N+1$ 阶振型的贡献，若它与前 N 阶振型的贡献相差很小，则可认为前 N 阶振型已近似满足要求。

上面根据瑞利假定，得出有阻尼体系的非耦合运动方程(5-3-4)，还有振型阻尼比 ξ_i 有待确定。一般用实物或模型的共振试验确定。ξ 是体系阻尼 c 相对临界阻尼 c_c 的百分数，对于一般结构系统，$\xi<0.2$。当缺乏 ξ 的试验数据时，可在此范围内近似估计 ξ。

另外，最简单的方法是将 ξ 的两个试验值 ξ_1，ξ_2 分别代入式(5-3-5)，得

$$\left.\begin{aligned} a_0 + a_1\omega_1^2 &= 2\omega_1\xi_1 \\ a_0 + a_1\omega_2^2 &= 2\omega_2\xi_2 \end{aligned}\right\} \tag{5-3-11}$$

解出 a_0、a_1，代入式(5-3-2)即算出体系的阻尼矩阵 $\boldsymbol{C}$。这样算出的 $\boldsymbol{C}$ 是由频率 ω_1、ω_2 及模态阻尼比 ξ_1、ξ_2 确定的。若知道更多的频率及阻尼比则可用它们算得更准确的阻尼矩阵 $\boldsymbol{C}$[1]。

【例 5-4】　图 5-3-1 各质量承受简谐荷载 $P_1(t)=P_2(t)=P_3(t)=P\sin\overline{\omega}t$ 作用，$\overline{\omega}=1.25\sqrt{\dfrac{k}{m}}$，阻尼满足瑞利阻尼假定，$m_1=m_2=m_3=m$，$k_1=k_2=k_3=k$。设各阶振型的阻尼比 $\xi_i=0.01(i=1,2,3)$。求此系统的稳态反应。

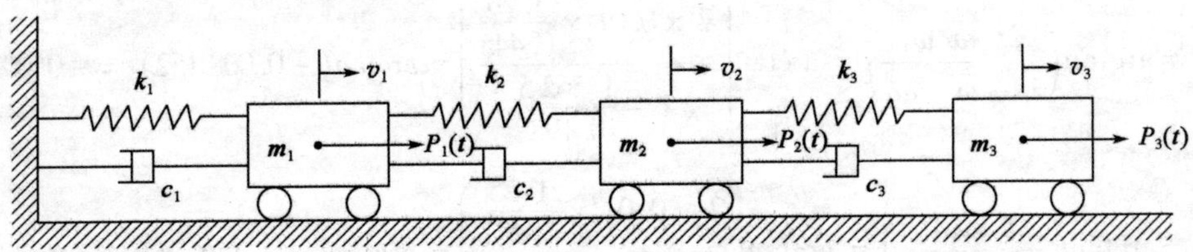

图 5-3-1　多质量—弹簧—阻尼系统示意图

解:$\boldsymbol{Q}=P\sin\overline{\omega}t\begin{Bmatrix}1\\1\\1\end{Bmatrix}$,例 3-1 已得振型矩阵 $\boldsymbol{A}=\begin{bmatrix}1 & 1 & 1\\1.802 & 0.445 & -1.247\\2.247 & -0.802 & 0.555\end{bmatrix}$

质量矩阵 $\boldsymbol{M}=m\begin{bmatrix}1 & 0 & 0\\0 & 1 & 0\\0 & 0 & 1\end{bmatrix}$

各广义质量:$M_1=m\times[1^2+1.802^2+2.247^2]=9.296m$

$$M_2=m\times[1^2+0.445^2+(-0.802)^2]=1.841m$$

$$M_3=m\times[1^2+(-1.247)^2+0.555^2]=2.863m$$

得 $\sqrt{M_1}=3.049\sqrt{m}$, $\sqrt{M_2}=1.357\sqrt{m}$, $\sqrt{M_3}=1.692\sqrt{m}$

正则振型矩阵 $\overline{\boldsymbol{A}}=\dfrac{1}{\sqrt{m}}\begin{bmatrix}0.328 & 0.737 & 0.591\\0.591 & 0.328 & -0.737\\0.737 & -0.591 & 0.328\end{bmatrix}$

则 $\overline{\boldsymbol{P}}=\overline{\boldsymbol{A}}^{\mathrm{T}}\boldsymbol{Q}=\dfrac{1}{\sqrt{m}}\begin{bmatrix}0.328 & 0.591 & 0.737\\0.737 & 0.328 & -0.591\\0.591 & -0.737 & 0.328\end{bmatrix}P\sin\overline{\omega}t\begin{Bmatrix}1\\1\\1\end{Bmatrix}=\dfrac{P\sin\overline{\omega}t}{\sqrt{m}}\begin{Bmatrix}1.656\\0.474\\0.182\end{Bmatrix}$

例 3-1 中已求出体系自振圆频率

$$\omega_1=0.445\sqrt{\frac{k}{m}},\omega_2=1.247\sqrt{\frac{k}{m}},\omega_3=1.802\sqrt{\frac{k}{m}}$$

得 $$D_1=\frac{1}{\sqrt{\left(1-\dfrac{\overline{\omega}^2}{\omega_1^2}\right)^2+\left(\dfrac{2\xi_1\overline{\omega}}{\omega_1}\right)^2}}=\frac{1}{\sqrt{\left(1-\dfrac{1.5625}{0.198}\right)^2+\left(2\times0.01\times\dfrac{1.25}{0.445}\right)^2}}=0.1451$$

$$D_2=\frac{1}{\sqrt{\left(1-\dfrac{\overline{\omega}^2}{\omega_2^2}\right)^2+\left(\dfrac{2\xi_2\overline{\omega}}{\omega_2}\right)^2}}=\frac{1}{\sqrt{\left(1-\dfrac{1.5625}{1.555}\right)^2+\left(2\times0.01\times\dfrac{1.25}{1.247}\right)^2}}=48.496$$

$$D_3=\frac{1}{\sqrt{\left(1-\dfrac{\overline{\omega}^2}{\omega_3^2}\right)^2+\left(\dfrac{2\xi_3\overline{\omega}}{\omega_3}\right)^2}}=\frac{1}{\sqrt{\left(1-\dfrac{1.5625}{3.247}\right)^2+\left(2\times0.01\times\dfrac{1.25}{1.802}\right)^2}}=1.9269$$

$$\theta_1=\arctan\left(\frac{2\xi_1\overline{\omega}/\omega_1}{1-\overline{\omega}^2/\omega_1^2}\right)=\arctan\left(\frac{2\times0.01\times\dfrac{1.25}{0.445}}{1-\dfrac{1.5625}{0.198}}\right)=\arctan(-0.008152)=-0.00814\text{rad}$$

$$\theta_2=\arctan\left(\frac{2\xi_2\overline{\omega}/\omega_2}{1-\overline{\omega}^2/\omega_2^2}\right)=\arctan\left(\frac{2\times0.01\times\dfrac{1.25}{1.247}}{1-\dfrac{1.5625}{1.555}}\right)=\arctan(-4.15677)=-1.3336\text{rad}$$

$$\theta_3=\arctan\left(\frac{2\xi_3\bar{\omega}/\omega_3}{1-\bar{\omega}^2/\omega_3^2}\right)=\arctan\left(\frac{2\times0.01\times\dfrac{1.25}{1.802}}{1-\dfrac{1.5625}{3.247}}\right)=\arctan(0.02674)=0.0267\text{rad}$$

得到此系统的稳态反应[即式(5-3-8)的第三项]对应的正则坐标：

$$\bar{T}_1(t)=\frac{P_{10}D_1}{\omega_1^2}\sin(\bar{\omega}t-\theta_1)=\frac{1.656\times0.1451}{0.198\dfrac{k}{m}}\frac{P}{\sqrt{m}}\sin(\bar{\omega}t-\theta_1)=1.214\frac{P\sqrt{m}}{k}\sin(\bar{\omega}t-\theta_1)$$

$$\bar{T}_2(t)=\frac{P_{20}D_2}{\omega_2^2}\sin(\bar{\omega}t-\theta_2)=\frac{0.474\times48.496}{1.555\dfrac{k}{m}}\frac{P}{\sqrt{m}}\sin(\bar{\omega}t-\theta_2)=14.783\frac{P\sqrt{m}}{k}\sin(\bar{\omega}t-\theta_2)$$

$$\bar{T}_3(t)=\frac{P_{30}D_3}{\omega_3^2}\sin(\bar{\omega}t-\theta_3)=\frac{0.182\times1.9269}{3.247\dfrac{k}{m}}\frac{P}{\sqrt{m}}\sin(\bar{\omega}t-\theta_3)=0.108\frac{P\sqrt{m}}{k}\sin(\bar{\omega}t-\theta_3)$$

则体系的稳态反应为

$$\boldsymbol{q}=\begin{Bmatrix}v_1(t)\\v_2(t)\\v_3(t)\end{Bmatrix}=\bar{\boldsymbol{A}}\bar{\boldsymbol{T}}(t)=\frac{1}{\sqrt{m}}\begin{bmatrix}0.328&0.737&0.591\\0.591&0.328&-0.737\\0.737&-0.591&0.328\end{bmatrix}\begin{Bmatrix}1.214\dfrac{P\sqrt{m}}{k}\sin(\bar{\omega}t-\theta_1)\\14.783\dfrac{P\sqrt{m}}{k}\sin(\bar{\omega}t-\theta_2)\\0.108\dfrac{P\sqrt{m}}{k}\sin(\bar{\omega}t-\theta_3)\end{Bmatrix}$$

$$=\frac{P}{k}\begin{Bmatrix}0.398\sin(\bar{\omega}t-\theta_1)+10.895\sin(\bar{\omega}t-\theta_2)+0.064\sin(\bar{\omega}t-\theta_3)\\0.717\sin(\bar{\omega}t-\theta_1)+4.849\sin(\bar{\omega}t-\theta_2)-0.080\sin(\bar{\omega}t-\theta_3)\\0.895\sin(\bar{\omega}t-\theta_1)-8.737\sin(\bar{\omega}t-\theta_2)+0.035\sin(\bar{\omega}t-\theta_3)\end{Bmatrix}$$

由此可知，第二阶振型对反应的贡献最大，第三阶振型贡献最小，这是由于激扰力作用频率 $\bar{\omega}=1.25\sqrt{\dfrac{k}{m}}$ 与 $\omega_2=1.247\sqrt{\dfrac{k}{m}}$ 接近。

若不计阻尼，则

$$D_1=\frac{1}{\sqrt{\left(1-\dfrac{\bar{\omega}^2}{\omega_1^2}\right)^2}}=\frac{1}{\sqrt{\left(1-\dfrac{1.5625}{0.198}\right)^2}}=0.145$$

$$D_2=\frac{1}{\sqrt{\left(1-\dfrac{\bar{\omega}^2}{\omega_2^2}\right)^2}}=\frac{1}{\sqrt{\left(1-\dfrac{1.5625}{1.555}\right)^2}}=207.33$$

$$D_3=\frac{1}{\sqrt{\left(1-\dfrac{\bar{\omega}^2}{\omega_3^2}\right)^2}}=\frac{1}{\sqrt{\left(1-\dfrac{1.5625}{3.247}\right)^2}}=1.928$$

可见,阻尼对共振区反应的影响很大,对远离共振区的反应影响很小。

5.4 体系自由度缩减

5.4.1 概述

结构动力分析的一项重要任务是计算动荷载作用下的结构动力响应。实际上在动力分析之前,通常需要对结构进行静力分析。静力分析的结构理想化模型由结构的复杂性决定,为了对复杂结构的单元内力和应力进行精确计算,可能需要数百到几千个自由度。

同样精细化的理想化模型可以用于结构动力分析,但是不必如此精细,常常用非常少的自由度就能得出结构的动位移。这是因为:许多结构的动位移反应可以用前几阶固有振型就能很好地表示,这些振型可以根据比静力分析所需要自由度少得多的结构理想化模型很准确地算出。因此,在进行固有频率与振型计算之前,可以将系统自由度尽可能缩减到合理的程度。而结构设计所需要的单元内力和应力可以由每个瞬时结构的静力分析确定,不需要再进行额外的动力分析。

系统自由度缩减的方法包括运动学约束方法、静力凝聚法(集中质量法)以及瑞利—里兹法等,现简要介绍如下。

5.4.2 运动学约束方法

减少数学模型自由度最简单的方法是:结合结构的布置和特性,采用运动学约束的方式,用一组数目较少的基本位移变量来表示实际结构很多甚至无限多个自由度的位移。

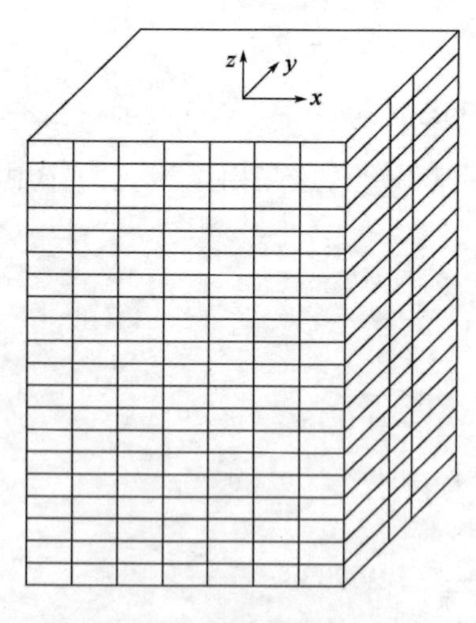

图 5-4-1 20 层建筑框架示意图

例如多层建筑的楼层隔板(或楼板)虽然在竖向是柔性的,但是在其自身平面内是非常刚硬的。因此可以假设为刚性楼板而不会产生显著误差。这一假设就是施加给结构的运动学约束。有此约束,则在某一楼层所有节点的水平位移都与其自身平面内的 3 个刚体自由度(两个水平位移分量和一个绕竖轴的转动分量)有关。考虑图 5-4-1 中所示的 20 层建筑物,它由 x 方向的八榀框架和 y 方向的四榀框架组成。体系有 640 个节点,每个节点有 6 个自由度(3 个平动和 3 个转动),共有 3 840 个自由度。若假设楼板在其自身平面内是刚性的,则体系有 1 980 个自由度,这些自由度包括每个节点的竖向位移和两个转角(在 xz 和 yz 平面内)以及每个楼板的 3 个刚体自由度。

有时在建筑物分析中施加另一种运动学约束:假设柱子为轴向刚性的。这个约束应该慎重使用,因为它在某些特殊情况下才是合理的,例如,非细长的建筑物。如果此约束是合理的,那么这个假设可以进一步缩减自由度数目,对于图 5-4-1 中多层建筑物的静力分析,自由度数目减少到 1 340 个。

在计算空间梁单元刚度特性时采用位移插值方法,实际上是给单元跨内位移施加一种运动学约束,从而用两节点的 12 个基本位移变量表示了实际为无限个自由度的梁单元位移。

5.4.3　静力凝聚法

与上述运动学约束不同,静力凝聚的概念是基于静力平衡约束,并因此而得名。为了应用这个原理,将结构体系的自由度划分为两类:一类为无质量参与,因此也不会产生惯性力的自由度;另一类是有质量参与,会导致惯性力的自由度。静力凝聚法就是从动力分析中消除结构中那些不产生惯性力的自由度,不过,所有自由度都包括在静力分析中。具体实现思想如下。

不考虑阻尼的体系运动方程可以写成分块的形式:

$$\begin{bmatrix} \boldsymbol{m}_{tt} & \boldsymbol{0} \\ \boldsymbol{0} & \boldsymbol{0} \end{bmatrix} \begin{Bmatrix} \ddot{\boldsymbol{q}}_t \\ \ddot{\boldsymbol{q}}_0 \end{Bmatrix} + \begin{bmatrix} \boldsymbol{k}_{tt} & \boldsymbol{k}_{t0} \\ \boldsymbol{k}_{0t} & \boldsymbol{k}_{00} \end{bmatrix} \begin{Bmatrix} \boldsymbol{q}_t \\ \boldsymbol{q}_0 \end{Bmatrix} = \begin{Bmatrix} \boldsymbol{Q}_t \\ \boldsymbol{0} \end{Bmatrix} \tag{5-4-1}$$

式中:$\boldsymbol{q}_0$——无质量的自由度;

$\boldsymbol{q}_t$——具有质量的自由度,也称为动力自由度;

$$\boldsymbol{k}_{t0} = \boldsymbol{k}_{0t}^{\mathrm{T}}$$

方程(5-4-1)中与 $\boldsymbol{q}_0$ 对应的外力项均为 0,若此条件不满足,后续的 $\boldsymbol{q}_0$ 与 $\boldsymbol{q}_t$ 的关系式需作适当调整。两个分块方程为

$$\boldsymbol{m}_{tt}\ddot{\boldsymbol{q}}_t + \boldsymbol{k}_{tt}\boldsymbol{q}_t + \boldsymbol{k}_{t0}\boldsymbol{q}_0 = \boldsymbol{Q}_t \tag{5-4-2}$$

$$\boldsymbol{k}_{0t}\boldsymbol{q}_t + \boldsymbol{k}_{00}\boldsymbol{q}_0 = 0 \tag{5-4-3}$$

根据方程(5-4-3)可以导出 $\boldsymbol{q}_0$ 和 $\boldsymbol{q}_t$ 之间的静力关系为

$$\boldsymbol{q}_0 = -\boldsymbol{k}_{00}^{-1}\boldsymbol{k}_{0t}\boldsymbol{q}_t \tag{5-4-4}$$

将式(5-4-4)代入式(5-4-2)中,得出

$$\boldsymbol{m}_{tt}\ddot{\boldsymbol{q}}_t + \hat{\boldsymbol{k}}_{tt}\boldsymbol{q}_t = \boldsymbol{Q}_t \tag{5-4-5}$$

式中:$\hat{\boldsymbol{k}}_{tt}$——凝聚刚度矩阵,由式(5-4-6)给出。

$$\hat{\boldsymbol{k}}_{tt} = \boldsymbol{k}_{tt} - \boldsymbol{k}_{0t}^{\mathrm{T}}\boldsymbol{k}_{00}^{-1}\boldsymbol{k}_{0t} \tag{5-4-6}$$

式(5-4-5)的解提供了动力自由度的位移 $\boldsymbol{q}_t$,在每个瞬时凝聚自由度的位移 $\boldsymbol{q}_0$ 由式(5-4-4)确定。

静力凝聚法对于水平地面运动作用下的多层建筑物地震分析特别有效,原因是这类结构和激振有三个特殊的特征:其一,楼层隔板(或楼板)在其自身平面内通常假设为刚性的;其二,与节点转动和竖向位移有关的有效地震力为零;其三,与节点转动和竖向位移有关的惯性

力在对结构反应有主要贡献的低阶振型内一般不是很显著。把零质量赋予这些自由度,就只剩下各楼板的三个刚体自由度用于动力分析。对于图 5-4-1 中的 20 层建筑物,这个方法把自由度从 1 980 个减少到 60 个。

如图 5-4-2 所示质量均匀分布平面简支梁,描述其振动位形理论上需要无限个自由度。若将全梁质量分散堆聚于若干质点,这些集中质量也称为堆聚质量。忽略每个集中质量的转动惯量影响,即不考虑各质点所在截面转角位移。仅用各堆聚质量的竖向位移 $v_i(t)$(具有质量的自由度,即动自由度)作为体系动力位移参量,不计不会产生惯性力的无质量自由度,建立静力凝聚后运动方程,这样大幅减少了描述平面梁振动的自由度数量。

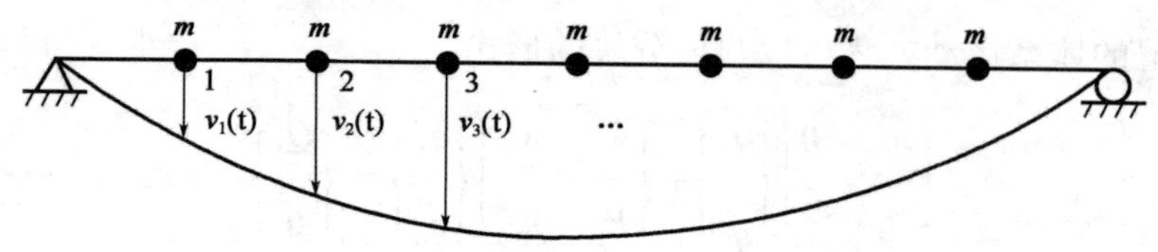

图 5-4-2 堆聚质量梁

然而,实际计算量的减少可能远不如自由度数目减少得显著,这是因为在使用式(5-4-5)满阵的凝聚刚度矩阵 $\hat{\boldsymbol{k}}_{tt}$时,由式(5-4-7)的刚度矩阵 $\boldsymbol{K}$ 的窄带性质所赋予的计算效率部分丧失了。

$$\boldsymbol{M}\ddot{\boldsymbol{q}} + \boldsymbol{C}\dot{\boldsymbol{q}} + \boldsymbol{K}\boldsymbol{q} = \boldsymbol{Q} \tag{5-4-7}$$

5.4.4 瑞利—里兹法

设 n 个自由度体系的运动方程为式(5-4-7),在瑞利法中,将结构位移表示为 $\boldsymbol{q}(t)=a(t)\boldsymbol{\psi}_0$,这里 $\boldsymbol{\psi}_0$ 为假设形状向量。这种表示把体系简化为一个单自由度,并导出基本固有频率的近似值。在瑞利—里兹法中,位移表示为若干个形状向量 $\boldsymbol{\psi}_j(j=1,2,\cdots,s)$ 的线性组合

$$\boldsymbol{q}(t)=\sum_{j=1}^{s}a_j(t)\boldsymbol{\psi}_j=\boldsymbol{\psi}\boldsymbol{a}(t) \tag{5-4-8}$$

式中,$a_j(t)$ 称为广义坐标,而里兹向量 $\boldsymbol{\psi}_j(j=1,2,\cdots,s)$ 必须满足几何边界条件且线性独立。对于所分析的体系,必须选择适当的里兹向量(一般选择近似振型向量)。向量 $\boldsymbol{\psi}_j$ 构成了 $n\times s$ 阶矩阵 $\boldsymbol{\psi}$ 中的列,即 $\boldsymbol{\psi}=[\boldsymbol{\psi}_1 \quad \boldsymbol{\psi}_2 \quad \cdots \boldsymbol{\psi}_s]$,而 $\boldsymbol{a}(t)$ 则为 s 个广义坐标构成的向量,即 $\boldsymbol{a}(t)=[a_1 \quad a_2 \quad \cdots \quad a_s]^{\mathrm{T}}$。将里兹变换式(5-4-8)代入式(5-4-7)得出

$$\boldsymbol{M}\boldsymbol{\psi}\ddot{\boldsymbol{a}}+\boldsymbol{C}\boldsymbol{\psi}\dot{\boldsymbol{a}}+\boldsymbol{K}\boldsymbol{\psi}\boldsymbol{a}=\boldsymbol{Q} \tag{5-4-9}$$

上式各项前乘 $\boldsymbol{\psi}^{\mathrm{T}}$,得到

$$\boldsymbol{M}^*\ddot{\boldsymbol{a}}+\boldsymbol{C}^*\dot{\boldsymbol{a}}+\boldsymbol{K}^*\boldsymbol{a}=\boldsymbol{Q}^* \tag{5-4-10}$$

式中,$\boldsymbol{M}^*=\boldsymbol{\psi}^{\mathrm{T}}\boldsymbol{M}\boldsymbol{\psi}$,$\boldsymbol{C}^*=\boldsymbol{\psi}^{\mathrm{T}}\boldsymbol{C}\boldsymbol{\psi}$,$\boldsymbol{K}^*=\boldsymbol{\psi}^{\mathrm{T}}\boldsymbol{K}\boldsymbol{\psi}$,$\boldsymbol{Q}^*=\boldsymbol{\psi}^{\mathrm{T}}\boldsymbol{Q}$,式(5-4-10)即为 s 个关于广义坐

标 $\boldsymbol{a}(t)$ 的微分方程。因为里兹向量矩阵一般不同于固有振型矩阵，所以 $\boldsymbol{M}^*$ 和 $\boldsymbol{K}^*$ 不是对角矩阵，当里兹向量矩阵 $\boldsymbol{\psi}$ 为近似振型矩阵时，则 $\boldsymbol{M}^*$ 和 $\boldsymbol{K}^*$ 是近似对角矩阵。当里兹向量矩阵为准确的振型矩阵时，同时采用瑞利阻尼假定，$\boldsymbol{M}^*$、$\boldsymbol{C}^*$、$\boldsymbol{K}^*$ 均为对角矩阵，式(5-4-10)为 s 个独立的微分方程，此过程本质上就是振型叠加法。

可见，式(5-4-8)的里兹变换使得原来用节点位移 $\boldsymbol{q}$ 表示的 n 个方程缩减到以广义坐标 $\boldsymbol{a}$ 表示的较少数的 s 个微分方程式。以上即为瑞利—里兹方法实现动力分析的自由度缩减基本思想。

第 6 章　频率和振型的近似计算

利用振型叠加法求线性系统振动响应的关键在于求出体系的固有频率和振型。当体系自由度 $n>3$ 时，手算全部频率和振型很困难，必须运用数值方法，编制计算机程序求解。大型结构振动分析都是由计算机软件实现。

前已指出，一般结构反应主要由前几阶振型提供，高阶振型贡献不大。实践中发展了一些近似计算前几阶频率和振型的实用方法，如瑞利(Rayleigh)能量法、瑞利—里兹(Rayleigh-Ritz)法、矩阵迭代法(Stodola-Vianello method)，子空间迭代法(Subspace iteration method)法等。这些方法只用电子计算器就可方便地计算体系前若干阶频率和振型，亦可编成计算机程序用计算机计算大型结构的自振特性。

6.1　瑞利能量法

瑞利能量法是计算振动体系基频最有效、最简便的方法之一。频率计算式可以根据能量守恒定律与动力平衡方程建立起来。

由第 3 章论述可知，若选择合适的初始条件，体系只产生某阶主振动，即按某阶频率作自由振动。根据能量守恒定律，当保守体系按某阶频率作自由振动时，没有能量的输入和损耗，则机械能 E 保持为一恒量，即

$$E = T + V = E_0 \tag{6-1-1}$$

式中：T——体系按某阶频率作自由振动在某一时刻的动能；

V——体系按某阶频率作自由振动在某一时刻的应变能；

E_0——常数。

当振动体系位移幅值达到最大值时，动能为零，而应变能达到最大值 $V_{\max}$；当体系经过静力平衡位置的瞬时，动能达到最大值 $T_{\max}$，而应变能为零。根据能量守恒定律，这两个特定的时刻的能量存在如下关系

$$T_{\max} = V_{\max} \tag{6-1-2}$$

利用这一等式可得到确定频率的方程，具体的过程如下。

不计阻尼的 n 个自由度体系(即系统没有能量耗散，能量保持为常量)运动方程为

$$\boldsymbol{M}\ddot{\boldsymbol{q}} + \boldsymbol{K}\boldsymbol{q} = 0 \tag{6-1-3}$$

设体系第 i 阶主振动响应为

$$\boldsymbol{q}_i = \boldsymbol{A}_i \sin(\omega_i t + \theta_i) \tag{6-1-4}$$

根据式(3-2-2)，不考虑阻尼的体系微振动的动能为 $T=\frac{1}{2}\dot{\boldsymbol{q}}_i^{\mathrm{T}}\boldsymbol{M}\dot{\boldsymbol{q}}_i=\frac{1}{2}\boldsymbol{A}_i^{\mathrm{T}}\boldsymbol{M}\boldsymbol{A}_i\omega_i^2\cos^2(\omega_i t+\theta_i)$。当 $\cos^2(\omega_i t+\theta_i)=1$ 时，$T_{\max}=\frac{1}{2}\boldsymbol{A}_i^{\mathrm{T}}\boldsymbol{M}\boldsymbol{A}_i\omega_i^2$。根据式(3-2-4)，体系微振动势能 $V=\frac{1}{2}\boldsymbol{q}_i^{\mathrm{T}}\boldsymbol{K}\boldsymbol{q}_i=\frac{1}{2}\boldsymbol{A}_i^{\mathrm{T}}\boldsymbol{K}\boldsymbol{A}_i\sin^2(\omega_i t+\theta_i)$，故最大势能为 $V_{\max}=\frac{1}{2}\boldsymbol{A}_i^{\mathrm{T}}\boldsymbol{K}\boldsymbol{A}_i$。

将 $T_{\max}$ 与 $V_{\max}$ 代入式(6-1-2)，可得

$$\omega_i^2=\frac{\boldsymbol{A}_i^{\mathrm{T}}\boldsymbol{K}\boldsymbol{A}_i}{\boldsymbol{A}_i^{\mathrm{T}}\boldsymbol{M}\boldsymbol{A}_i}\equiv R_{\mathrm{I}}(\boldsymbol{A}_i) \tag{6-1-5}$$

式(6-1-5)即为瑞利能量法的频率计算式，其中 $R_{\mathrm{I}}(\boldsymbol{A}_i)$ 称为第 I 瑞利商。式(6-1-5)与式(6-1-2)本质上是一致的。此外，也可以直接从动力平衡方程推导出式(6-1-5)，具体如下：

将体系第 i 阶主振动响应 $\boldsymbol{q}_i=\boldsymbol{A}_i\sin(\omega_i t+\theta_i)$ 代入式(6-1-3)，得

$$\boldsymbol{K}\boldsymbol{A}_i=\omega_i^2\boldsymbol{M}\boldsymbol{A}_i$$

以 $\boldsymbol{A}_i^{\mathrm{T}}$ 左乘上式，得

$$\boldsymbol{A}_i^{\mathrm{T}}\boldsymbol{K}\boldsymbol{A}_i=\omega_i^2\boldsymbol{A}_i^{\mathrm{T}}\boldsymbol{M}\boldsymbol{A}_i \tag{6-1-6}$$

整理同样可得到式(6-1-5)。

当已知体系柔度矩阵 $\boldsymbol{R}$ 而不是刚度矩阵 $\boldsymbol{K}$ 时，可从 $\boldsymbol{R}$ 出发求频率 ω_i 如下：

体系按第 i 阶主振动作自由振动时，作用于其上的力为惯性力，可表述为

$$\boldsymbol{f}_I=-\boldsymbol{M}\ddot{\boldsymbol{q}}_i$$

因为 $\boldsymbol{q}_i=\boldsymbol{A}_i\sin(\omega_i t+\theta_i)$，$\dot{\boldsymbol{q}}_i=\boldsymbol{A}_i\omega_i\cos(\omega_i t+\theta_i)$，$\ddot{\boldsymbol{q}}_i=-\boldsymbol{A}_i\omega_i^2\sin(\omega_i t+\theta_i)=-\omega_i^2\boldsymbol{q}_i$，故惯性力 $\boldsymbol{f}_I$ 可写为

$$\boldsymbol{f}_I=\omega_i^2\boldsymbol{M}\boldsymbol{q}_i$$

由惯性力 $\boldsymbol{f}_I$ 引起的体系位移为

$$\boldsymbol{q}_i=\boldsymbol{R}\boldsymbol{f}_I=\omega_i^2\boldsymbol{R}\boldsymbol{M}\boldsymbol{q}_i$$

惯性力 $\boldsymbol{f}_I$ 做功转化为体系的变形位能(也可将上式代入 $V=\frac{1}{2}\boldsymbol{q}_i^{\mathrm{T}}\boldsymbol{K}\boldsymbol{q}_i$ 求得)

$$V=\frac{1}{2}\boldsymbol{f}_I^{\mathrm{T}}\boldsymbol{q}_i=\frac{1}{2}\omega_i^4\boldsymbol{q}_i^{\mathrm{T}}\boldsymbol{M}\boldsymbol{R}\boldsymbol{M}\boldsymbol{q}_i\quad(\text{考虑 }\boldsymbol{M}\text{ 为对称矩阵})$$

因而体系最大势能 $V_{\max}=\frac{1}{2}\omega_i^4\boldsymbol{A}_i^{\mathrm{T}}\boldsymbol{M}\boldsymbol{R}\boldsymbol{M}\boldsymbol{A}_i$。体系最大动能仍为 $T_{\max}=\frac{1}{2}\boldsymbol{A}_i^{\mathrm{T}}\boldsymbol{M}\boldsymbol{A}_i\omega_i^2$。同样，将 $T_{\max}$ 与 $V_{\max}$ 代入式(6-1-2)，可得

$$\omega_i^2=\frac{\boldsymbol{A}_i^{\mathrm{T}}\boldsymbol{M}\boldsymbol{A}_i}{\boldsymbol{A}_i^{\mathrm{T}}\boldsymbol{M}\boldsymbol{R}\boldsymbol{M}\boldsymbol{A}_i}\equiv R_{\mathrm{II}}(\boldsymbol{A}_i) \tag{6-1-7}$$

式(6-1-7)同样是瑞利能量法的频率计算式，其中 $R_{\mathrm{II}}(\boldsymbol{A}_i)$ 称为第Ⅱ瑞利商。式(6-1-7)本

质上还是能量守恒式(6-1-2)。不过,此时用柔度矩阵 $\boldsymbol{R}$ 表示 $V_{\max}$。

同样,也可以直接从动力平衡方程推导出式(6-1-7),具体如下:

由式(6-1-3)得

$$\boldsymbol{q} = -\boldsymbol{R}\boldsymbol{M}\ddot{\boldsymbol{q}} \tag{6-1-8}$$

将 $\boldsymbol{q}_i = \boldsymbol{A}_i\sin(\omega_i t + \theta_i)$ 代入式(6-1-8),得

$$\boldsymbol{A}_i = \omega_i^2 \boldsymbol{R}\boldsymbol{M}\boldsymbol{A}_i$$

以 $\omega_i^2\boldsymbol{A}_i^{\mathrm{T}}\boldsymbol{M}$ 左乘上式(这里多乘一个 ω_i^2 是为了与能量推导式保持一致),得

$$\omega_i^2\boldsymbol{A}_i^{\mathrm{T}}\boldsymbol{M}\boldsymbol{A}_i = \omega_i^4\boldsymbol{A}_i^{\mathrm{T}}\boldsymbol{M}\boldsymbol{R}\boldsymbol{M}\boldsymbol{A}_i \tag{6-1-9}$$

整理同样可得到式(6-1-7)。

可见,根据式(6-1-5)或式(6-1-7)计算结构频率的基本思想是机械能守恒,只是能量表达形式不同而已。瑞利商具有以下特性[3]:①当 $\boldsymbol{A}_i$ 是某阶准确振型时,瑞利商等于 ω_i^2 的精确值;②当 $\boldsymbol{A}_i$ 是某阶振型近似时,瑞利商是对应 ω_i^2 精确值的近似(当前者具有一阶无穷小误差时,后者具有二阶无穷小误差),瑞利商在精确值的邻域内取驻值;③瑞利商在最小值 ω_1^2 和最大值 ω_n^2 之间是有界的(ω_1^2 与 ω_n^2 分别对应系统最低阶与最高阶频率)。

由式(6-1-5)或式(6-1-7)求 ω_i^2 必须先假设近似振型曲线 $\boldsymbol{A}_i$。基本振型 $\boldsymbol{A}_1$ 可较方便地假设出来,高阶振型很难假设。因此,瑞利能量法按式(6-1-5)或式(6-1-7)一般只能估算基频 ω_1。计算精度完全依赖于所假设的近似振型 $\boldsymbol{A}_1$。原则上,只要满足结构几何边界条件,振型 $\boldsymbol{A}_1$ 可以任意选取,亦即振型 $\boldsymbol{A}_1$ 仅需和具体的约束条件一致。根据上述特性③,用真实振型所得的基频是用瑞利能量法所求频率中最低的一个。因此,对用这个方法所求得的近似结果加以选择时,频率最低的一个总是最好的近似值。

上面已说明,体系自由振动位移是由于惯性力引起的,而惯性力与体系质量成正比,故由此推知,体系基本振型与其在自重作用下的变位曲线相近。因此,一般采用体系自重挠曲线为假设的基本振型。如采用其他相近曲线,则它须满足体系的几何边界条件(自重挠曲线满足此条件)。

计算证明,用体系的自重挠曲线作为假定振型 $\boldsymbol{A}_1$,可得到较准确的 ω_1 估值。如果将与假定振型 $\boldsymbol{A}_1$ 对应的惯性力引起的位移 $\omega_1^2\boldsymbol{R}\boldsymbol{M}\boldsymbol{A}_1$ 代替 $\boldsymbol{A}_1$ 计算最大势能 $V_{\max}$,可得到 ω_1 更准确的结果。如果将与假定振型 $\boldsymbol{A}_1$ 对应的惯性力引起的位移 $\omega_1^2\boldsymbol{R}\boldsymbol{M}\boldsymbol{A}_1$ 代替 $\boldsymbol{A}_1$ 同时计算最大势能 $V_{\max}$ 与最大动能 $T_{\max}$,结果比前述方法还要准确,具体见文献[2]改进的 Rayleigh 法。

$R_{\mathrm{I}}(\boldsymbol{A}_i)$ 根据假定振型 $\boldsymbol{A}_i$ 计算 $V_{\max}$ 与 $T_{\max}$。$R_{\mathrm{II}}(\boldsymbol{A}_i)$ 是根据与假定振型 $\boldsymbol{A}_i$ 对应的惯性力引起的位移 $\omega_i^2\boldsymbol{R}\boldsymbol{M}\boldsymbol{A}_i$ 计算 $V_{\max}$,根据假定振型 $\boldsymbol{A}_i$ 计算 $T_{\max}$。由上述分析可知,对于任意的假设振型 $\boldsymbol{A}_i$,$R_{\mathrm{II}}(\boldsymbol{A}_i)$ 比 $R_{\mathrm{I}}(\boldsymbol{A}_i)$ 更接近结构真实频率,故恒有

$$R_{\mathrm{I}}(\boldsymbol{A}_i) \geqslant R_{\mathrm{II}}(\boldsymbol{A}_i) \tag{6-1-10}$$

式(6-1-5)与式(6-1-7)表示两种形式的瑞利能量法,各有所长。前者适用于刚度矩阵已知的情形,后者适用于柔度矩阵已知的情形。一般说来,前者较为简便,后者较为准确。

【例 6-1】　图 6-1-1 表示三个圆盘连于一根转动轴上,各圆盘的转动惯量均为 J,各轴段的扭转刚度均为 k,轴本身的质量略去不计。估算此系统基频。

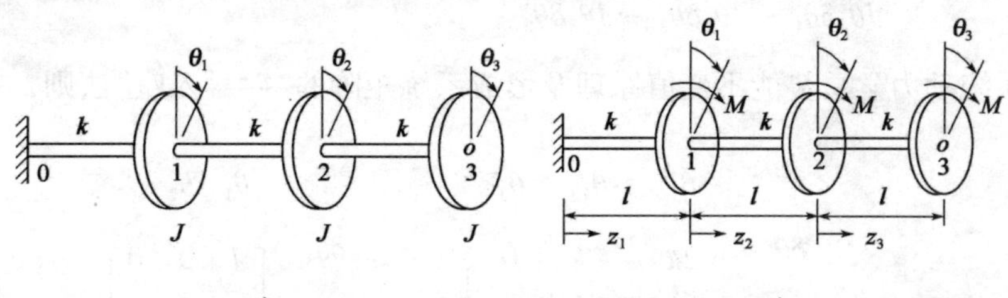

图 6-1-1　转轴振动系统示意图

a)动力计算示意图;*b*)“静力变形曲线”计算示意图

解:系统的质量矩阵 $\boldsymbol{M}=J\begin{bmatrix}1&0&0\\0&1&0\\0&0&1\end{bmatrix}$,刚度矩阵 $\boldsymbol{K}=k\begin{bmatrix}2&-1&0\\-1&2&-1\\0&-1&1\end{bmatrix}$,柔度矩阵

$\boldsymbol{R}=\boldsymbol{K}^{-1}=\dfrac{1}{k}\begin{bmatrix}1&1&1\\1&2&2\\1&2&3\end{bmatrix}$,假设基本振型为 $\boldsymbol{A}_1=\{1\quad 1\quad 1\}^{\mathrm{T}}$

得 $\boldsymbol{A}_1^{\mathrm{T}}\boldsymbol{M}\boldsymbol{A}_1=3J,\boldsymbol{A}_1^{\mathrm{T}}\boldsymbol{K}\boldsymbol{A}_1=k,\boldsymbol{A}_1^{\mathrm{T}}\boldsymbol{M}\boldsymbol{R}\boldsymbol{M}\boldsymbol{A}_1=14\dfrac{J^2}{k}$,

由式(6-1-5),得 $\omega_1^2=\dfrac{k}{3J}=0.333\dfrac{k}{J}$。

另外,由式(6-1-7),得 $\omega_1^2=\dfrac{3J}{14J^2/k}=0.214\dfrac{k}{J}$。

若取“静力变形曲线”(计算附后)为假设振型,即取 $\boldsymbol{A}_1=\{3\quad 5\quad 6\}^{\mathrm{T}}$。于是,$\boldsymbol{A}_1^{\mathrm{T}}\boldsymbol{M}\boldsymbol{A}_1=70J,\boldsymbol{A}_1^{\mathrm{T}}\boldsymbol{K}\boldsymbol{A}_1=14k,\boldsymbol{A}_1^{\mathrm{T}}\boldsymbol{M}\boldsymbol{R}\boldsymbol{M}\boldsymbol{A}_1=353J^2/k$。

则由式(6-1-5),得 $\omega_1^2=0.200\dfrac{k}{J}$。

而由式(6-1-7),得 $\omega_1^2=0.1983\dfrac{k}{J}$。

该系统的基频准确值为 $\omega_1=\sqrt{0.1981\dfrac{k}{J}}$,可见计算结果与本节分析结论一致。

附 1:刚度矩阵 $\boldsymbol{K}$ 与质量矩阵 $\boldsymbol{M}$ 的推导

系统总势能

$$\Pi_d=\frac{1}{2}k[\theta_1^2+(\theta_2-\theta_1)^2+(\theta_3-\theta_2)^2]+J\ddot{\theta}_1\theta_1+J\ddot{\theta}_2\theta_2+J\ddot{\theta}_3\theta_3$$

其一阶变分为

$$\delta_\varepsilon \Pi_d = k[\theta_1\delta\theta_1 + (\theta_2-\theta_1)(\delta\theta_2-\delta\theta_1) + (\theta_3-\theta_2)(\delta\theta_3-\delta\theta_2)]$$

$$= \delta\theta_1 k(2\theta_1-\theta_2) + \delta\theta_2 k(-\theta_1+2\theta_2-\theta_3) + \delta\theta_3 k(-\theta_2+\theta_3) +$$

$$J\ddot{\theta}_1\delta\theta_1 + J\ddot{\theta}_2\delta\theta_2 + J\ddot{\theta}_3\delta\theta_3$$

由弹性系统动力学总势能不变值原理及形成系统矩阵的"对号入座"法则,得到:

$$\begin{array}{c} \\ \boldsymbol{K}= \end{array}\begin{array}{c} \\ \delta\theta_1 \\ \delta\theta_2 \\ \delta\theta_3 \end{array}\begin{array}{c} \begin{array}{ccc}\theta_1 & \theta_2 & \theta_3\end{array} \\ \begin{bmatrix} 2k & -k & 0 \\ -k & 2k & -k \\ 0 & -k & k \end{bmatrix} \end{array},\ \boldsymbol{M}= \begin{array}{c} \\ \delta\theta_1 \\ \delta\theta_2 \\ \delta\theta_3 \end{array}\begin{array}{c} \begin{array}{ccc}\ddot{\theta}_1 & \ddot{\theta}_2 & \ddot{\theta}_3\end{array} \\ \begin{bmatrix} J & 0 & 0 \\ 0 & J & 0 \\ 0 & 0 & J \end{bmatrix} \end{array}$$

附2:"静力变形曲线"计算

设每个圆盘作用一个轴向的扭矩 M,转动轴的转角为 θ,系统的扭转微分方程为:

$$\frac{d\theta}{dz} = \frac{M_T}{k}$$

0-1 段:$\theta' = \frac{3M}{k}$,得 $\theta = \frac{3Mz_1}{k} + C_1$,

由边界条件:$z_1=0, \theta_0=0$,得 $C_1=0, \theta=\frac{3Mz_1}{k}$

故当 $z_1=l$ 时,$\theta=\theta_1=\frac{3Ml}{k}$。

1-2 段:$\theta' = \frac{2M}{k}$,得 $\theta = \frac{2Mz_2}{k} + C_2$,

由边界条件:$z_2=0, \theta=\theta_1=\frac{3Ml}{k}$,得 $C_2=\frac{3Ml}{k}, \theta=\frac{2Mz_2}{k}+\frac{3Ml}{k}$

故当 $z_2=l$ 时,$\theta=\theta_2=\frac{5Ml}{k}$。

2-3 段:$\theta' = \frac{M}{k}$,得 $\theta = \frac{Mz_3}{k} + C_3$,

由边界条件:$z_3=0, \theta=\theta_2=\frac{5Ml}{k}$,得 $C_3=\frac{5Ml}{k}, \theta=\frac{Mz_3}{k}+\frac{5Ml}{k}$

故当 $z_3=l$ 时,$\theta=\theta_3=\frac{6Ml}{k}$。

故全轴"静力变位曲线(取相对值)"为:$\boldsymbol{A}_1 = \{\theta_1 \quad \theta_2 \quad \theta_3\}^T = \{3 \quad 5 \quad 6\}^T$。

6.2　瑞利—里兹法

尽管瑞利能量法能有效地估算体系的基本频率，但不能估算较高阶频率。实际分析中，往往还需要基频以外的较高阶频率。里兹利用变分原理解决此问题如下：

基于第 I 瑞利商，即式(6-1-5)，若能选取体系前 s 阶精确振型 $\boldsymbol{A}_i(i=1,2,\cdots,s)$，则由式(6-1-5)可得出体系前 s 阶精确频率 $\omega_i(i=1,2,\cdots,s)$。由于 $\boldsymbol{A}_i$ 为未知，不能直接按式(6-1-5)求解较高阶频率，必须设法找出振型 $\boldsymbol{A}_i(i=1,2,\cdots,s)$ 的近似式。

设 $\boldsymbol{\psi}_j(j=1,2,\cdots,s)$ 为满足体系几何边界条件并且相互独立的假设振型（亦称为假设模态），体系第 i 阶振型 $\boldsymbol{A}_i$ 可表示为

$$\boldsymbol{A}_i = \sum_{j=1}^{s} a_{ji}\boldsymbol{\psi}_j = \boldsymbol{\psi}\boldsymbol{a}_i \qquad (i = 1,2,\cdots,s) \tag{6-2-1}$$

式中：a_{ji}——待定系数。

$$\boldsymbol{\psi} = [\boldsymbol{\psi}_1 \quad \boldsymbol{\psi}_2 \quad \cdots \quad \boldsymbol{\psi}_s] \tag{6-2-2}$$

$$\boldsymbol{a}_i = \{a_{1i} \quad a_{2i} \quad \cdots \quad a_{si}\}^{\mathrm{T}} \tag{6-2-3}$$

将式(6-2-1)代入式(6-1-5)，得

$$R_{\mathrm{I}}(\boldsymbol{A}_i) = \frac{\boldsymbol{A}_i^{\mathrm{T}}\boldsymbol{K}\boldsymbol{A}_i}{\boldsymbol{A}_i^{\mathrm{T}}\boldsymbol{M}\boldsymbol{A}_i} = \frac{\boldsymbol{a}_i^{\mathrm{T}}\boldsymbol{\psi}^{\mathrm{T}}\boldsymbol{K}\boldsymbol{\psi}\boldsymbol{a}_i}{\boldsymbol{a}_i^{\mathrm{T}}\boldsymbol{\psi}^{\mathrm{T}}\boldsymbol{M}\boldsymbol{\psi}\boldsymbol{a}_i} \equiv \frac{V_{\mathrm{I}}(\boldsymbol{a}_i)}{T(\boldsymbol{a}_i)} \tag{6-2-4}$$

式中：$V_{\mathrm{I}}(\boldsymbol{a}_i) = \boldsymbol{a}_i^{\mathrm{T}}\boldsymbol{\psi}^{\mathrm{T}}\boldsymbol{K}\boldsymbol{\psi}\boldsymbol{a}_i$，$T(\boldsymbol{a}_i)=\boldsymbol{a}_i^{\mathrm{T}}\boldsymbol{\psi}^{\mathrm{T}}\boldsymbol{M}\boldsymbol{\psi}\boldsymbol{a}_i$。

这样 $R_{\mathrm{I}}(\boldsymbol{A}_i)$ 可视为 $a_{ji}(j=1,2,\cdots,s)$ 的函数，记为 $R_{\mathrm{I}}(\boldsymbol{a}_i)$。式(6-2-1)表示的振型只是真实振型的近似逼近，要使求得的 ω_i 接近于精确值，只有变动 $a_{ji}(j=1,2,\cdots,s)$，使得 $R_{\mathrm{I}}(\boldsymbol{a}_i)$ 达到驻值。$R_{\mathrm{I}}(\boldsymbol{a}_i)$ 取驻值的条件为

$$\frac{\partial R_{\mathrm{I}}(\boldsymbol{a}_i)}{\partial a_{ji}} = 0 \qquad (j = 1,2,\cdots,s)$$

即

$$\frac{\partial R_{\mathrm{I}}(\boldsymbol{a}_i)}{\partial a_{ji}} = \frac{\partial}{\partial a_{ji}}\left[\frac{V_{\mathrm{I}}(\boldsymbol{a}_i)}{T(\boldsymbol{a}_i)}\right] = \frac{1}{T^2(\boldsymbol{a}_i)}\left\{T(\boldsymbol{a}_i)\frac{\partial V_{\mathrm{I}}(\boldsymbol{a}_i)}{\partial a_{ji}} - V_{\mathrm{I}}(\boldsymbol{a}_i)\frac{\partial T(\boldsymbol{a}_i)}{\partial a_{ji}}\right\} = 0$$

得

$$\frac{\partial V_{\mathrm{I}}(\boldsymbol{a}_i)}{\partial a_{ji}} - \omega_i^2\frac{\partial T(\boldsymbol{a}_i)}{\partial a_{ji}} = 0 \qquad (j=1,2,\cdots,s) \tag{6-2-5}$$

而

$$\begin{aligned}\frac{\partial V_{\mathrm{I}}(\boldsymbol{a}_i)}{\partial a_{ji}} &= \frac{\partial}{\partial a_{ji}}(\boldsymbol{a}_i^{\mathrm{T}}\boldsymbol{\psi}^{\mathrm{T}}\boldsymbol{K}\boldsymbol{\psi}\boldsymbol{a}_i) \\ &= \left[\frac{\partial \boldsymbol{a}_i^{\mathrm{T}}}{\partial a_{ji}}\right]\boldsymbol{\psi}^{\mathrm{T}}\boldsymbol{K}\boldsymbol{\psi}\boldsymbol{a}_i + \boldsymbol{a}_i^{\mathrm{T}}\boldsymbol{\psi}^{\mathrm{T}}\boldsymbol{K}\boldsymbol{\psi}\left[\frac{\partial \boldsymbol{a}_i}{\partial a_{ji}}\right] \\ &= 2\left[\frac{\partial \boldsymbol{a}_i^{\mathrm{T}}}{\partial a_{ji}}\right]\boldsymbol{\psi}^{\mathrm{T}}\boldsymbol{K}\boldsymbol{\psi}\boldsymbol{a}_i = 2\boldsymbol{\psi}_j^{\mathrm{T}}\boldsymbol{K}\boldsymbol{\psi}\boldsymbol{a}_i\end{aligned} \tag{6-2-6}$$

式中:$\boldsymbol{\psi}_j^{\mathrm{T}} = \left[\dfrac{\partial \boldsymbol{a}_i^{\mathrm{T}}}{\partial a_{ji}}\right]\boldsymbol{\psi}^T$。

类似地有

$$\frac{\partial T(\boldsymbol{a}_i)}{\partial a_{ji}} = 2\boldsymbol{\psi}_j^{\mathrm{T}}\boldsymbol{M}\boldsymbol{\psi}\boldsymbol{a}_i \tag{6-2-7}$$

于是,式(6-2-5)为

$$\boldsymbol{\psi}_j^{\mathrm{T}}\boldsymbol{K}\boldsymbol{\psi}\boldsymbol{a}_i - \omega_i^2\boldsymbol{\psi}_j^{\mathrm{T}}\boldsymbol{M}\boldsymbol{\psi}\boldsymbol{a}_i = 0 \qquad (j = 1,2,\cdots,s)$$

将上式的 s 个方程合并成矩阵式

$$\boldsymbol{\psi}^{\mathrm{T}}\boldsymbol{K}\boldsymbol{\psi}\boldsymbol{a}_i - \omega_i^2\boldsymbol{\psi}^{\mathrm{T}}\boldsymbol{M}\boldsymbol{\psi}\boldsymbol{a}_i = 0 \tag{6-2-8}$$

简写为

$$(\boldsymbol{K}^* - \omega_i^2\boldsymbol{M}^*)\boldsymbol{a}_i = 0 \tag{6-2-9}$$

式中:$\boldsymbol{K}^* = \boldsymbol{\psi}^{\mathrm{T}}\boldsymbol{K}\boldsymbol{\psi}$,$\boldsymbol{M}^* = \boldsymbol{\psi}^{\mathrm{T}}\boldsymbol{M}\boldsymbol{\psi}$——广义刚度矩阵与广义质量矩阵,它们都是 $s \times s$ 阶的对称矩阵。

至此,问题又归结为求式(6-2-9)表征的特征值问题。由 $|\boldsymbol{K}^* - \omega_i^2\boldsymbol{M}^*| = 0$,求出体系前 s 阶频率平方的近似值 $\omega_1^2,\omega_2^2,\cdots,\omega_s^2$。将其分别代入式(6-2-9),可求出 s 个特征矢量 $\boldsymbol{a}_1,\boldsymbol{a}_2,\cdots,\boldsymbol{a}_s$。再将 $\boldsymbol{a}_1,\boldsymbol{a}_2,\cdots,\boldsymbol{a}_s$ 分别代入式(6-2-1),得体系前 s 阶近似振型。

第Ⅱ瑞利商 $R_{\mathrm{II}}(\boldsymbol{A}_i)$ 亦可同样按里兹法处理如下:

将式(6-2-1)代入式(6-1-7),得

$$R_{\mathrm{II}}(\boldsymbol{a}_i) = \frac{\boldsymbol{a}_i^{\mathrm{T}}\boldsymbol{\psi}^{\mathrm{T}}\boldsymbol{M}\boldsymbol{\psi}\boldsymbol{a}_i}{\boldsymbol{a}_i^{\mathrm{T}}\boldsymbol{\psi}^{\mathrm{T}}\boldsymbol{MRM}\boldsymbol{\psi}\boldsymbol{a}_i} \equiv \frac{T(\boldsymbol{a}_i)}{V_{\mathrm{II}}(\boldsymbol{a}_i)} \tag{6-2-10}$$

式中:$V_{\mathrm{II}}(\boldsymbol{a}_i) = \boldsymbol{a}_i^{\mathrm{T}}\boldsymbol{\psi}^{\mathrm{T}}\boldsymbol{MRM}\boldsymbol{\psi}\boldsymbol{a}_i$,$T(\boldsymbol{a}_i) = \boldsymbol{a}_i^{\mathrm{T}}\boldsymbol{\psi}^{\mathrm{T}}\boldsymbol{M}\boldsymbol{\psi}\boldsymbol{a}_i$。

$R_{\mathrm{II}}(\boldsymbol{a}_i)$ 取驻值的条件为

$$\frac{\partial R_{\mathrm{II}}(\boldsymbol{a}_i)}{\partial a_{ji}} = 0 \qquad (j = 1,2,\cdots,s)$$

即

$$\frac{\partial R_{\mathrm{II}}(\boldsymbol{a}_i)}{\partial a_{ji}} = \frac{1}{V_{\mathrm{II}}^2(\boldsymbol{a}_i)}\left\{V_{\mathrm{II}}(\boldsymbol{a}_i)\frac{\partial T(\boldsymbol{a}_i)}{\partial a_{ji}} - T(\boldsymbol{a}_i)\frac{\partial V_{\mathrm{II}}(\boldsymbol{a}_i)}{\partial a_{ji}}\right\} = 0 \tag{6-2-11}$$

而

$$\frac{\partial V_{\mathrm{II}}(\boldsymbol{a}_i)}{\partial a_{ji}} = 2\boldsymbol{\psi}_j^{\mathrm{T}}\boldsymbol{MRM}\boldsymbol{\psi}\boldsymbol{a}_i,\quad \frac{\partial T(\boldsymbol{a}_i)}{\partial a_{ji}} = 2\boldsymbol{\psi}_j^{\mathrm{T}}\boldsymbol{M}\boldsymbol{\psi}\boldsymbol{a}_i$$

故式(6-2-11)成为

$$\boldsymbol{\psi}_j^{\mathrm{T}}\boldsymbol{M}\boldsymbol{\psi}\boldsymbol{a}_i - \omega_i^2\boldsymbol{\psi}_j^{\mathrm{T}}\boldsymbol{MRM}\boldsymbol{\psi}\boldsymbol{a}_i = 0 \qquad (j = 1,2,\cdots,s)$$

将上式的 s 个方程合并成矩阵式

$$\boldsymbol{\psi}^{\mathrm{T}}\boldsymbol{M}\boldsymbol{\psi}\boldsymbol{a}_i - \omega_i^2\boldsymbol{\psi}^{\mathrm{T}}\boldsymbol{MRM}\boldsymbol{\psi}\boldsymbol{a}_i = 0 \tag{6-2-12}$$

简写为

$$(\boldsymbol{M}^* - \omega_i^2 \boldsymbol{R}^*)\boldsymbol{a}_i = 0 \tag{6-2-13}$$

式中：$\boldsymbol{M}^*$ 同上，$\boldsymbol{R}^* = \boldsymbol{\psi}^T \boldsymbol{MRM\psi}$ 称为广义柔度矩阵。由 $|\boldsymbol{M}^* - \omega_i^2 \boldsymbol{R}^*| = 0$，解得体系前 s 阶频率平方的近似值 $\omega_1^2, \omega_2^2, \cdots, \omega_s^2$，将其分别代入式(6-2-13)，求出 s 个特征矢量 $\boldsymbol{a}_1, \boldsymbol{a}_2, \cdots, \boldsymbol{a}_s$。再将 $\boldsymbol{a}_1, \boldsymbol{a}_2, \cdots, \boldsymbol{a}_s$ 分别代入式(6-2-1)，求出体系前 s 阶近似振型。

前已指出，$R_{\mathrm{I}}(\boldsymbol{A}_i) \geqslant R_{\mathrm{II}}(\boldsymbol{A}_i)$，故从同样的假设振型出发，由式(6-2-13)算得的近似频率比由式(6-2-9)算得更准确些，在下面算例中可得到证实。

瑞利—里兹法虽然仍归结为求解特征值问题，但其阶数比系统按其自由度数 n 的特征值问题的阶数低得多，因而较易于求解前几阶固有频率和振型，这是其主要优点。但其计算准确度仍依赖于假设振型的近似程度（不过，其对振型近似性的要求比瑞利能量法的要求低）。计算证明，前几阶频率和振型接近于准确解，后面的则有不同程度的误差。

【例 6-2】　分别用第 *I*、*II* 瑞利商求图 6-2-1 所示系统的前二阶自振频率与振型，$\mathrm{m_1 = m_2 = m_3 = m_4 = m}$，$\mathrm{k_1 = k_2 = k_3 = k_4 = k}$，系统仅能在水平面内沿 v 方向运动。

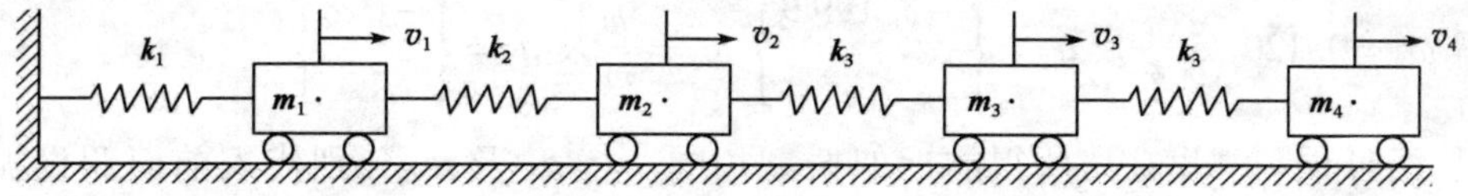

图 6-2-1　多质量—弹簧系统

解：系统动力特性矩阵可以根据例 5-6 使用的方法建立。质量矩阵 $\boldsymbol{M} = m\boldsymbol{I}$，

柔度矩阵 $\boldsymbol{R} = \dfrac{1}{k}\begin{bmatrix} 1 & 1 & 1 & 1 \\ 1 & 2 & 2 & 2 \\ 1 & 2 & 3 & 3 \\ 1 & 2 & 3 & 4 \end{bmatrix}$，刚度矩阵 $\boldsymbol{K} = k\begin{bmatrix} 2 & -1 & 0 & 0 \\ -1 & 2 & -1 & 0 \\ 0 & -1 & 2 & -1 \\ 0 & 0 & -1 & 1 \end{bmatrix}$。

取 $\boldsymbol{\psi}_1 = \{0.25 \quad 0.5 \quad 0.75 \quad 1\}^{\mathrm{T}}$，$\boldsymbol{\psi}_2 = \{0 \quad 0.2 \quad 0.6 \quad 1\}^{\mathrm{T}}$，则假设振型 $\boldsymbol{A}_i = \sum\limits_{j=1}^{2} a_{ji}\boldsymbol{\psi}_j = [\boldsymbol{\psi}_1 \quad \boldsymbol{\psi}_2]\begin{Bmatrix} a_{1i} \\ a_{2i} \end{Bmatrix} = \boldsymbol{\psi}\boldsymbol{a}_i$，由此求得

$$\boldsymbol{M}^* = \boldsymbol{\psi}^{\mathrm{T}}\boldsymbol{M\psi} = m\begin{bmatrix} 1.875 & 1.55 \\ 1.55 & 1.4 \end{bmatrix}$$

$$\boldsymbol{K}^* = \boldsymbol{\psi}^{\mathrm{T}}\boldsymbol{K\psi} = k\begin{bmatrix} 0.25 & 0.25 \\ 0.25 & 0.36 \end{bmatrix}$$

$$\boldsymbol{R}^* = \boldsymbol{\psi}^{\mathrm{T}}\boldsymbol{MRM\psi} = \frac{m^2}{k}\begin{bmatrix} 15.375 & 12.35 \\ 12.35 & 10.04 \end{bmatrix}$$

由第 I 瑞利商导出的特征方程式(6-2-9)，得

$$\begin{bmatrix} 0.25k-1.875\omega_i^2 m & 0.25k-1.55\omega_i^2 m \\ 0.25k-1.55\omega_i^2 m & 0.36k-1.4\omega_i^2 m \end{bmatrix}\begin{Bmatrix} a_{1i} \\ a_{2i} \end{Bmatrix}=\begin{Bmatrix} 0 \\ 0 \end{Bmatrix}$$

解其特征值方程得 $\omega_1^2=0.123\,59\,\dfrac{k}{m}$,$\omega_2^2=\dfrac{k}{m}$。

将 ω_1^2、ω_2^2 依次代回上式,求得

$$\boldsymbol{a}_1=\begin{Bmatrix} -3.199\,9 \\ 1 \end{Bmatrix},\boldsymbol{a}_2=\begin{Bmatrix} -0.8 \\ 1 \end{Bmatrix}$$

另外,由第 II 瑞利商导出的特征方程式(6-2-13),得

$$\begin{bmatrix} 1.875m-15.325\omega_i^2\dfrac{m^2}{k} & 1.55m-12.35\omega_i^2\dfrac{m^2}{k} \\ 1.55m-12.35\omega_i^2\dfrac{m^2}{k} & 1.4m-10.04\omega_i^2\dfrac{m^2}{k} \end{bmatrix}\begin{Bmatrix} a_{1i} \\ a_{2i} \end{Bmatrix}=\begin{Bmatrix} 0 \\ 0 \end{Bmatrix}$$

解得 $\omega_1^2=0.120\,75\,\dfrac{k}{m}$ 及 $\boldsymbol{a}_1=\begin{Bmatrix} -3.199\,9 \\ 1 \end{Bmatrix}$,$\omega_2^2=\dfrac{k}{m}$ 及 $\boldsymbol{a}_2=\begin{Bmatrix} -0.8 \\ 1 \end{Bmatrix}$。

可见,两种瑞利—里兹法所得的近似振型相同。将 $\boldsymbol{a}_1$ 及 $\boldsymbol{a}_2$ 分别代入前面假设振型表达式,可得体系基准化振型为

$$\begin{aligned} \boldsymbol{A}_1 &= \{0.363\,64 \quad 0.636\,36 \quad 0.819\,18 \quad 1\}^{\mathrm{T}} \\ \boldsymbol{A}_2 &= \{1 \quad 1 \quad 0 \quad -1\}^{\mathrm{T}} \end{aligned}$$

此系统的前二阶固有频率准确值为 $\omega_1=\sqrt{0.120\,61\,\dfrac{k}{m}}$,$\omega_2=\sqrt{\dfrac{k}{m}}$。两种方法所得第一阶频率的近似值与准确值均有所出入。求出了系统的第二阶准确频率,这是因为所取假设振型刚好构成系统的第二阶振型,所以两种方法对第二阶固有频率与振型都得到了相同的准确解。用瑞利—里兹法求频率与振型时采用的假设振型 $\boldsymbol{A}_i=\sum\limits_{j=1}^{s}a_{ji}\boldsymbol{\psi}_j=\boldsymbol{\psi}\boldsymbol{a}_i$ 与 $v=\sum\limits_{n=1}^{\infty}a_n\sin\dfrac{n\pi z}{l}$(用广义坐标法表述简支梁振动位移)相似,是通过图形的叠加来逼近真实振型。根据振型节点定理,第 i 阶振型的各点数标应大于或者至少要等于第 $i+1$ 阶振型各对应点的数标,这样叠加后才能得到接近于真实的振型,下面算例更直观地说明了此问题。

【例 6-3】 求图 6-2-2 所示体系的前二阶振型和固有频率。各轴段扭转刚度均为 **k**,各转盘转动惯量均为 **J**。

解:此系统质量矩阵、刚度矩阵已在例 6-1 中推导,这里不再赘述。

$$\boldsymbol{M}=J\begin{bmatrix} 1 & 0 & 0 \\ 0 & 1 & 0 \\ 0 & 0 & 1 \end{bmatrix},\boldsymbol{K}=k\begin{bmatrix} 2 & -1 & 0 \\ -1 & 2 & -1 \\ 0 & -1 & 1 \end{bmatrix},\boldsymbol{R}=\boldsymbol{K}^{-1}=\frac{1}{k}\begin{bmatrix} 1 & 1 & 1 \\ 1 & 2 & 2 \\ 1 & 2 & 3 \end{bmatrix}$$

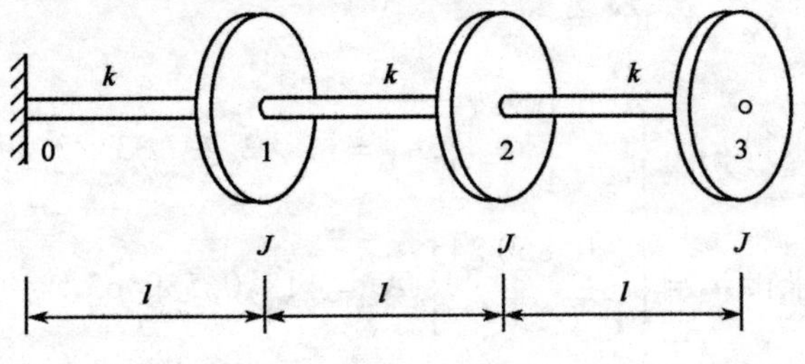

图6-2-2　转轴系统

取 $\boldsymbol{\psi}_1 = \{0.2 \quad 0.4 \quad 1\}^{\mathrm{T}}$，$\boldsymbol{\psi}_2 = \{0 \quad 0.5 \quad 1\}^{\mathrm{T}}$，则假设振型 $\boldsymbol{A}_i = \sum_{j=1}^{2} a_{ji}\boldsymbol{\psi}_j = [\boldsymbol{\psi}_1 \quad \boldsymbol{\psi}_2]\begin{Bmatrix} a_{1i} \\ a_{2i} \end{Bmatrix} = \boldsymbol{\psi}\boldsymbol{a}_i$，由此求得 $\boldsymbol{M}^* = \boldsymbol{\psi}^{\mathrm{T}}\boldsymbol{M}\boldsymbol{\psi} = J\begin{bmatrix} 1.2 & 1.2 \\ 1.2 & 1.25 \end{bmatrix}$，$\boldsymbol{K}^* = \boldsymbol{\psi}^{\mathrm{T}}\boldsymbol{K}\boldsymbol{\psi} = k\begin{bmatrix} 0.44 & 0.4 \\ 0.4 & 0.5 \end{bmatrix}$

由 $(\boldsymbol{K}^* - \omega_i^2\boldsymbol{M}^*)\boldsymbol{a}_i = 0$，得

$$\begin{bmatrix} 0.44k - 1.2\omega_i^2 J & 0.4k - 1.2\omega_i^2 J \\ 0.4k - 1.2\omega_i^2 J & 0.5k - 1.25\omega_i^2 J \end{bmatrix}\begin{Bmatrix} a_{1i} \\ a_{2i} \end{Bmatrix} = \begin{Bmatrix} 0 \\ 0 \end{Bmatrix} \tag{6-2-14}$$

由 $\begin{vmatrix} 0.44k - 1.2\omega_i^2 J & 0.4k - 1.2\omega_i^2 J \\ 0.4k - 1.2\omega_i^2 J & 0.5k - 1.25\omega_i^2 J \end{vmatrix} = 0$，

解得 $\omega_1^2 = 0.358\dfrac{k}{J}$，$\omega_2^2 = 2.811\dfrac{k}{J}$

代回式(6-2-14)，得 $\boldsymbol{a}_1 = \begin{Bmatrix} 2.022 \\ 1 \end{Bmatrix}$，$\boldsymbol{a}_2 = \begin{Bmatrix} -1.0136 \\ 1 \end{Bmatrix}$

代入式(6-2-1)，得 $\boldsymbol{A}_1 = \{1.000 \quad 1.802 \quad 2.247\}^{\mathrm{T}}$，$\boldsymbol{A}_2 = \{1.000 \quad 0.445 \quad -0.802\}^{\mathrm{T}}$。

该体系固有频率准确解为 $\omega_1 = \sqrt{0.1981\dfrac{k}{J}}$，$\omega_2 = \sqrt{1.555\dfrac{k}{J}}$，上述计算结果与准确解相差较大。原因在于假设的 $\boldsymbol{\psi}_1$ 的第二点数标 0.4 小于 $\boldsymbol{\psi}_2$ 的第 2 点数标 0.5，故将 $\boldsymbol{\psi}_1$ 改为 $\{0.2 \quad 0.7 \quad 1\}^{\mathrm{T}}$，$\boldsymbol{\psi}_2$ 照样取为 $\{0 \quad 0.5 \quad 1\}^{\mathrm{T}}$，重新计算如下：

$$\boldsymbol{M}^* = \boldsymbol{\psi}^{T}\boldsymbol{M}\boldsymbol{\psi} = J\begin{bmatrix} 1.53 & 1.35 \\ 1.35 & 1.25 \end{bmatrix}$$

$$\boldsymbol{K}^* = \boldsymbol{\psi}^{\mathrm{T}}\boldsymbol{K}\boldsymbol{\psi} = k\begin{bmatrix} 0.38 & 0.4 \\ 0.4 & 0.5 \end{bmatrix}$$

由 $|\boldsymbol{K}^* - \omega_i^2\boldsymbol{M}^*| = 0$，得

$$\begin{vmatrix} 0.38 - 1.53\omega_i^2\dfrac{J}{k} & 0.4 - 1.35\omega_i^2\dfrac{J}{k} \\ 0.4 - 1.35\omega_i^2\dfrac{J}{k} & 0.5 - 1.25\omega_i^2\dfrac{J}{k} \end{vmatrix} = 0$$

解得 $\omega_1^2=0.213\dfrac{k}{J}$,$\omega_2^2=1.565\dfrac{k}{J}$

由 $\omega_1^2=0.213\dfrac{k}{J}$,求得 $\boldsymbol{a}_1=\begin{Bmatrix}-2.0787\\1\end{Bmatrix}$,$\boldsymbol{A}_1=\{1\quad 2.29733\quad 2.59465\}^{\mathrm{T}}$

由 $\omega_2^2=1.565\dfrac{k}{J}$,求得 $\boldsymbol{a}_2=\begin{Bmatrix}-0.85024\\1\end{Bmatrix}$,$\boldsymbol{A}_2=\{1\quad 0.55965\quad -0.88069\}^{\mathrm{T}}$

可见,计算结果与准确解接近。

6.3 矩阵迭代法

瑞利—里兹法的计算准确度与假设振型的近似程度有关,对假设振型的要求较高,困难在于选择合适的假设振型。矩阵迭代法可克服此困难,可粗略假设振型。小型问题可用电子计算器手算,大型问题可编成程序电算。

6.3.1 迭代法求体系最低频率与振型

此法从柔度表示的特征方程(见 3.5 节)

$$\boldsymbol{D}\boldsymbol{A}_i=\overline{\lambda}_i\boldsymbol{A}_i \tag{6-3-1}$$

出发迭代。其中,$\boldsymbol{D}=\boldsymbol{R}\boldsymbol{M}=\boldsymbol{K}^{-1}\boldsymbol{M}$,$\overline{\lambda}_i=\dfrac{1}{\omega_i^2}$。为掌握此法,首先了解迭代步骤,再阐述其原理,并举例说明。迭代步骤如下:

(1)选取一个基准化(即某个分量取为基准值 1)的假设第一阶振型 $\boldsymbol{u}_0$,一般可粗略取为$\{1\quad 1\quad 1\quad \cdots\quad 1\}^{\mathrm{T}}$。

(2)用系统矩阵 $\boldsymbol{D}$ 前乘 $\boldsymbol{u}_0$,再对所得到的振型矢量 $\boldsymbol{D}\boldsymbol{u}_0$ 基准化,得

$$\boldsymbol{D}\boldsymbol{u}_0=a_1\boldsymbol{u}_1$$

此地,$\boldsymbol{u}_1$ 为经过基准化的振型第一次近似,a_1 为振型第一次基准化因子。

(3)又以矩阵 $\boldsymbol{D}$ 前乘 $\boldsymbol{u}_1$,再对 $\boldsymbol{D}\boldsymbol{u}_1$ 基准化,而得到

$$\boldsymbol{D}\boldsymbol{u}_1=a_2\boldsymbol{u}_2$$

$\boldsymbol{u}_2$ 为经过基准化的振型第二次近似,a_2 为振型第二次基准化因子。

(4)若 $|\boldsymbol{u}_2-\boldsymbol{u}_1|>\varepsilon|\boldsymbol{u}_1|$($\varepsilon$ 表示振型相对误差容许限值,可近似选取),则重复上述步骤。直到 $\boldsymbol{D}\boldsymbol{u}_{k-1}=a_k\boldsymbol{u}_k$ 中的 $|\boldsymbol{u}_k-\boldsymbol{u}_{k-1}|<\varepsilon|\boldsymbol{u}_{k-1}|$时,停止迭代。此时 a_k 收敛于系统的第一个特征值 $\overline{\lambda}_1=\dfrac{1}{\omega_1^2}$,与之相应的特征矢量 $\boldsymbol{u}_k$ 收敛于体系的基本振型 $\boldsymbol{A}_1$,证明如下。

n 个自由度体系任意的假设振型 $\boldsymbol{u}_0$ 可表述为体系各振型的线性组合,即

$$\boldsymbol{u}_0=\sum_{i=1}^{n}C_i\boldsymbol{A}_i \tag{6-3-2}$$

式中：$\boldsymbol{A}_i$——体系第 i 阶振型；

C_i——振型参与系数。

设体系所有特征值 $\bar{\lambda}_i(i=1,2,\cdots,n)$ 各不相等，并按大小排列为 $\bar{\lambda}_1>\bar{\lambda}_2>\cdots>\bar{\lambda}_n$，

第 1 次迭代后，有 $\boldsymbol{D}\boldsymbol{u}_0=\sum_{i=1}^{n}C_i\bar{\lambda}_i\boldsymbol{A}_i=a_1\boldsymbol{u}_1$，故 $\boldsymbol{u}_1=\frac{1}{a_1}\sum_{i=1}^{n}C_i\bar{\lambda}_i\boldsymbol{A}_i$

第 2 次迭代后，有 $\boldsymbol{D}\boldsymbol{u}_1=\frac{1}{a_1}\sum_{i=1}^{n}C_i\bar{\lambda}_i^2\boldsymbol{A}_i=a_2\boldsymbol{u}_2$，故 $\boldsymbol{u}_2=\frac{1}{a_1a_2}\sum_{i=1}^{n}C_i\bar{\lambda}_i^2\boldsymbol{A}_i$

继续往下迭代，第 k 次迭代的结果为

$$\boldsymbol{u}_k=\frac{1}{a_1a_2\cdots a_k}\sum_{i=1}^{n}C_i\bar{\lambda}_i^k\boldsymbol{A}_i \tag{6-3-3}$$

式(6-3-3)表明：随着迭代次数的增加，对应于 $\bar{\lambda}_1^k$ 的项越来越成为主要项(因 $\bar{\lambda}_1$ 最大)，因此 $\boldsymbol{u}_k$ 将越来越接近最大特征值所对应的振型 $\boldsymbol{A}_1$。若在计算所确定的准确度内有 $\boldsymbol{u}_{k-1}=\boldsymbol{u}_k$，即

$$\frac{1}{a_1a_2\cdots a_{k-1}}C_1\bar{\lambda}_1^{k-1}\boldsymbol{A}_1=\frac{1}{a_1a_2\cdots a_k}C_1\bar{\lambda}_1^k\boldsymbol{A}_1 \tag{6-3-4}$$

由式(6-3-4)得 $\bar{\lambda}_1=a_k$。迭代通式(6-3-3)也可写成

$$\boldsymbol{u}_k=\frac{1}{a_1a_2\cdots a_k}C_1\bar{\lambda}_1^k\left(\boldsymbol{A}_1+\sum_{i=2}^{n}\frac{C_i\bar{\lambda}_i^k}{C_1\bar{\lambda}_1^k}\boldsymbol{A}_i\right) \tag{6-3-5}$$

显然，$\boldsymbol{u}_k$ 收敛于基本振型 $\boldsymbol{A}_1$，收敛速度取决于 $\left(\frac{\bar{\lambda}_i}{\bar{\lambda}_1}\right)^k\to 0$ 的速度。

【例 6-4】 用矩阵迭代法求例 6-1 系统的基本频率及基本振型。

解：系统柔度矩阵 $\boldsymbol{R}=\boldsymbol{K}^{-1}=\frac{1}{k}\begin{bmatrix}1&1&1\\1&2&2\\1&2&3\end{bmatrix}$，质量矩阵 $\boldsymbol{M}=J\begin{bmatrix}1&0&0\\0&1&0\\0&0&1\end{bmatrix}$，

故 $\boldsymbol{D}=\boldsymbol{R}\boldsymbol{M}=\frac{J}{k}\begin{bmatrix}1&1&1\\1&2&2\\1&2&3\end{bmatrix}$

假设基本振型 $\boldsymbol{u}_0=\{1\quad 1\quad 1\}^{\mathrm{T}}$，进行迭代如下：

(1) $\boldsymbol{D}\boldsymbol{u}_0=\frac{J}{k}\begin{bmatrix}1&1&1\\1&2&2\\1&2&3\end{bmatrix}\begin{Bmatrix}1\\1\\1\end{Bmatrix}=\frac{J}{k}\begin{Bmatrix}3\\5\\6\end{Bmatrix}=\frac{3J}{k}\begin{Bmatrix}1.0000\\1.6667\\2.0000\end{Bmatrix}$，得 $a_1=\frac{3J}{k}$，$\boldsymbol{u}_1=\begin{Bmatrix}1.0000\\1.6667\\2.0000\end{Bmatrix}$

(2) $\boldsymbol{D}\boldsymbol{u}_1=\frac{4.6667J}{k}\begin{Bmatrix}1.0000\\1.7857\\2.2143\end{Bmatrix}$，得 $a_2=\frac{4.6667J}{k}$，$\boldsymbol{u}_2=\begin{Bmatrix}1.0000\\1.7857\\2.2143\end{Bmatrix}$

(3) $\boldsymbol{D}\boldsymbol{u}_2=\dfrac{5.000\,0J}{k}\begin{Bmatrix}1.000\,0\\1.800\,0\\2.242\,9\end{Bmatrix}$,得 $a_3=5.000\,0\dfrac{J}{k}$,$\boldsymbol{u}_3=\begin{Bmatrix}1.000\,0\\1.800\,0\\2.242\,9\end{Bmatrix}$

(4) $\boldsymbol{D}\boldsymbol{u}_3=5.042\,9\dfrac{J}{k}\begin{Bmatrix}1.000\,0\\1.801\,7\\2.246\,5\end{Bmatrix}$,得 $a_4=5.042\,9\dfrac{J}{k}$,$\boldsymbol{u}_4=\begin{Bmatrix}1.000\,0\\1.801\,7\\2.246\,5\end{Bmatrix}$

(5) $\boldsymbol{D}\boldsymbol{u}_4=5.066\,7\dfrac{J}{k}\begin{Bmatrix}1.000\,0\\1.802\,6\\2.238\,7\end{Bmatrix}$,得 $a_5=5.066\,7\dfrac{J}{k}$,$\boldsymbol{u}_5=\begin{Bmatrix}1.000\,0\\1.802\,6\\2.238\,7\end{Bmatrix}$

(6) $\boldsymbol{D}\boldsymbol{u}_5=5.041\,3\dfrac{J}{k}\begin{Bmatrix}1.000\,0\\1.801\,0\\2.245\,7\end{Bmatrix}$,得 $a_6=5.041\,3\dfrac{J}{k}$,$\boldsymbol{u}_6=\begin{Bmatrix}1.000\,0\\1.801\,0\\2.245\,7\end{Bmatrix}$

(7) $\boldsymbol{D}\boldsymbol{u}_6=5.046\,7\dfrac{J}{k}\begin{Bmatrix}1.000\,0\\1.801\,9\\2.246\,8\end{Bmatrix}$,得 $a_7=5.046\,7\dfrac{J}{k}$,$\boldsymbol{u}_7=\begin{Bmatrix}1.000\,0\\1.801\,9\\2.246\,8\end{Bmatrix}$

此时 $\boldsymbol{u}_6\approx\boldsymbol{u}_7$,故 $\overline{\lambda}_1=5.046\,7\dfrac{J}{k}$,得 $\omega_1^2=\dfrac{1}{5.046\,7}\dfrac{k}{J}=0.198\,1\dfrac{k}{J}$,对应的基本振型

$$\boldsymbol{A}_1=\{1.000\,0\quad 1.801\,9\quad 2.246\,8\}^{\mathrm{T}}$$

本系统的基频准确值为 $\omega_1=\sqrt{0.198\,1\dfrac{k}{J}}$,可见计算结果与本节分析结论一致。

6.3.2 高阶频率与振型的迭代计算

由式(6-3-3)知,当假设振型 $\boldsymbol{u}_0$ 的线性组合式(6-3-2)中包含第 $1,2,\cdots,n$ 各阶振型成分时,$\boldsymbol{u}_k$ 将收敛到第一阶振型。若 $\boldsymbol{u}_0$ 中不包含第一阶振型 $\boldsymbol{A}_1$ 的分量,即若 $C_1=0$ 时,则 $\boldsymbol{u}_k$ 收敛于第二阶振型。依此类推,若 $\boldsymbol{u}_0$ 中不包含前 r 阶振型分量,则 $\boldsymbol{u}_k$ 收敛于第 $r+1$ 阶振型。故用迭代法求体系第 $r+1$ 阶振型和频率时,要设法从 $\boldsymbol{u}_0$ 中清除前 r 阶振型分量,具体方法如下:

按照式(6-3-2)体系任一假设振型 $\boldsymbol{u}_0$ 可表示为

$$\boldsymbol{u}_0=\sum_{i=1}^{n}C_i\boldsymbol{A}_i \tag{6-3-6}$$

以 $\boldsymbol{A}_i^{\mathrm{T}}\boldsymbol{M}$ 前乘式(6-3-6),考虑 $\boldsymbol{A}_i$ 的正交性,得

$$\boldsymbol{A}_i^{\mathrm{T}}\boldsymbol{M}\boldsymbol{u}_0=C_i\boldsymbol{A}_i^{\mathrm{T}}\boldsymbol{M}\boldsymbol{A}_i=C_iM_i\qquad(i=1,2,\cdots,n)$$

式中:$M_i=\boldsymbol{A}_i^{\mathrm{T}}\boldsymbol{M}\boldsymbol{A}_i$——体系的第 i 阶广义质量。故有

$$C_i=\frac{\boldsymbol{A}_i^{\mathrm{T}}\boldsymbol{M}\boldsymbol{u}_0}{M_i} \tag{6-3-7}$$

于是从(6-3-6)中清除前 r 阶振型分量,即自式(6-3-6)减去$\sum_{i=1}^{r}\boldsymbol{A}_iC_i=\sum_{i=1}^{r}\frac{\boldsymbol{A}_i\boldsymbol{A}_i^{\mathrm{T}}\boldsymbol{M}\boldsymbol{u}_0}{M_i}$,就可按矩阵迭代法求体系第 $r+1$ 阶振型与频率。此时所采取的假设振型应为

$$\boldsymbol{u}_0-\sum_{i=1}^{r}\boldsymbol{A}_iC_i=\boldsymbol{u}_0-\sum_{i=1}^{r}\boldsymbol{A}_i\frac{\boldsymbol{A}_i^{\mathrm{T}}\boldsymbol{M}\boldsymbol{u}_0}{M_i}=\left(\boldsymbol{I}-\sum_{i=1}^{r}\frac{\boldsymbol{A}_i\boldsymbol{A}_i^{\mathrm{T}}\boldsymbol{M}}{M_i}\right)\boldsymbol{u}_0=\boldsymbol{Q}_r\boldsymbol{u}_0 \tag{6-3-8}$$

$$\boldsymbol{Q}_r=\boldsymbol{I}-\sum_{i=1}^{r}\frac{\boldsymbol{A}_i\boldsymbol{A}_i^{\mathrm{T}}\boldsymbol{M}}{M_i} \tag{6-3-9}$$

式中:$\boldsymbol{Q}_r$——r 阶清型矩阵。

式(6-3-9)表明:体系任意一个假设振型 $\boldsymbol{u}_0$ 前乘以 r 阶清型矩阵 $\boldsymbol{Q}_r$ 后,就从该振型中清掉了所有包含在 $\boldsymbol{u}_0$ 中的前 r 阶振型分量。故用 $\boldsymbol{Q}_r\boldsymbol{u}_0$ 作为假设振型进行迭代,结果将收敛于第 $r+1$ 阶振型 $\boldsymbol{A}_{r+1}$。

另外,迭代计算中不可避免地存在舍入误差,从 $\boldsymbol{Q}_r\boldsymbol{u}_0$ 出发迭代,得到的 $\boldsymbol{u}_1$ 中仍可能含有前 r 阶振型分量。因此,每次迭代后都必须重新清型,即在求系统的 $r+1$ 阶频率与振型时,每次迭代都前乘以经过清型变换后的系统矩阵 $\boldsymbol{D}_r=\boldsymbol{D}\boldsymbol{Q}_r$。求第一阶频率与振型时 $\boldsymbol{Q}_0=\boldsymbol{I}$, $\boldsymbol{D}_0=\boldsymbol{D}$。由式(6-3-9)知:

$$\boldsymbol{D}_r=\boldsymbol{D}\boldsymbol{Q}_r=\boldsymbol{D}-\boldsymbol{D}\sum_{i=1}^{r}\frac{\boldsymbol{A}_i\boldsymbol{A}_i^{\mathrm{T}}\boldsymbol{M}}{M_i}=\boldsymbol{D}-\sum_{i=1}^{r}\frac{\overline{\lambda}_i\boldsymbol{A}_i\boldsymbol{A}_i^{\mathrm{T}}\boldsymbol{M}}{M_i} \tag{6-3-10}$$

从式(6-3-10)可知,各个 $\boldsymbol{D}_r$ 能按递推公式求得,即

$$\boldsymbol{D}_r=\boldsymbol{D}_{r-1}-\frac{\overline{\lambda}_r\boldsymbol{A}_r\boldsymbol{A}_r^{\mathrm{T}}\boldsymbol{M}}{M_r} \tag{6-3-11}$$

式(6-3-11)给程序编制带来很大方便。为了方便编程,总结采用矩阵迭代法计算第 $r+1$ ($r=0,1,2,\cdots,n-1$)阶频率与振型的过程如下:

(1)选取假设初始振型 $\boldsymbol{u}_0$。

(2)根据式(6-3-11)确定 $\boldsymbol{D}_r$(说明:当 $r=0$ 时,取 $\boldsymbol{D}_0=\boldsymbol{D}$)。

(3)用系统矩阵 $\boldsymbol{D}_r$ 前乘 $\boldsymbol{u}_0$,再对所得到的振型矢量 $\boldsymbol{D}_r\boldsymbol{u}_0$ 基准化,得:

$$\boldsymbol{D}_r\boldsymbol{u}_0=a_1\boldsymbol{u}_1$$

(4)继续以矩阵 $\boldsymbol{D}_r$ 前乘 $\boldsymbol{u}_1$,再对 $\boldsymbol{D}_r\boldsymbol{u}_1$ 基准化,而得到:

$$\boldsymbol{D}_r\boldsymbol{u}_1=a_2\boldsymbol{u}_2$$

(5)若 $|\boldsymbol{u}_2-\boldsymbol{u}_1|>\varepsilon|\boldsymbol{u}_1|$,则重复上述步骤。直到 $\boldsymbol{D}_r\boldsymbol{u}_{k-1}=a_k\mathbf{u}_k$ 中的 $|\boldsymbol{u}_k-\boldsymbol{u}_{k-1}|<\varepsilon|\boldsymbol{u}_{k-1}|$时,停止迭代。此时 a_k 收敛于系统的第 $r+1$ 个特征值 $\overline{\lambda}_{r+1}=1/\omega_{r+1}^2$,与之相应的特征矢量 $\boldsymbol{u}_k$ 收敛于体系的振型 $\boldsymbol{A}_{r+1}$,相关符号含义见6.3.1。

【例 6-5】 求例 6-1 体系的第 2,3 阶频率与振型。

解:前已求得第 1 阶振型 $\boldsymbol{A}_1=\{1.0000 \quad 1.8019 \quad 2.2468\}^{\mathrm{T}}$,对应的特征值 $\overline{\lambda}_1=\frac{1}{\omega_1^2}=5.0467\frac{J}{k}$,第 1 阶广义质量 $M_1=\boldsymbol{A}_1^{\mathrm{T}}\boldsymbol{M}\boldsymbol{A}_1=9.2949J$。由式(6-3-9)和式(6-3-11)求得

$$\boldsymbol{Q}_1=\begin{bmatrix}0.892 & -0.194 & -0.242\\ -0.194 & 0.651 & -0.436\\ -0.242 & -0.436 & 0.457\end{bmatrix},\boldsymbol{D}_1=\frac{J}{k}\begin{bmatrix}0.456 & 0.021 & 0.221\\ 0.021 & 0.236 & -0.200\\ 0.221 & -0.200 & 0.257\end{bmatrix}$$

假设体系的第 2 阶初始振型 $\boldsymbol{u}_0=\{1 \quad 1 \quad -1\}^{\mathrm{T}}$。经 12 次迭代后,得 $\overline{\lambda}_2=0.6430\frac{J}{k}$,$\omega_2^2=1.5552\frac{k}{J}$,$\boldsymbol{A}_2=\{1.000 \quad 0.4452 \quad -0.8020\}^{\mathrm{T}}$,$M_2=\boldsymbol{A}_2^{\mathrm{T}}\boldsymbol{M}\boldsymbol{A}_2=1.8414J$

为求第 3 阶振型和频率,由式(6-3-9)和式(6-3-11)求得

$$\boldsymbol{Q}_2=\begin{bmatrix}0.349 & -0.436 & 0.194\\ -0.436 & 0.543 & -0.242\\ 0.194 & -0.242 & 0.108\end{bmatrix},\boldsymbol{D}_2=\frac{J}{k}\begin{bmatrix}0.107 & -0.135 & 0.060\\ -0.135 & 0.166 & -0.074\\ 0.060 & -0.074 & 0.034\end{bmatrix}$$

经迭代得

$$\overline{\lambda}_3=0.3080\frac{J}{k},\omega_3^2=2.2467\frac{k}{J},\boldsymbol{A}_3=\{1.000 \quad -1.2470 \quad 0.5545\}^{\mathrm{T}}。$$

6.4 子空间迭代法

矩阵迭代法每次迭代计算只能求出系统的一阶固有频率与振型。如果要求 n 个自由度系统的前 s 阶固有频率与振型,就得按顺序逐个迭代计算 s 次,计算量很大。每次迭代计算只限于一个假设振型矢量参与迭代。而子空间迭代法选取 s 阶假设振型矢量同时进行迭代求解,一次性迭代就能得出前 s 阶频率与振型。子空间迭代法的形式有多种,但基本思想是相同的,现阐述如下:

设系统有 n 个自由度,其刚度矩阵与质量矩阵分别为 $\boldsymbol{K}$ 与 $\boldsymbol{M}$,系统的各阶特征矢量为 $\boldsymbol{A}_i$ $(i=1,2,\cdots,n)$,相应的特征值为 $\overline{\lambda}_i=\frac{1}{\omega_i^2}$,则特征方程为 $\boldsymbol{K}^{-1}\boldsymbol{M}\boldsymbol{A}_i=\overline{\lambda}_i\mathbf{A}_i$。假设 s $(s<n)$ 个 n 维振型矢量 $\boldsymbol{\psi}_{j0}(j=1,2,\cdots,s)$,构成一个 $n\times s$ 阶矩阵 $\boldsymbol{\psi}_0=[\boldsymbol{\psi}_{10} \quad \boldsymbol{\psi}_{20} \quad \cdots \quad \boldsymbol{\psi}_{s0}]$,把它作为系统前 s 阶振型矩阵 $\boldsymbol{A}_{n\times s}$ 的第零次近似(约定下标 0, Ⅰ, Ⅱ, …,表示得到振型矩阵的迭代次数),即设

$$A_0 = \boldsymbol{\psi}_0 \tag{6-4-1}$$

同矩阵迭代法一样，以 $\boldsymbol{K}^{-1}\boldsymbol{M}$ 前乘 $\boldsymbol{\psi}_0$，这相当于对 $\boldsymbol{\psi}_0$ 的每一列前乘 $\boldsymbol{K}^{-1}\boldsymbol{M}$，由此得

$$\boldsymbol{\psi}_{\mathrm{I}} = \boldsymbol{K}^{-1}\boldsymbol{M}\boldsymbol{\psi}_0 \tag{6-4-2}$$

继续以 $\boldsymbol{K}^{-1}\boldsymbol{M}$ 前乘 $\boldsymbol{\psi}_{\mathrm{I}}$ 可得到 $\boldsymbol{\psi}_{\mathrm{II}}$，可如此继续迭代。按前述矩阵迭代法原理，对于 $\boldsymbol{\psi}_{10}$（只要包含第一阶振型），经过反复迭代，它一定收敛于第一阶振型。如选取 $\boldsymbol{\psi}_{20}$ 时使它不包含第一阶振型，则经过反复迭代，它一定收敛于第二阶振型。同理，如选取 $\boldsymbol{\psi}_{j0}$ 时使它不包含前面 $j-1$ 阶振型，则经过反复迭代，它一定收敛于第 j 阶振型。然而，选取 $\boldsymbol{\psi}_0$ 不可能一开始就做到这一点。但是可以在迭代过程中逐步实现这个目标。为此，迭代求得 $\boldsymbol{\psi}_{\mathrm{I}}$，并不直接用它继续迭代，而是在迭代之前先运用瑞利—里兹法对它进行正交化处理，寻找 $\boldsymbol{\psi}_{\mathrm{I}}$ 的替代矩阵 $\boldsymbol{A}_{\mathrm{I}}$，这样可使其各列经迭代后分别趋于各个不同阶振型。根据振型的正交性，若替代矩阵 $\boldsymbol{A}_{\mathrm{I}}$ 近似满足正交化条件，即迭代过程中式(6-4-3)的非对角元素近似趋近于零，则 $\boldsymbol{A}_{\mathrm{I}}$ 中的列向量 $\boldsymbol{A}_{i\mathrm{I}}$（$i=1,2,\cdots,s$）向系统对应振型趋近。

$$\boldsymbol{A}_{\mathrm{I}}^{\mathrm{T}}\boldsymbol{M}\boldsymbol{A}_{\mathrm{I}} = \begin{bmatrix} \boldsymbol{A}_{1\mathrm{I}}^{\mathrm{T}}\boldsymbol{M}\boldsymbol{A}_{1\mathrm{I}} & & & \\ & \boldsymbol{A}_{2\mathrm{I}}^{\mathrm{T}}\boldsymbol{M}\boldsymbol{A}_{2\mathrm{I}} & & \\ & & \ddots & \\ & & & \boldsymbol{A}_{s\mathrm{I}}^{\mathrm{T}}\boldsymbol{M}\boldsymbol{A}_{s\mathrm{I}} \end{bmatrix}_{s\times s} \tag{6-4-3}$$

具体如下：按式(6-2-1)，将系统前 s 阶振型的第Ⅰ次近似 $\boldsymbol{A}_{i\mathrm{I}}$ 表示为

$$\boldsymbol{A}_{i\mathrm{I}} = \sum_{j=1}^{s} a_{ji\mathrm{I}}\boldsymbol{\psi}_{j\mathrm{I}} = \boldsymbol{\psi}_{\mathrm{I}}\boldsymbol{a}_{i\mathrm{I}} \qquad (i=1,2,\cdots,s) \tag{6-4-4}$$

$\boldsymbol{\psi}_{\mathrm{I}}$ 的含义见式(6-4-2)，$\boldsymbol{a}_{i\mathrm{I}} = \{a_{1i\mathrm{I}} \quad a_{2i\mathrm{I}} \quad \cdots \quad a_{si\mathrm{I}}\}^{\mathrm{T}}$，$\boldsymbol{a}_{i\mathrm{I}}$ 为待定系数列阵，此列阵中各元素的数字下标与 $\boldsymbol{\psi}_{\mathrm{I}}$ 中的1,2,…,s 列号对应，下标 i 表示系统的振型序号。

将式(6-4-4)代入第Ⅰ瑞利商的计算式(6-1-5)得

$$R_{\mathrm{I}}(\boldsymbol{A}_{i\mathrm{I}}) = \lambda_{i\mathrm{I}} = \frac{\boldsymbol{a}_{i\mathrm{I}}^{\mathrm{T}}\boldsymbol{\psi}_{\mathrm{I}}^{\mathrm{T}}\boldsymbol{K}\boldsymbol{\psi}_{\mathrm{I}}\boldsymbol{a}_{i\mathrm{I}}}{\boldsymbol{a}_{i\mathrm{I}}^{\mathrm{T}}\boldsymbol{\psi}_{\mathrm{I}}^{\mathrm{T}}\boldsymbol{M}\boldsymbol{\psi}_{\mathrm{I}}\boldsymbol{a}_{i\mathrm{I}}} \qquad (i=1,2,\cdots,s) \tag{6-4-5}$$

$R_{\mathrm{I}}(\boldsymbol{A}_{i\mathrm{I}})$ 为 $\boldsymbol{a}_{i\mathrm{I}}$ 的函数，记为 $R_{\mathrm{I}}(\boldsymbol{a}_{i\mathrm{I}})$。要使式(6-4-4)表示的振型逼近真实振型，只有取合适的 $\boldsymbol{a}_{i\mathrm{I}}$，使得 $R_{\mathrm{I}}(\boldsymbol{a}_{i\mathrm{I}})$ 达到驻值。经过瑞利—里兹法中的相同运算，得

$$\boldsymbol{\psi}_{\mathrm{I}}^{\mathrm{T}}\boldsymbol{K}\boldsymbol{\psi}_{\mathrm{I}}\boldsymbol{a}_{i\mathrm{I}} - \lambda_{i\mathrm{I}}\boldsymbol{\psi}_{\mathrm{I}}^{T}\boldsymbol{M}\boldsymbol{\psi}_{\mathrm{I}}\boldsymbol{a}_{i\mathrm{I}} = 0 \qquad (i=1,2,\cdots,s) \tag{6-4-6}$$

再作相应的近似广义刚度矩阵与近似广义质量矩阵：

$$\left.\begin{aligned} \boldsymbol{K}_{\mathrm{I}}^{*} &= \boldsymbol{\psi}_{\mathrm{I}}^{\mathrm{T}}\boldsymbol{K}\boldsymbol{\psi}_{\mathrm{I}} \\ \boldsymbol{M}_{\mathrm{I}}^{*} &= \boldsymbol{\psi}_{\mathrm{I}}^{\mathrm{T}}\boldsymbol{M}\boldsymbol{\psi}_{\mathrm{I}} \end{aligned}\right\} s\times s\ \text{阶实对称矩阵} \tag{6-4-7}$$

则式(6-4-6)变为

$$(\boldsymbol{K}_{\mathrm{I}}^{*}-\lambda_{i\mathrm{I}}\boldsymbol{M}_{\mathrm{I}}^{*})\boldsymbol{a}_{i\mathrm{I}}=0 \qquad (i=1,2,\cdots,s) \tag{6-4-8}$$

解频率方程$|\boldsymbol{K}_{\mathrm{I}}^{*}-\lambda_{i\mathrm{I}}\boldsymbol{M}_{\mathrm{I}}^{*}|=0$,得系统前$s$个特征值的第Ⅰ次近似值$\lambda_{i\mathrm{I}}(i=1,2,\cdots,s)$。依次代入式(6-4-8),解出相应的$s$个特征矢量,得到$\boldsymbol{a}_{i\mathrm{I}}(i=1,2,\cdots,s)$,为简便计算一般将$\boldsymbol{a}_{i\mathrm{I}}$基准化。

将解出的$\boldsymbol{a}_{i\mathrm{I}}(i=1,2,\cdots,s)$代入式(6-4-4),得到系统前$s$阶振型的第Ⅰ次近似结果$\boldsymbol{A}_{i\mathrm{I}}(i=1,2,\cdots,s)$,得到系统前$s$阶振型矩阵的Ⅰ次近似

$$\boldsymbol{A}_{\mathrm{I}}=[\boldsymbol{\psi}_{\mathrm{I}}\boldsymbol{a}_{1\mathrm{I}} \quad \boldsymbol{\psi}_{\mathrm{I}}\boldsymbol{a}_{2\mathrm{I}} \quad \cdots \quad \boldsymbol{\psi}_{\mathrm{I}}\boldsymbol{a}_{s\mathrm{I}}]_{n\times s} \tag{6-4-9}$$

至此,第Ⅰ次迭代计算过程完成。经过上述瑞利—里兹法处理过程,$\boldsymbol{A}_{\mathrm{I}}$近似满足式(6-4-3)的正交化条件,$\boldsymbol{A}_{\mathrm{I}}$比$\boldsymbol{\psi}_{\mathrm{I}}$更接近实际振型矩阵。故用$\boldsymbol{A}_{\mathrm{I}}$代替$\boldsymbol{\psi}_{\mathrm{I}}$继续迭代。另外,为了避免计算中数值的庞大,用$\boldsymbol{A}_{\mathrm{I}}$代替$\boldsymbol{\psi}_{\mathrm{I}}$之前往往要对$\boldsymbol{A}_{\mathrm{I}}$各列基准化。

第Ⅱ次计算可照样进行,即以$\boldsymbol{K}^{-1}\boldsymbol{M}$前乘$\boldsymbol{A}_{\mathrm{I}}$,得出$\boldsymbol{\psi}_{\mathrm{II}}$,构造第Ⅱ次近似广义质量矩阵与近似广义刚度矩阵$\boldsymbol{M}_{\mathrm{II}}^{*}=\boldsymbol{\psi}_{\mathrm{II}}^{\mathrm{T}}\boldsymbol{M}\boldsymbol{\psi}_{\mathrm{II}}$,$\boldsymbol{K}_{\mathrm{II}}^{*}=\boldsymbol{\psi}_{\mathrm{II}}^{\mathrm{T}}\boldsymbol{K}\boldsymbol{\psi}_{\mathrm{II}}$,得出第Ⅱ次特征方程$(\boldsymbol{K}_{\mathrm{II}}^{*}-\lambda_{i\mathrm{II}}\boldsymbol{M}_{\mathrm{II}}^{*})\boldsymbol{a}_{i\mathrm{II}}=0(i=1,2,\cdots,s)$,由$|\boldsymbol{K}_{\mathrm{II}}^{*}-\lambda_{i\mathrm{II}}\boldsymbol{M}_{\mathrm{II}}^{*}|=0$解得特征值的第Ⅱ次近似值$\lambda_{i\mathrm{II}}(i=1,2,\cdots,s)$,代入$(\boldsymbol{K}_{\mathrm{II}}^{*}-\lambda_{i\mathrm{II}}\boldsymbol{M}_{\mathrm{II}}^{*})\boldsymbol{a}_{i\mathrm{II}}=0$,算出$\boldsymbol{a}_{i\mathrm{II}}(i=1,2,\cdots,s)$,得出$\boldsymbol{A}_{i\mathrm{II}}=\boldsymbol{\psi}_{\mathrm{II}}\boldsymbol{a}_{i\mathrm{II}}$及$\boldsymbol{A}_{\mathrm{II}}$。第Ⅱ次计算过程至此结束。

不断重复上述迭代过程,从理论来说,当进行至无穷次迭代($N\to\infty$时),$\boldsymbol{A}_N$与$\boldsymbol{\lambda}_N$将分别收敛于系统前s阶振型矩阵$\boldsymbol{A}$及特征值矩阵$\boldsymbol{\lambda}$。

但实践中发现,系统前几阶振型一般收敛得非常快。因此,常多取几阶假设振型进行迭代,例如取$r(r>s)$阶假设振型,然后将迭代过程进行到前s阶频率和振型均已达到所需精度为止。多取$(r-s)$阶假设振型的目的是为了加快前s阶振型的收敛速度,但在每次迭代计算中增加了计算工作量。因此,要权衡得失选取合理的增加振型个数。经验指出,可在$r=2s$及$r=s+8$两者中取较小者。

从上述可知,子空间迭代法的每次迭代计算都要解关于$\boldsymbol{\lambda}$的s次方程。由于$s<n$,其计算比系统原来的n次方程要简便得多。当系统存在等固有频率或有几个固有频率非常接近的时候,采用上节矩阵迭代法求解,会出现收敛速度太慢的情形,子空间迭代法可以有效地克服这一困难。另外,在大型复杂结构的振动分析中,系统的自由度可能多至上万个,而需要用到的固有频率与振型常只是其前面几十阶,通常就得进行所谓的“坐标缩聚”。与其他缩聚方法相比,子空间迭代法具有精度高与可靠的优点。因此,它已成为大型结构振动分析最有效的方法之一。

【例6-6】 取例6-2所示振动系统,用子空间迭代法求此系统前2阶固有频率和振型。

解:此系统质量矩阵$\boldsymbol{M}$,刚度矩阵$\boldsymbol{K}$及柔度矩阵$\boldsymbol{R}$均见[例6-2],系统前2阶假设振型矩阵为$\boldsymbol{A}_0=\boldsymbol{\psi}_0=\begin{bmatrix}0.25 & 0.5 & 0.75 & 1\\ 1 & 1 & 0 & -0.9\end{bmatrix}^{\mathrm{T}}$,前乘$\boldsymbol{K}^{-1}\boldsymbol{M}=\boldsymbol{R}\boldsymbol{M}$得

$$\boldsymbol{RM\psi}_0 = \frac{m}{k}\begin{bmatrix} 2.5 & 4.75 & 6.5 & 7.5 \\ 1.1 & 1.2 & 0.3 & -0.6 \end{bmatrix}^{\mathrm{T}}$$

对它基准化后(为了反映迭代效果,在计算结果中尽量保留较多有效数字),得

$$\boldsymbol{\psi}_{\mathrm{I}} = \begin{bmatrix} 0.3333333 & 0.9166666 \\ 0.6333333 & 1.0000000 \\ 0.8666666 & 0.2500000 \\ 1.0000000 & -0.5000000 \end{bmatrix}$$

按式(6-4-7)计算第 I 次近似广义质量矩阵 $\boldsymbol{M}_{\mathrm{I}}^*$ 与近似广义刚度矩阵 $\boldsymbol{K}_{\mathrm{I}}^*$:

$$\boldsymbol{M}_{\mathrm{I}}^* = \boldsymbol{\psi}_{\mathrm{I}}^{\mathrm{T}}\boldsymbol{M}\boldsymbol{\psi}_{\mathrm{I}} = m\begin{bmatrix} 2.2633333 & 0.6555555 \\ 0.6555555 & 2.1527776 \end{bmatrix}$$

$$\boldsymbol{K}_{\mathrm{I}}^* = \boldsymbol{\psi}_{\mathrm{I}}^{T}\boldsymbol{K}\boldsymbol{\psi}_{\mathrm{I}} = k\begin{bmatrix} 0.2733333 & 0.0555555 \\ 0.0555555 & 1.9722221 \end{bmatrix}$$

代入特征方程$(\boldsymbol{K}_{\mathrm{I}}^* - \lambda_{i\mathrm{I}}\boldsymbol{M}_{\mathrm{I}}^*)\boldsymbol{a}_{i\mathrm{I}} = 0$,得

$$\begin{bmatrix} 0.2733333 - 2.2633333\alpha_{i\mathrm{I}} & 0.0555555 - 0.6555555\alpha_{i\mathrm{I}} \\ 0.0555555 - 0.6555555\alpha_{i\mathrm{I}} & 1.9722221 - 2.1527776\alpha_{i\mathrm{I}} \end{bmatrix}\begin{Bmatrix} a_{1i\mathrm{I}} \\ a_{2i\mathrm{I}} \end{Bmatrix} = \begin{Bmatrix} 0 \\ 0 \end{Bmatrix}$$

式中,$\alpha_{i\mathrm{I}} = \lambda_{i\mathrm{I}} m/k$。由上式有非零解的条件,得第 I 次频率方程

$$4.4427002\alpha_{i\mathrm{I}}^2 - 4.9793823\alpha_{i\mathrm{I}} + 0.5359875 = 0$$

解得
$$\alpha_{1\mathrm{I}} = 0.1206231,\ \alpha_{2\mathrm{I}} = 1.00017777$$

将 $\alpha_{1\mathrm{I}}$,$\alpha_{2\mathrm{I}}$分别代入上述特征方程,分别得出

$$\boldsymbol{a}_{1\mathrm{I}} = \begin{Bmatrix} 1 \\ 0.0137374 \end{Bmatrix},\ \boldsymbol{a}_{2\mathrm{I}} = \begin{Bmatrix} -0.3015051 \\ 1 \end{Bmatrix}$$

依次代入式(6-4-4)并基准化,得出

$$\boldsymbol{A}_{1\mathrm{I}} = \begin{Bmatrix} 0.3483183 \\ 0.6515459 \\ 0.8761186 \\ 1.0000000 \end{Bmatrix},\ \boldsymbol{A}_{2\mathrm{I}} = \begin{Bmatrix} 1.0000000 \\ 0.9912784 \\ -0.0138505 \\ -0.9820379 \end{Bmatrix}$$

所以,系统前 2 阶振型矩阵的第 I 次近似为

$$\boldsymbol{A}_{\mathrm{I}} = \begin{bmatrix} 0.3483183 & 1.0000000 \\ 0.6515459 & 0.9912784 \\ 0.8761186 & -0.0138505 \\ 1.0000000 & -0.9820379 \end{bmatrix}$$

对 $\boldsymbol{A}_{\mathrm{I}}$ 进行迭代,得

$$\boldsymbol{RMA}_{\mathrm{I}} = \frac{m}{k}\begin{bmatrix} 2.875\,982\,8 & 0.995\,390\,0 \\ 5.403\,647\,3 & 0.990\,780\,0 \\ 7.279\,765\,9 & -0.005\,108\,0 \\ 8.279\,765\,9 & -0.967\,145\,9 \end{bmatrix}$$

将它基准化为

$$\boldsymbol{\psi}_{\mathrm{II}} = \begin{bmatrix} 0.347\,350\,7 & 1.000\,000\,0 \\ 0.652\,632\,8 & 0.995\,368\,6 \\ 0.879\,223\,6 & -0.005\,131\,6 \\ 1.000\,000\,0 & -0.991\,717\,7 \end{bmatrix}$$

计算第Ⅱ次近似广义质量矩阵 $\boldsymbol{M}_{\mathrm{II}}^{*}$ 与近似广义刚度矩阵 $\boldsymbol{K}_{\mathrm{II}}^{*}$

$$\boldsymbol{M}_{\mathrm{II}}^{*} = \boldsymbol{\psi}_{\mathrm{II}}^{\mathrm{T}}\boldsymbol{M}\boldsymbol{\psi}_{\mathrm{II}} = m\begin{bmatrix} 2.319\,612\,5 & 0.000\,731\,3 \\ 0.000\,731\,3 & 2.974\,288\,8 \end{bmatrix}$$

$$\boldsymbol{K}_{\mathrm{II}}^{*} = \boldsymbol{\psi}_{\mathrm{II}}^{\mathrm{T}}\boldsymbol{K}\boldsymbol{\psi}_{\mathrm{II}} = k\begin{bmatrix} 0.279\,779\,9 & 0.000\,076\,5 \\ 0.000\,076\,5 & 2.974\,374\,1 \end{bmatrix}$$

由第Ⅱ次特征方程$(\boldsymbol{K}_{\mathrm{II}}^{*} - \lambda_{i\mathrm{II}}\boldsymbol{M}_{\mathrm{II}}^{*})\boldsymbol{a}_{i\mathrm{II}} = 0$,得

$$\begin{bmatrix} 0.279\,779\,9 - 2.319\,612\,5\alpha_{i\mathrm{II}} & 0.000\,076\,5 - 0.000\,731\,3\alpha_{i\mathrm{II}} \\ 0.000\,076\,5 - 0.000\,731\,3\alpha_{i\mathrm{II}} & 2.974\,374\,1 - 2.974\,288\,8\alpha_{i\mathrm{II}} \end{bmatrix}\begin{Bmatrix} a_{1i\,\mathrm{II}} \\ a_{2i\,\mathrm{II}} \end{Bmatrix} = \begin{Bmatrix} 0 \\ 0 \end{Bmatrix}$$

从它得出第Ⅱ次频率方程如下:

$$6.899\,196\,9\alpha_{i\mathrm{II}}^{2} - 7.731\,541\,4\alpha_{i\mathrm{II}} + 0.832\,170\,0 = 0,\text{式中},\alpha_{i\mathrm{II}} = \lambda_{i\mathrm{II}}m/k$$

解得

$$\alpha_{1\mathrm{II}} = 0.120\,614\,9,\alpha_{2\mathrm{II}} = 1.000\,028\,7$$

将 $\alpha_{1\mathrm{II}}$,$\alpha_{2\mathrm{II}}$ 分别代入上述特征方程,分别得出

$$\boldsymbol{\alpha}_{1\mathrm{II}} = \begin{Bmatrix} 1 \\ 0.000\,1 \end{Bmatrix},\boldsymbol{\alpha}_{2\mathrm{II}} = \begin{Bmatrix} -0.000\,3 \\ 1 \end{Bmatrix}$$

同样可得到第Ⅱ次近似振型向量:

$$\boldsymbol{A}_{1\mathrm{II}} = \begin{Bmatrix} 0.347\,485\,2 \\ 0.652\,797\,1 \\ 0.879\,310\,3 \\ 1.000\,000\,0 \end{Bmatrix},\boldsymbol{A}_{2\mathrm{II}} = \begin{Bmatrix} 1.000\,000\,0 \\ 0.995\,276\,5 \\ -0.005\,396\,0 \\ -0.991\,521\,0 \end{Bmatrix}$$

得到
$$A_{\mathrm{II}}=\begin{bmatrix}0.3474852 & 1.0000000\\ 0.6527971 & 0.9952765\\ 0.8793103 & -0.0053960\\ 1.0000000 & -0.9915210\end{bmatrix}$$

由此可见，两次迭代计算的频率与振型的差别已经不大，迭代过程可到此结束。最后得到此系统的前二阶固有频率近似值分别为 $\omega_1=\sqrt{0.1206149\dfrac{k}{m}}$，$\omega_2=\sqrt{1.0000287\dfrac{k}{m}}$，前二阶振型分别为 $\boldsymbol{A}_1=\boldsymbol{A}_{1\mathrm{II}}$，$\boldsymbol{A}_2=\boldsymbol{A}_{2\mathrm{II}}$，计算结果与例 6-2 接近。

第7章　逐步积分法

关于系统动力响应分析,前面主要阐述了振型叠加法的原理和应用。这个方法计算简便,可分别看到系统各振型对响应的贡献,可按精度要求,增加计算所需的振型,物理概念清楚。但它建立在叠加原理的基础上,只适用于线性系统的振动分析。为此,本章介绍同时适用于线性和非线性系统动力响应分析的常用逐步积分法。

7.1　逐步积分法的基本思想

由于物理非线性、几何非线性及阻尼非线性,有许多体系的振动为非线性振动,例如地震引起严重破坏的建筑物,在地震历程中的工作是弹塑性的,其由地震激起的振动为非线性振动,由非线性振动微分方程描述。非线性微分方程的精确解无法得到,只能求其近似解。一般采用逐次逼近法与里兹平均法。用逐次逼近法求近似解,往往限于小的时间间隔内对精确解才有好的近似,而在长时间后,所得解常是发散的[5]。里兹平均法比逐次逼近法可得到较好的解,但需假设近似级数,对于复杂非线性体系,此近似级数往往难以假定。因此,需要发展适用于非线性体系的其他分析方法。

对于非线性分析,最有效的方法是逐步积分法,其基本思想是将系统振动历程分为许多很小的时段 Δt,如图7-1-1所示。习惯称 Δt 为步长,通常为了计算方便,取 Δt 为等步长。只对于系统特性发生急剧变化的时段,例如刚架截面形成塑性铰时,可将相应时段再细分为几个子时段进行计算。在每个时段内,系统的特性(质量、刚度、阻尼)假定不变。各个时段的系统特性则不相同。理应取时段中点时的系统特性作为系统在此时段内的特性。要做到这一点,须在该时段内作迭代计算。为简化计算,一般取时段起点 i(图7-1-1)时的系统特性作为系统在该时段的特性。这样,系统在每个时段内的振动微分方程为常系数线性微分方程。时段起点 i 的系统响应为系统在该时段内的振动初始条件,由此解出系统在该时段终点 $i+1$(图7-1-1)时的响应。至此在 i 至 $i+1$ 时段内的系统振动计算完成。从加荷开始,依次照样进行系统在各时段内的振动计算,就得出非线性系统的振动响应历程,系统非线性振动的全过程就用一系列的线性振动来逼近。很显然,上述逐步积分法同样适用于线性体系的振动计算,此时不需作系统在每个时段的特性计算,计算过程大为简化。

逐步积分法对每一时间步长,从初始到最终条件采用积分方式前进一步,这个概念可用如下式子表达:

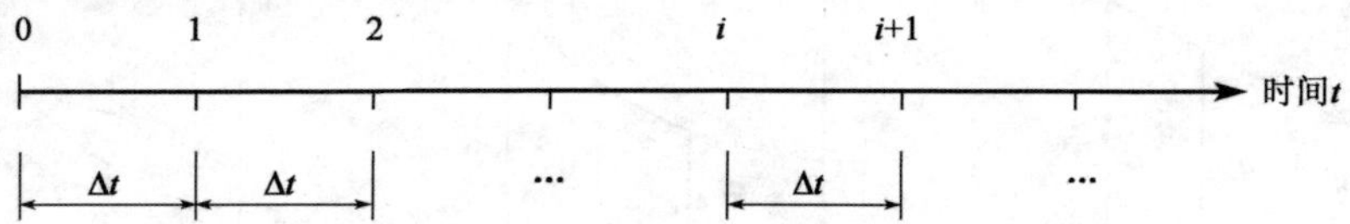

图 7-1-1　逐步积分法的步长

$$\dot{q}_{t+\Delta t} = \dot{q}_t + \int_t^{t+\Delta t} \ddot{q}(\tau)\mathrm{d}\tau \tag{7-1-1}$$

$$q_{t+\Delta t} = q_t + \int_t^{t+\Delta t} \dot{q}(\tau)\mathrm{d}\tau \tag{7-1-2}$$

它表示最终速度与位移依据各自的初始值加一个积分表达式,速度的变化依赖于加速度历程的积分,而位移的变化依赖于速度历程的积分。为了进行这类分析,首先需要假设在一个时间步长内加速度是如何变化的,加速度假设控制了速度与位移的变化。因而,基于当前步条件由加速度假定与平衡条件可以向前获得下一时间步的响应。

因为振型叠加法要求系统的频率和振型,这在自由度很多时工作量很大,而逐步积分法不需要求频率和振型,故有时用逐步积分法比用振型叠加法更胜一筹。一般认为,计算短时间脉冲荷载作用下大型复杂结构的反应,逐步积分法相对振型叠加法往往更有效,因为这种荷载可能激发起许多个振型而只需计算一段很短的反应时程。振型叠加法一般要计算杜哈美积分,这种积分是通过用振型矩阵将广义坐标变换为模态坐标后开展的。逐步积分法直接积分运动微分方程,不需经过坐标变换,故又称为直接积分法。

逐步积分法有多种,如:①平均加速度法;②线性加速度法;③威尔逊(Wilson)-θ 法;④纽马克(Newmark)法;⑤郝柏特(Houbolt)法;⑥龙格—库塔(Runge-Kutta)法。下面介绍②、③、④三法。

7.2　线性加速度法

线性加速度法采用如下两条基本假定:①在每个时段 Δt 内,体系广义坐标的振动加速度随时间按线性规律变化,如图 7-2-1a)所示;②在每个时段 Δt 内,系统特性不变化。

系统广义坐标(位移)、速度及加速度分别以 $\boldsymbol{q}, \dot{\boldsymbol{q}}, \ddot{\boldsymbol{q}}$ 列阵形式表示。为了表述方便,以任意选取的某广义坐标为例进行说明。由图 7-2-1 得到 $t+\tau$时刻的加速度、速度及位移如下($0 \leqslant \tau \leqslant \Delta t$):

$$\ddot{q}_{t+\tau} = \ddot{q}_t + \frac{\ddot{q}_{t+\Delta t} - \ddot{q}_t}{\Delta t}\tau \tag{7-2-1}$$

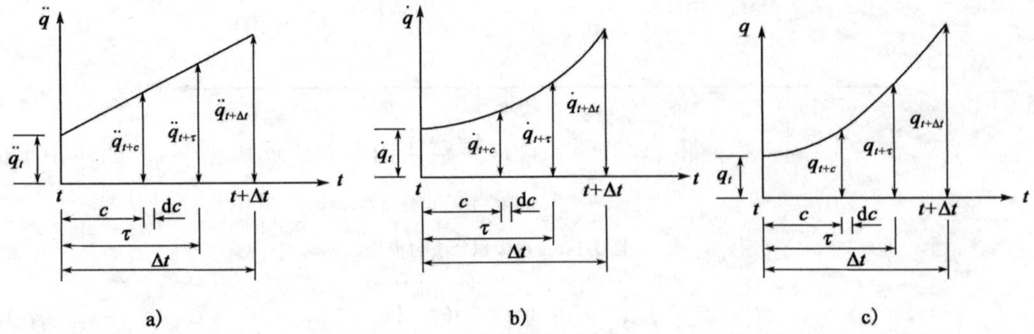

图 7-2-1 系统某广义坐标(位移)、速度、加速度在时段 Δt 内的变化曲线(线性加速度法)

a)加速度;b)速度;c)位移

$$\dot{q}_{t+\tau} = \dot{q}_t + \int_0^{\tau} \ddot{q}_{t+c}\mathrm{d}c = \dot{q}_t + \int_0^{\tau}\left(\ddot{q}_t + \frac{\ddot{q}_{t+\Delta t} - \ddot{q}_t}{\Delta t}c\right)\mathrm{d}c = \dot{q}_t + \tau\ddot{q}_t + \frac{\tau^2}{2\Delta t}(\ddot{q}_{t+\Delta t} - \ddot{q}_t) \tag{7-2-2}$$

$$q_{t+\tau} = q_t + \int_0^{\tau}\dot{q}_{t+c}\mathrm{d}c = q_t + \int_0^{\tau}\left(\dot{q}_t + \ddot{q}_t c + \frac{\ddot{q}_{t+\Delta t} - \ddot{q}_t}{\Delta t}\frac{c^2}{2}\right)\mathrm{d}c \tag{7-2-3}$$

$$= q_t + \tau\dot{q}_t + \frac{\tau^2}{2}\ddot{q}_t + \frac{\tau^3}{6\Delta t}(\ddot{q}_{t+\Delta t} - \ddot{q}_t)$$

当$\tau = \Delta t$ 时,由式(7-2-2)与式(7-2-3)得 $t + \Delta t$ 时的速度及位移计算式

$$\dot{q}_{t+\Delta t} = \dot{q}_t + \ddot{q}_t\Delta t + \frac{(\ddot{q}_{t+\Delta t} - \ddot{q}_t)\Delta t}{2} = \dot{q}_t + \frac{\Delta t}{2}(\ddot{q}_{t+\Delta t} + \ddot{q}_t) \tag{7-2-4}$$

$$q_{t+\Delta t} = q_t + \dot{q}_t\Delta t + \ddot{q}_t\frac{\Delta t^2}{2} + \frac{(\ddot{q}_{t+\Delta t} - \ddot{q}_t)\Delta t^2}{6} = q_t + \Delta t\dot{q}_t + \frac{\Delta t^2}{3}\ddot{q}_t + \frac{\Delta t^2}{6}\ddot{q}_{t+\Delta t} \tag{7-2-5}$$

由式(7-2-5),得

$$\ddot{q}_{t+\Delta t} = \frac{6}{\Delta t^2}q_{t+\Delta t} - \frac{6}{\Delta t^2}q_t - \frac{6}{\Delta t}\dot{q}_t - 2\ddot{q}_t \tag{7-2-6}$$

将式(7-2-6)代入式(7-2-4),得

$$\dot{q}_{t+\Delta t} = \frac{3}{\Delta t}q_{t+\Delta t} - \frac{3}{\Delta t}q_t - 2\dot{q}_t - \frac{\Delta t}{2}\ddot{q}_t \tag{7-2-7}$$

在 $t + \Delta t$ 时刻,多自由度系统的运动方程为

$$\boldsymbol{M}\ddot{\boldsymbol{q}}_{t+\Delta t} + \boldsymbol{C}\dot{\boldsymbol{q}}_{t+\Delta t} + \boldsymbol{K}\boldsymbol{q}_{t+\Delta t} = \boldsymbol{Q}_{t+\Delta t} \tag{7-2-8}$$

将式(7-2-6)、式(7-2-7)以多自由度参量的列阵形式代入式(7-2-8),得

$$\boldsymbol{M}\left(\frac{6}{\Delta t^2}\boldsymbol{q}_{t+\Delta t} - \frac{6}{\Delta t^2}\boldsymbol{q}_t - \frac{6}{\Delta t}\dot{\boldsymbol{q}}_t - 2\ddot{\boldsymbol{q}}_t\right) + \boldsymbol{C}\left(\frac{3}{\Delta t}\boldsymbol{q}_{t+\Delta t} - \frac{3}{\Delta t}\boldsymbol{q}_t - 2\dot{\boldsymbol{q}}_t - \frac{\Delta t}{2}\ddot{\boldsymbol{q}}_t\right) + \boldsymbol{K}\boldsymbol{q}_{t+\Delta t} = \boldsymbol{Q}_{t+\Delta t}$$

整理后,简写为

$$\overline{K}q_{t+\Delta t} = \overline{Q}_{t+\Delta t} \tag{7-2-9}$$

式中

$$\overline{K} = K + \frac{6}{\Delta t^2}M + \frac{3}{\Delta t}C \tag{7-2-10}$$

$\overline{K}$ 为系统在 $t+\Delta t$ 时刻的等效刚度矩阵。

$$\overline{Q}_{t+\Delta t} = Q_{t+\Delta t} + M\left(\frac{6}{\Delta t^2}q_t + \frac{6}{\Delta t}\dot{q}_t + 2\ddot{q}_t\right) + C\left(\frac{3}{\Delta t}q_t + 2\dot{q}_t + \frac{\Delta t}{2}\ddot{q}_t\right) \tag{7-2-11}$$

$\overline{Q}_{t+\Delta t}$为系统在 $t+\Delta t$ 时刻的等效荷载列阵。解式(7-2-9)，得出 $q_{t+\Delta t}$，代入式(7-2-6)与式(7-2-7)，分别算出 $\ddot{q}_{t+\Delta t}$与 $\dot{q}_{t+\Delta t}$。

上述计算过程表明，可由每一时段起点响应 q_t、$\dot{q}_t$、$\ddot{q}_t$ 推求该时段终点响应 $q_{t+\Delta t}$、$\dot{q}_{t+\Delta t}$、$\ddot{q}_{t+\Delta t}$。一般系统的初始条件可以确定，即 q_0、$\dot{q}_0$ 已知，初始加速度 $\ddot{q}_0$ 可由系统的初始时刻运动方程 $M\ddot{q}_0 + C\dot{q}_0 + Kq_0 = Q_0$ 确定。因此，系统的振动响应历程可按上述过程一步一步算出，这就是逐步积分法的基本思路。

很显然，上述计算过程中的时间步长 Δt 如何确定未予说明，现扼要介绍如下：与任何数值积分过程一样，逐步积分法的精度依赖于时间步长 Δt 的大小。选取 Δt 时必须考虑三个要素：①动力荷载的变化速率；②非线性阻尼和刚度特性的复杂性；③系统的自振周期 T_i（$i=1,2,\cdots,n$），此因素联系系统的自振特征。为了可靠地反映这些因素，时间步长 Δt 必须足够短。一般来说，系统阻尼和刚度特性的变化不是关键性因素，如果发生一个重大的突然变化，例如刚架结构形成了塑性铰，这时可引入一个特殊再细分的时间步长 $\Delta t'$来较精确地考虑塑性铰的影响。另外，估算能恰当地描述动力荷载波形的时间步长也不困难。因此，系统自振周期 T_i（$i=1,2,\cdots,n$）是选择 Δt 时要考虑的主要因素。

上一段只是概念性的说明，具体地确定 Δt 要根据计算经验。计算经验表明：当 $\Delta t \leqslant T_{\min}/1.8$（$T_{\min}$为离散后的系统最小自振周期，对应系统最高阶振型）时，线性加速度法的计算结果是稳定的（或者说是有界的），称为其解有条件稳定（条件就是 $\Delta t \leqslant T_{\min}/1.8$）。若 $\Delta t > T_{\min}/1.8$，计算结果将不稳定（即是发散的）。许多情形中系统的主要反应包含在系统运动的低频（长周期）分量里，因此得到适当精度反应所需的时间步长不必太短。但是线性加速度法仅仅是有条件稳定，如果将它应用到振动周期低于 1.8 倍积分步长的振型反应分量中，计算结果将是发散的，这种方法就将失败。不管高阶振型对动力反应起多大作用，即使输入的动力荷载的高频分量很小，系统动力反应的高频部分将无限增长，使计算结果失去意义。因此，线性加速度的时间步长 Δt 必须比系统的最短自振周期更短。

对于某些类型的多自由度结构，例如理想化为每层只有一个自由度的多层建筑物，对于积分步长的这种限制是无足轻重的，在这类结构的抗震分析中，为了恰当地描述地面运动，时间步长必须取得相当短，这类结构的数学模型的最短振动周期比这个时间步长大得多。因此在框架建筑物的线性与非线性地震反应分析中,线性加速度法证明是有效的。此外,对于一些更一般的结构,特别是具有复杂几何形状的有限元理想化结构,数学模型的最短振动周期可能比对结构反应起主要作用的周期小几个数量级。这种情况中,为了避免不稳定,需要采取非常短的时间步长,此时不宜用普通的线性加速度法,需要一个无条件稳定的方法来代替,而这个方法不论时间步长与最短周期的关系如何总不至于失败。替代方法有好几种,应用最广的是威尔逊-θ 法及纽马克法,分述如下。

7.3 威尔逊(Wilson)-θ 法

威尔逊-θ 法是线性加速度法的推广和改进,是最简单和最好的方法之一。其基本假定是:在扩大了的时间步长 $\theta\Delta t$(当 $\theta>1.37$ 时,威尔逊-θ 法无条件稳定,证明见后)范围内,体系广义坐标的振动加速度按线性规律变化(图 7-3-1),即

$$\ddot{q}_{t+\tau} = \ddot{q}_t + \frac{\tau}{\theta\Delta t}(\ddot{q}_{t+\theta\Delta t} - \ddot{q}_t) \tag{7-3-1}$$

式中,$0\leqslant\tau\leqslant\theta\Delta t$。当 $\theta=1$ 时,式(7-3-1)即变为式(7-2-1),威尔逊-θ 法退化为线性加速度法。

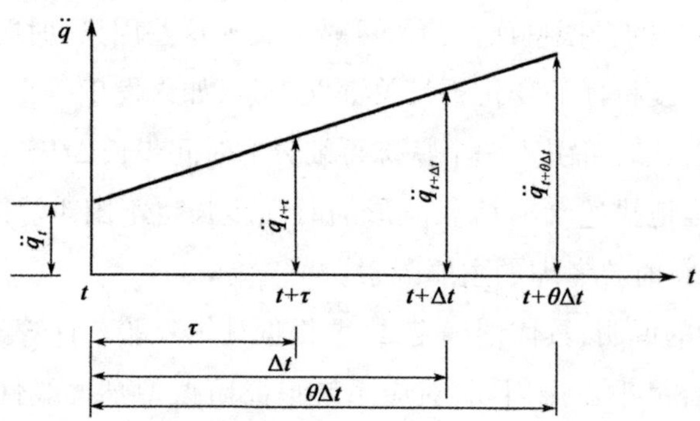

图 7-3-1 威尔逊-θ 法线性加速度假定

经过 7.2 节的同样积分,得

$$\dot{q}_{t+\tau} = \dot{q}_t + \ddot{q}_t\tau + \frac{\tau^2}{2\theta\Delta t}(\ddot{q}_{t+\theta\Delta t} - \ddot{q}_t) \tag{7-3-2}$$

$$q_{t+\tau} = q_t + \dot{q}_t\tau + \frac{\tau^2}{2}\ddot{q}_t + \frac{\tau^3}{6\theta\Delta t}(\ddot{q}_{t+\theta\Delta t} - \ddot{q}_t) \tag{7-3-3}$$

当$\tau=\theta\Delta t$ 时,有

$$\dot{q}_{t+\theta\Delta t} = \dot{q}_t + \frac{\theta\Delta t}{2}(\ddot{q}_{t+\theta\Delta t} + \ddot{q}_t) \tag{7-3-4}$$

$$q_{t+\theta\Delta t} = q_t + \theta\Delta t\dot{q}_t + \frac{(\theta\Delta t)^2}{6}(\ddot{q}_{t+\theta\Delta t} + 2\ddot{q}_t) \tag{7-3-5}$$

由式(7-3-5)解出

$$\ddot{q}_{t+\theta\Delta t} = \frac{6}{(\theta\Delta t)^2}(q_{t+\theta\Delta t} - q_t) - \frac{6}{\theta\Delta t}\dot{q}_t - 2\ddot{q}_t \tag{7-3-6}$$

将式(7-3-6)代入式(7-3-4),得

$$\dot{q}_{t+\theta\Delta t} = \frac{3}{\theta\Delta t}(q_{t+\theta\Delta t} - q_t) - 2\dot{q}_t - \frac{\theta\Delta t}{2}\ddot{q}_t \tag{7-3-7}$$

在 $t+\theta\Delta t$ 时刻,多自由度系统的运动方程为

$$\boldsymbol{M}\ddot{\boldsymbol{q}}_{t+\theta\Delta t} + \boldsymbol{C}\dot{\boldsymbol{q}}_{t+\theta\Delta t} + \boldsymbol{K}\boldsymbol{q}_{t+\theta\Delta t} = \boldsymbol{Q}_{t+\theta\Delta t} \tag{7-3-8}$$

将式(7-3-6)、式(7-3-7)以多自由度参量的列阵形式代入式(7-3-8),整理后并写成简化形式,得求解 $\boldsymbol{q}_{t+\theta\Delta t}$ 的矩阵方程

$$\overline{\boldsymbol{K}}\boldsymbol{q}_{t+\theta\Delta t} = \overline{\boldsymbol{Q}}_{t+\theta\Delta t} \tag{7-3-9}$$

式中:$\overline{\boldsymbol{K}} = \boldsymbol{K} + \dfrac{6}{(\theta\Delta t)^2}\boldsymbol{M} + \dfrac{3}{\theta\Delta t}\boldsymbol{C}$。　(7-3-10)

$$\overline{\boldsymbol{Q}}_{t+\theta\Delta t} = \boldsymbol{Q}_{t+\theta\Delta t} + \boldsymbol{M}\left[\frac{6}{(\theta\Delta t)^2}\boldsymbol{q}_t + \frac{6}{\theta\Delta t}\dot{\boldsymbol{q}}_t + 2\ddot{\boldsymbol{q}}_t\right] + \boldsymbol{C}\left(\frac{3}{\theta\Delta t}\boldsymbol{q}_t + 2\dot{\boldsymbol{q}}_t + \frac{\theta\Delta t}{2}\ddot{\boldsymbol{q}}_t\right) \tag{7-3-11}$$

由式(7-3-9)可求出 $\boldsymbol{q}_{t+\theta\Delta t}$。在式(7-3-1)中取 $\tau=\Delta t$,可以得到 $\ddot{q}_{t+\theta\Delta t} = \theta\ddot{q}_{t+\Delta t} + (1-\theta)\ddot{q}_t$,将该式代入式(7-3-6)可得到 $t+\Delta t$ 时刻的加速度[式(7-3-12)],将该式代入式(7-3-2)、式(7-3-3)并令 $\tau=\Delta t$,可得到 $t+\Delta t$ 时刻的速度与位移,见式(7-3-13)与式(7-3-14)。考虑多自由度系统,以下三式中位移,速度与加速度已表述为列阵形式。

$$\ddot{\boldsymbol{q}}_{t+\Delta t} = \frac{6}{\theta(\theta\Delta t)^2}(\boldsymbol{q}_{t+\theta\Delta t} - \boldsymbol{q}_t) - \frac{6}{\theta^2\Delta t}\dot{\boldsymbol{q}}_t + \left(1-\frac{3}{\theta}\right)\ddot{\boldsymbol{q}}_t \tag{7-3-12}$$

$$\dot{\boldsymbol{q}}_{t+\Delta t} = \dot{\boldsymbol{q}}_t + \frac{\Delta t}{2}(\ddot{\boldsymbol{q}}_{t+\Delta t} + \ddot{\boldsymbol{q}}_t) \tag{7-3-13}$$

$$\boldsymbol{q}_{t+\Delta t} = \boldsymbol{q}_t + \Delta t\dot{\boldsymbol{q}}_t + \frac{\Delta t^2}{6}(\ddot{\boldsymbol{q}}_{t+\Delta t} + 2\ddot{\boldsymbol{q}}_t) \tag{7-3-14}$$

将求出的 $\boldsymbol{q}_{t+\theta\Delta t}$ 代入式(7-3-12)、式(7-3-13)与式(7-3-14),可以求出 $t+\Delta t$ 时刻的 $\ddot{\boldsymbol{q}}_{t+\Delta t}$、$\dot{\boldsymbol{q}}_{t+\Delta t}$ 与 $\boldsymbol{q}_{t+\Delta t}$。三者也是计算下一时段响应的初始条件。如此继续下去,就可算出系统响应历程。

为清楚起见,归纳威尔逊-θ 法的全部计算过程如下:

(1)计算初始条件(对每一步而言)

①当系统特性不随时间 t 变化时,建立系统的 $\boldsymbol{K}$、$\boldsymbol{C}$、$\boldsymbol{M}$。若 $\boldsymbol{K}$、$\boldsymbol{C}$、$\boldsymbol{M}$ 随 t 变化,则建立系统在每一时段起点的 $\boldsymbol{K}$、$\boldsymbol{C}$、$\boldsymbol{M}$。

②根据系统给定的初始条件 $\boldsymbol{q}_0$,$\dot{\boldsymbol{q}}_0$,由 $\boldsymbol{M}\ddot{\boldsymbol{q}}_0 + \boldsymbol{C}\dot{\boldsymbol{q}}_0 + \boldsymbol{K}\boldsymbol{q}_0 = \boldsymbol{Q}_0$ 算出 $\ddot{\boldsymbol{q}}_0$。

③选定时间步长 Δt,并取定 θ 值(通常取 $\theta=1.4$)。

④计算下列常数:

$$a_0=\frac{6}{(\theta\Delta t)^2},\qquad a_1=\frac{3}{\theta\Delta t},\qquad a_2=2a_1,$$

$$a_3=\frac{\theta\Delta t}{2},\qquad a_4=\frac{a_0}{\theta},\qquad a_5=-\frac{a_2}{\theta},$$

$$a_6=1-\frac{3}{\theta},\qquad a_7=\frac{\Delta t}{2},\qquad a_8=\frac{\Delta t^2}{6}$$

⑤形成等效刚度矩阵 $\overline{\boldsymbol{K}}=\boldsymbol{K}+a_0\boldsymbol{M}+a_1\boldsymbol{C}$。

(2)计算每一步长的末尾响应

①计算 $t+\theta\Delta t$ 时刻的等效荷载列阵:

$$\overline{\boldsymbol{Q}}_{t+\theta\Delta t}=\boldsymbol{Q}_{t+\theta\Delta t}+\boldsymbol{M}(a_0\boldsymbol{q}_t+a_2\dot{\boldsymbol{q}}_t+2\ddot{\boldsymbol{q}}_t)+\boldsymbol{C}(a_1\boldsymbol{q}_t+2\dot{\boldsymbol{q}}_t+a_3\ddot{\boldsymbol{q}}_t)$$

②解矩阵方程(7-3-9),求解 $t+\theta\Delta t$ 时刻的位移 $\boldsymbol{q}_{t+\theta\Delta t}$。

③计算 $t+\Delta t$ 时刻的位移、速度和加速度:

$$\ddot{\boldsymbol{q}}_{t+\Delta t}=a_4(\boldsymbol{q}_{t+\theta\Delta t}-\boldsymbol{q}_t)+a_5\dot{\boldsymbol{q}}_t+a_6\ddot{\boldsymbol{q}}_t$$

$$\dot{\boldsymbol{q}}_{t+\Delta t}=\dot{\boldsymbol{q}}_t+a_7(\ddot{\boldsymbol{q}}_{t+\Delta t}+\ddot{\boldsymbol{q}}_t)$$

$$\boldsymbol{q}_{t+\Delta t}=\boldsymbol{q}_t+2a_7\dot{\boldsymbol{q}}_t+a_8(\ddot{\boldsymbol{q}}_{t+\Delta t}+2\ddot{\boldsymbol{q}}_t)$$

以上即每一步长的全部计算过程。许多情形的荷载 $\boldsymbol{Q}(t)$ 只在 $t=0,\Delta t,2\Delta t,\cdots$ 时的值已知,这时可按线性变化的规律计算 $\boldsymbol{Q}_{t+\theta\Delta t}$,即

$$\boldsymbol{Q}_{t+\theta\Delta t}=\boldsymbol{Q}_t+\theta(\boldsymbol{Q}_{t+\Delta t}-\boldsymbol{Q}_t)\tag{7-3-15}$$

7.4 纽马克(Newmark)法

纽马克法采用如下基本假定:在每个时段 Δt 内,体系广义坐标的振动加速度是介于 $\ddot{q}_t$ 和 $\ddot{q}_{t+\Delta t}$ 之间的某一常量,记为 a,如图 7-4-1 所示。根据基本假定有

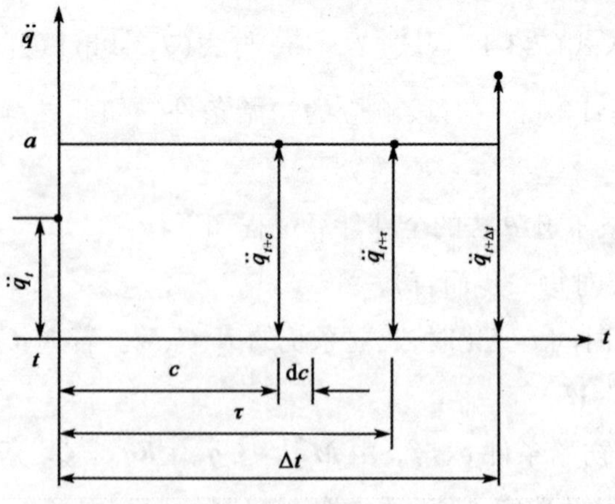

图 7-4-1 纽马克法常加速度假定

$$\ddot{q}_{t+\tau}=\ddot{q}_t+\delta(\ddot{q}_{t+\Delta t}-\ddot{q}_t)=(1-\delta)\ddot{q}_t+\delta\,\ddot{q}_{t+\Delta t}\qquad(0\leqslant\delta\leqslant 1)\tag{7-4-1}$$

为了得到稳定与高精度的算法解，用积分方法推导 $t+\Delta t$ 时刻的速度与位移时采用不同的常加速度假定，即采取不同的控制参数。推导$t+\Delta t$时刻的速度时采用式(7-4-1)，推导 $t+\Delta t$ 时刻的位移时采用式(7-4-2)，即用另一控制参数 α 表示加速度。

$$\ddot{q}_{t+\tau}=(1-2\alpha)\ddot{q}_t+2\alpha\,\ddot{q}_{t+\Delta t}\qquad(0\leqslant\alpha\leqslant 1/2)\tag{7-4-2}$$

通过 t 到 $t+\tau$时段上对式(7-4-1)积分，得到 $t+\tau$时刻的速度

$$\dot{q}_{t+\tau}=\dot{q}_t+\int_0^\tau\ddot{q}_{t+c}\mathrm{d}c=\dot{q}_t+\int_0^\tau(1-\delta)\ddot{q}_t+\delta\,\ddot{q}_{t+\Delta t}\mathrm{d}c=\dot{q}_t+(1-\delta)\ddot{q}_t\tau+\delta\,\ddot{q}_{t+\Delta t}\tau\tag{7-4-3}$$

当$\tau=\Delta t$ 时

$$\dot{q}_{t+\Delta t}=\dot{q}_t+(1-\delta)\Delta t\,\ddot{q}_t+\delta\Delta t\,\ddot{q}_{t+\Delta t}\tag{7-4-4}$$

通过 t 到 $t+\tau$时段上对式(7-4-2)积分，得到 $t+\tau$时刻的速度

$$\begin{aligned}\dot{q}_{t+\tau}&=\dot{q}_t+\int_0^\tau\ddot{q}_{t+c}\mathrm{d}c=\dot{q}_t+\int_0^\tau(1-2\alpha)\ddot{q}_t+2\alpha\,\ddot{q}_{t+\Delta t}\mathrm{d}c\\&=\dot{q}_t+(1-2\alpha)\ddot{q}_t\tau+2\alpha\,\ddot{q}_{t+\Delta t}\tau\end{aligned}\tag{7-4-5}$$

通过 t 到 $t+\tau$时段上对式(7-4-5)积分，得到 $t+\tau$时刻的位移

$$\begin{aligned}q_{t+\tau}&=q_t+\int_0^\tau\dot{q}_{t+c}\mathrm{d}c=q_t+\int_0^\tau\dot{q}_t+(1-2\alpha)\ddot{q}_tc+2\alpha\,\ddot{q}_{t+\Delta t}c\mathrm{d}c\\&=q_t+\dot{q}_t\tau+\left(\frac{1}{2}-\alpha\right)\tau^2\ddot{q}_t+\alpha\,\tau^2\ddot{q}_{t+\Delta t}\end{aligned}\tag{7-4-6}$$

当$\tau=\Delta t$ 时

$$q_{t+\Delta t}=q_t+\dot{q}_t\Delta t+\left(\frac{1}{2}-\alpha\right)\Delta t^2\ddot{q}_t+\alpha\Delta t^2\ddot{q}_{t+\Delta t}\tag{7-4-7}$$

自式(7-4-7)解出

$$\ddot{q}_{t+\Delta t}=b_0(q_{t+\Delta t}-q_t)-b_2\dot{q}_t-b_3\ddot{q}_t\tag{7-4-8}$$

式中：$b_0=\dfrac{1}{\alpha\Delta t^2}, b_2=\dfrac{1}{\alpha\Delta t}, b_3=\dfrac{1}{2\alpha}-1$。

将式(7-4-8)代入式(7-4-4)，得

$$\dot{q}_{t+\Delta t}=b_1(q_{t+\Delta t}-q_t)-b_4\dot{q}_t-b_5\ddot{q}_t\tag{7-4-9}$$

式中：$b_1=\dfrac{\delta}{\alpha\Delta t}, b_4=\dfrac{\delta}{\alpha}-1, b_5=\dfrac{\Delta t}{2}\left(\dfrac{\delta}{\alpha}-2\right)$。

将式(7-4-8)、式(7-4-9)以多自由度参量的列阵形式代入 $t+\Delta t$ 时刻的系统振动矩阵方程

$$\boldsymbol{M}\ddot{\boldsymbol{q}}_{t+\Delta t}+\boldsymbol{C}\dot{\boldsymbol{q}}_{t+\Delta t}+\boldsymbol{K}\boldsymbol{q}_{t+\Delta t}=\boldsymbol{Q}_{t+\Delta t}$$

整理后并写成简化形式，得计算 $\boldsymbol{q}_{t+\Delta t}$的矩阵方程

$$\overline{\boldsymbol{K}}\boldsymbol{q}_{t+\Delta t}=\overline{\boldsymbol{Q}}_{t+\Delta t}\tag{7-4-10}$$

式中：

$$\overline{\boldsymbol{K}}=\boldsymbol{K}+b_0\boldsymbol{M}+b_1\boldsymbol{C}\tag{7-4-11}$$

$$\overline{\boldsymbol{Q}}_{t+\Delta t}=\boldsymbol{Q}_{t+\Delta t}+\boldsymbol{M}(b_0\boldsymbol{q}_t+b_2\dot{\boldsymbol{q}}_t+b_3\ddot{\boldsymbol{q}}_t)+\boldsymbol{C}(b_1\boldsymbol{q}_t+b_4\dot{\boldsymbol{q}}_t+b_5\ddot{\boldsymbol{q}}_t) \tag{7-4-12}$$

自式(7-4-10)解出 $\boldsymbol{q}_{t+\Delta t}$,代入式(7-4-8)、式(7-4-9),求出 $\ddot{\boldsymbol{q}}_{t+\Delta t}$ 及 $\dot{\boldsymbol{q}}_{t+\Delta t}$,则系统在 $t+\Delta t$ 时刻的响应全部求出。

纽马克法中,控制参数 δ 和 α 的取值影响算法解的精度与稳定性。当 δ 取为 $\frac{1}{2}$ 时,将 $\ddot{q}_{t+\Delta t}$ 的泰勒展开式 $\ddot{q}_{t+\Delta t}=\ddot{q}_t+q_t^{(3)}\Delta t+\frac{1}{2}q_t^{(4)}\Delta t^2+\cdots$ 代入式(7-4-4)得

$$\dot{q}_{t+\Delta t}=\dot{q}_t+\ddot{q}_t\Delta t+\frac{1}{2}q_t^{(3)}\Delta t^2+\frac{1}{4}q_t^{(4)}\Delta t^3+\cdots \tag{7-4-13}$$

而 $\dot{q}_{t+\Delta t}$ 的泰勒展开式为

$$\dot{q}_{t+\Delta t}=\dot{q}_t+\ddot{q}_t\Delta t+\frac{1}{2}q_t^{(3)}\Delta t^2+\frac{1}{6}q_t^{(4)}\Delta t^3+\cdots \tag{7-4-14}$$

对比式(7-4-13)与式(7-4-14)可知,式(7-4-4)表述的速度项 $\dot{q}_{t+\Delta t}$ 与其对应泰勒级数相比,二次及以下项是相同的,故称 $\dot{q}_{t+\Delta t}$ 具有二阶精度。同样可以证明:不论 α 取何值,式(7-4-7)表述的位移项 $q_{t+\Delta t}$ 至少有二阶精度(当 $\alpha=\frac{1}{6}$ 时,$q_{t+\Delta t}$ 具有三阶精度)。

纽马克法解的稳定性条件为[29]

$$(2\alpha-\delta)\left(\frac{2\pi}{T_{\min}}\right)^2\Delta t^2+2\geqslant 0 \tag{7-4-15}$$

若满足 $2\alpha-\delta\geqslant 0$,则上式必然成立,此时纽马克法算法解无条件稳定。实际应用中取 $2\alpha-\delta=0$ 的参数组合以形成无条件稳定算法解,如 $\delta=\frac{1}{2},\alpha=\frac{1}{4}$,此时算法解既满足无条件稳定,又具有二阶精度。当不满足 $2\alpha-\delta\geqslant 0$ 时,可利用式(7-4-15)算出算法解条件稳定的步长要求。例如,当 $\delta=\frac{1}{2},\alpha=\frac{1}{6}$ 时,纽马克法即变为线性加速度法,此时算法解条件稳定的步长应满足 $\Delta t\leqslant\frac{\sqrt{3}}{\pi}T_{\min}\approx\frac{T_{\min}}{1.8}$。关于解的稳定性与精度分析的详细论述见 7.5 节。

纽马克法计算步骤如下:

(1)计算初始条件(对每一步而言)

①当系统特性不随时间 t 变化时,建立系统的 $\boldsymbol{K}$、$\boldsymbol{C}$、$\boldsymbol{M}$。若 $\boldsymbol{K}$、$\boldsymbol{C}$、$\boldsymbol{M}$ 随 t 变化,则建立系统在每一时段起点的 $\boldsymbol{K}$、$\boldsymbol{C}$、$\boldsymbol{M}$。

②根据系统给定的初始条件 $\boldsymbol{q}_0,\dot{\boldsymbol{q}}_0$,由 $\boldsymbol{M}\ddot{\boldsymbol{q}}_0+\boldsymbol{C}\dot{\boldsymbol{q}}_0+\boldsymbol{K}\boldsymbol{q}_0=\boldsymbol{Q}_0$ 算出 $\ddot{\boldsymbol{q}}_0$。

③选定时间步长 Δt 和积分控制参数 δ、α(通常取 $\delta=\frac{1}{2},\alpha=\frac{1}{4}$)。

④计算下列常数:

$$b_0=\frac{1}{\alpha\Delta t^2},\quad b_1=\frac{\delta}{\alpha\Delta t},\quad b_2=\frac{1}{\alpha\Delta t},b_3=\frac{1}{2\alpha}-1,b_4=\frac{\delta}{\alpha}-1,b_5=\frac{\Delta t}{2}\left(\frac{\delta}{\alpha}-2\right)$$

⑤形成等效刚度矩阵 $\overline{\boldsymbol{K}} = \boldsymbol{K} + b_0\boldsymbol{M} + b_1\boldsymbol{C}$。

(2)计算每一步长的末尾响应

①计算 $t+\Delta t$ 时刻的等效荷载列阵：

$$\overline{\boldsymbol{Q}}_{t+\Delta t} = \boldsymbol{Q}_{t+\Delta t} + \boldsymbol{M}(b_0\boldsymbol{q}_t + b_2\dot{\boldsymbol{q}}_t + b_3\ddot{\boldsymbol{q}}_t) + \boldsymbol{C}(b_1\boldsymbol{q}_t + b_4\dot{\boldsymbol{q}}_t + b_5\ddot{\boldsymbol{q}}_t)$$

②解矩阵方程(7-4-10)，求解 $t+\Delta t$ 时刻的位移 $\boldsymbol{q}_{t+\Delta t}$；

③计算 $t+\Delta t$ 时刻的加速度和速度：

$$\ddot{\boldsymbol{q}}_{t+\Delta t} = b_0(\boldsymbol{q}_{t+\Delta t} - \boldsymbol{q}_t) - b_2\dot{\boldsymbol{q}}_t - b_3\ddot{\boldsymbol{q}}_t$$

$$\dot{\boldsymbol{q}}_{t+\Delta t} = b_1(\boldsymbol{q}_{t+\Delta t} - \boldsymbol{q}_t) - b_4\dot{\boldsymbol{q}}_t - b_5\ddot{\boldsymbol{q}}_t$$

以上即每一步长的全部计算过程。

7.5　逐步积分法解的稳定性与精度分析

逐步积分法解的稳定性分为有条件稳定和无条件稳定。如果任意给定初始条件，对于任意选取的步长周期比 $\Delta t/T$（T 为体系任一振型对应的周期），当时间步长的个数趋于无穷大时，若逐步积分法给出的解是有界的，则称这种算法的解是无条件稳定的。若只是在 $\Delta t/T$ 小于某定值时，算法给出的解才有界，则称这种算法的解为有条件稳定。

下面以威尔逊-θ 法为例，说明算法解的稳定性分析和精度分析的方法。这种分析的主要意义在于提供选定积分参数的途径。

n 个自由度系统的运动方程为

$$\boldsymbol{M}\ddot{\boldsymbol{q}} + \boldsymbol{C}\dot{\boldsymbol{q}} + \boldsymbol{K}\boldsymbol{q} = \boldsymbol{Q} \tag{7-5-1}$$

当取 $\boldsymbol{C} = a_0\boldsymbol{M} + a_1\boldsymbol{K}$ 时，经正则坐标变换 $\boldsymbol{q} = \overline{\boldsymbol{A}}\,\overline{\boldsymbol{T}}$，得到

$$\ddot{\overline{\boldsymbol{T}}} + (a_0\boldsymbol{I} + a_1\boldsymbol{\lambda})\dot{\overline{\boldsymbol{T}}} + \boldsymbol{\lambda}\overline{\boldsymbol{T}} = \overline{\boldsymbol{P}} \tag{7-5-2}$$

其中，第 i 个方程为

$$\ddot{\overline{T}}_i + 2\xi_i\omega_i\dot{\overline{T}}_i + \omega_i^2\overline{T}_i = \overline{P}_i \qquad (i=1,2,\cdots,n) \tag{7-5-3}$$

上述变换过程详见第 5 章。式(7-5-3)代表的每个方程按同一时间步长逐步积分的计算结果与式(7-5-1)按同一时间步长逐步积分的计算结果是等价的。另外，式(7-5-3)代表的 n 个方程彼此独立，构造完全相同。因此，可取其中的一个方程为代表（为了简便起见，下标 i 不再标出）进行分析如下：

$$\ddot{\overline{T}} + 2\xi\omega\dot{\overline{T}} + \omega^2\overline{T} = \overline{P} \tag{7-5-4}$$

由式(7-3-6)得

$$\ddot{\overline{T}}_{t+\theta\Delta t} = \frac{6}{(\theta\Delta t)^2}(\overline{T}_{t+\theta\Delta t} - \overline{T}_t) - \frac{6}{\theta\Delta t}\dot{\overline{T}}_t - 2\ddot{\overline{T}}_t \tag{7-5-5}$$

由式(7-3-7)得

$$\dot{\overline{T}}_{t+\theta\Delta t}=\frac{3}{\theta\Delta t}(\overline{T}_{t+\theta\Delta t}-\overline{T}_t)-2\dot{\overline{T}}_t-\frac{\theta\Delta t}{2}\ddot{\overline{T}}_t \tag{7-5-6}$$

在 $t+\theta\Delta t$ 时刻,方程(7-5-4)应满足,故有

$$\ddot{\overline{T}}_{t+\theta\Delta t}+2\xi\omega\dot{\overline{T}}_{t+\theta\Delta t}+\omega^2\overline{T}_{t+\theta\Delta t}=\overline{P}_{t+\theta\Delta t} \tag{7-5-7}$$

将式(7-5-5)、式(7-5-6)代入方程式(7-5-7),求出 $\overline{T}_{t+\theta\Delta t}$。再由式(7-3-12)、式(7-3-13)、式(7-3-14)求得 $\ddot{\overline{T}}_{t+\Delta t}$、$\dot{\overline{T}}_{t+\Delta t}$与 $\overline{T}_{t+\Delta t}$,即可建立以下关系

$$\begin{Bmatrix}\ddot{\overline{T}}_{t+\Delta t}\\ \dot{\overline{T}}_{t+\Delta t}\\ \overline{T}_{t+\Delta t}\end{Bmatrix}=\boldsymbol{A}\begin{Bmatrix}\ddot{\overline{T}}_{t}\\ \dot{\overline{T}}_{t}\\ \overline{T}_{t}\end{Bmatrix}+\boldsymbol{L}\overline{P}_{t+\theta\Delta t} \tag{7-5-8}$$

式中,逐步积分算子 $\boldsymbol{A}$ 及荷载算子 $\boldsymbol{L}$ 分别为

$$\boldsymbol{A}=\begin{bmatrix}1-\dfrac{\beta\theta^2}{3}-\dfrac{1}{\theta}-K\theta & \dfrac{-\beta\theta-2K}{\Delta t} & -\dfrac{\beta}{\Delta t^2}\\ \Delta t\left(1-\dfrac{1}{2\theta}-\dfrac{\beta\theta^2}{6}-\dfrac{K\theta}{2}\right) & 1-\dfrac{\beta\theta}{2}-K & -\dfrac{\beta}{2\Delta t}\\ \Delta t^2\left(\dfrac{1}{2}-\dfrac{1}{6\theta}-\dfrac{\beta\theta^2}{18}-\dfrac{K\theta}{6}\right) & \Delta t\left(1-\dfrac{\beta\theta}{6}-\dfrac{K}{3}\right) & 1-\dfrac{\beta}{6}\end{bmatrix} \tag{7-5-9}$$

$$\boldsymbol{L}=\begin{Bmatrix}\dfrac{\beta}{\omega^2\Delta t^2}\\ \dfrac{\beta}{2\omega^2\Delta t}\\ \dfrac{\beta}{6\omega^2}\end{Bmatrix} \tag{7-5-10}$$

式中,$\beta=\left(\dfrac{\theta}{\omega^2\Delta t^2}+\dfrac{\xi\theta^2}{\omega\Delta t}+\dfrac{\theta^3}{6}\right)^{-1}$,$K=\dfrac{\xi\beta}{\omega\Delta t}$。

式(7-5-8)是联系 t 时刻响应与 $t+\Delta t$ 时刻响应的递推关系,例如由 $t+\Delta t$ 时刻的响应求 $t+2\Delta t$ 时刻的响应,可令式(7-5-8)中的 t 等于 $t+\Delta t$,于是有

$$\begin{Bmatrix}\ddot{\overline{T}}_{t+2\Delta t}\\ \dot{\overline{T}}_{t+2\Delta t}\\ \overline{T}_{t+2\Delta t}\end{Bmatrix}=\boldsymbol{A}\begin{Bmatrix}\ddot{\overline{T}}_{t+\Delta t}\\ \dot{\overline{T}}_{t+\Delta t}\\ \overline{T}_{t+\Delta t}\end{Bmatrix}+\boldsymbol{L}\overline{P}_{t+2\Delta t+(\theta-1)\Delta t}=\boldsymbol{A}\left(\boldsymbol{A}\begin{Bmatrix}\ddot{\overline{T}}_{t}\\ \dot{\overline{T}}_{t}\\ \overline{T}_{t}\end{Bmatrix}+\boldsymbol{L}\overline{P}_{t+\theta\Delta t}\right)+\boldsymbol{L}\overline{P}_{t+2\Delta t+(\theta-1)\Delta t}$$

$$
= \boldsymbol{A}^2 \begin{Bmatrix} \ddot{\overline{T}}_t \\ \dot{\overline{T}}_t \\ \overline{T}_t \end{Bmatrix} + \boldsymbol{AL}\overline{P}_{t+\Delta t+(\theta-1)\Delta t} + \boldsymbol{L}\overline{P}_{t+2\Delta t+(\theta-1)\Delta t}
$$

类推下去,可得

$$
\begin{Bmatrix} \ddot{\overline{T}}_{t+n\Delta t} \\ \dot{\overline{T}}_{t+n\Delta t} \\ \overline{T}_{t+n\Delta t} \end{Bmatrix} = \boldsymbol{A}^n \begin{Bmatrix} \ddot{\overline{T}}_t \\ \dot{\overline{T}}_t \\ \overline{T}_t \end{Bmatrix} + \boldsymbol{A}^{n-1}\boldsymbol{L}\overline{P}_{t+\Delta t+(\theta-1)\Delta t} + \cdots + \boldsymbol{L}\overline{P}_{t+n\Delta t+(\theta-1)\Delta t} \tag{7-5-11}
$$

式(7-5-11)是分析算法解的稳定性及精度的基本关系式。

由于算法解的稳定性与外荷载无关,所以只分析任意初始条件的自由振动情况,即 $\overline{P}(t)=0$ 的情形。此时式(7-5-11)变为

$$
\begin{Bmatrix} \ddot{\overline{T}}_{t+n\Delta t} \\ \dot{\overline{T}}_{t+n\Delta t} \\ \overline{T}_{t+n\Delta t} \end{Bmatrix} = \boldsymbol{A}^n \begin{Bmatrix} \ddot{\overline{T}}_t \\ \dot{\overline{T}}_t \\ \overline{T}_t \end{Bmatrix} \tag{7-5-12}
$$

1. 算法解的稳定性分析

由前述无条件稳定的定义及式(7-5-12)知,当 $n\to\infty$ 时,若 $\boldsymbol{A}^n$ 有界,则算法解是无条件稳定的。

由线性代数知,对任意矩阵 $\boldsymbol{A}$,存在满秩矩阵 $\boldsymbol{P}$,使得

$$
\boldsymbol{A} = \boldsymbol{P}^{-1}\boldsymbol{JP} \tag{7-5-13}
$$

式中:$\boldsymbol{J}$——$\boldsymbol{A}$ 的若当标准形,$\boldsymbol{J}$ 的对角线元素即 $\boldsymbol{A}$ 的特征根 $\lambda_i(i=1,2,3)$。

另外,$\boldsymbol{A}^2=\boldsymbol{P}^{-1}\boldsymbol{JPP}^{-1}\boldsymbol{JP}=\boldsymbol{P}^{-1}\boldsymbol{J}^2\boldsymbol{P}$,故一般有

$$
\boldsymbol{A}^n = \boldsymbol{P}^{-1}\boldsymbol{J}^n\boldsymbol{P} \tag{7-5-14}
$$

$\boldsymbol{J}^n$ 的对角线元素为 $\lambda_i^n(i=1,2,3)$。由式(7-5-14)知,当 $n\to\infty$ 时,要使 $\boldsymbol{A}^n$ 有界,$\boldsymbol{J}^n$ 必须有界,即要求 $\boldsymbol{A}$ 的所有特征根的最大绝对值

$$
\max|\lambda_i| \leqslant 1 \tag{7-5-15}
$$

式(7-5-15)为算法解稳定性的判定准则。显然,若 $\max|\lambda_i|<1$,则当 $n\to\infty$ 时,$\boldsymbol{J}^n\to 0$;$\max|\lambda_i|$ 越小,收敛越快。因此,分析算法解的稳定性,在于计算矩阵 $\boldsymbol{A}$ 的 $\max|\lambda_i|$。为计算方便,先对 $\boldsymbol{A}$ 作相似变换

$$\overline{A} = D^{-1}AD \tag{7-5-16}$$

其中
$$D = \begin{bmatrix} \Delta t & 0 & 0 \\ 0 & \Delta t^2 & 0 \\ 0 & 0 & \Delta t^3 \end{bmatrix} \tag{7-5-17}$$

因为$\overline{A} \sim A$,而相似矩阵有相同的特征根,故$\overline{A}$的特征根即A的特征根。

由式(7-5-16)得
$$\overline{A} = \begin{bmatrix} 1-\dfrac{\beta\theta^2}{3}-\dfrac{1}{\theta}-K\theta & -\beta\theta-2K & -\beta \\ 1-\dfrac{1}{2\theta}-\dfrac{\beta\theta^2}{6}-\dfrac{K\theta}{2} & 1-\dfrac{\beta\theta}{2}-K & -\dfrac{\beta}{2} \\ \dfrac{1}{2}-\dfrac{1}{6\theta}-\dfrac{\beta\theta^2}{18}-\dfrac{K\theta}{6} & 1-\dfrac{\beta\theta}{6}-\dfrac{K}{3} & 1-\dfrac{\beta}{6} \end{bmatrix} \tag{7-5-18}$$

由式(7-5-18)知,$\overline{A}$的特征根只依赖于无量纲参量$\dfrac{\Delta t}{T}$、ξ、θ[β,K中都包含频率ω,而$\omega = \dfrac{2\pi}{T}$,由式(7-5-4)知,系统第i阶固有频率ω是已知的]。一旦诸参量取定,矩阵$\overline{A}$的各特征根容易算出,从中确定特征根的最大绝对值$\max|\lambda_i|$。对不同的步长周期比$\dfrac{\Delta t}{T}$及阻尼比ξ,$\max|\lambda_i|$随θ的变化曲线示于图7-5-1。从该图知,当$\theta \geqslant 1.37$,$\max|\lambda_i| \leqslant 1$,威尔逊-$\theta$法是无条件稳定的。若$\theta = 1$,威尔逊-$\theta$法即变成线性加速度法,此时只当$\dfrac{\Delta t}{T} \leqslant 0.55 \approx \dfrac{\sqrt{3}}{\pi}$,才有$\max|\lambda_i| \leqslant 1$,故线性加速度法是有条件稳定的。

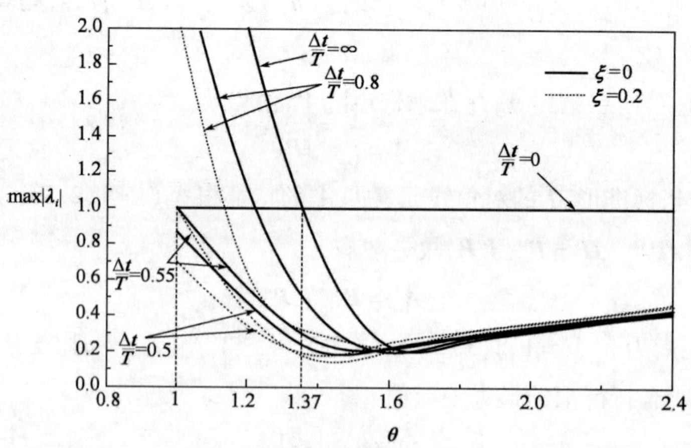

图7-5-1 $\max|\lambda_i|$随θ的变化(威尔逊-θ法)

图7-5-1中,当$\dfrac{\Delta t}{T}=0$及∞时,$\max|\lambda_i|$与阻尼比ξ无关(图中相应的两条曲线重合)。这是

因为当$\frac{\Delta t}{T}\to 0$时，$\beta\to 0$，所以$K\to 0$，从而

$$\overline{A}\to\begin{bmatrix}1-\frac{1}{\theta} & 0 & 0\\ 1-\frac{1}{2\theta} & 1 & 0\\ \frac{1}{2}-\frac{1}{6\theta} & 1 & 1\end{bmatrix}$$

显然，此时$\overline{A}$的$\max|\lambda_i|=1$。

当$\frac{\Delta t}{T}\to\infty$时，$\beta\to\left(\frac{\theta^3}{6}\right)^{-1}$，$K\to 0$（因为$\frac{\Delta t}{T}\to\infty$，即$\Delta t\to\infty$，$T$不可能趋近于零），则$\overline{A}$与$\xi$无关，故$\max|\lambda_i|$亦与$\xi$无关，而只是$\theta$的函数。

用上述类似方法可得到纽马克法的算子$\boldsymbol{A}$，算法解的稳定性判定准则仍为$\max|\lambda_i|\leqslant 1$。

对不同的θ（针对威尔逊-θ法）、δ与α（针对纽马克法），$\max|\lambda_i|$随$\frac{\Delta t}{T}$的变化曲线示于图 7-5-2。从此图知，当控制参数取适当值，例如$\delta=\frac{1}{2}$、$\alpha=\frac{1}{4}$；$\delta=\frac{11}{20}$、$\alpha=\frac{3}{10}$；$\theta=1.4$；$\theta=2.0$，纽马克法与威尔逊-θ法属于无条件稳定的算法。合适的控制参数θ（或者δ和α）的选取，不仅应使算法为无条件稳定的，还应保证算法的精度。因此，下面介绍算法解的精度分析。

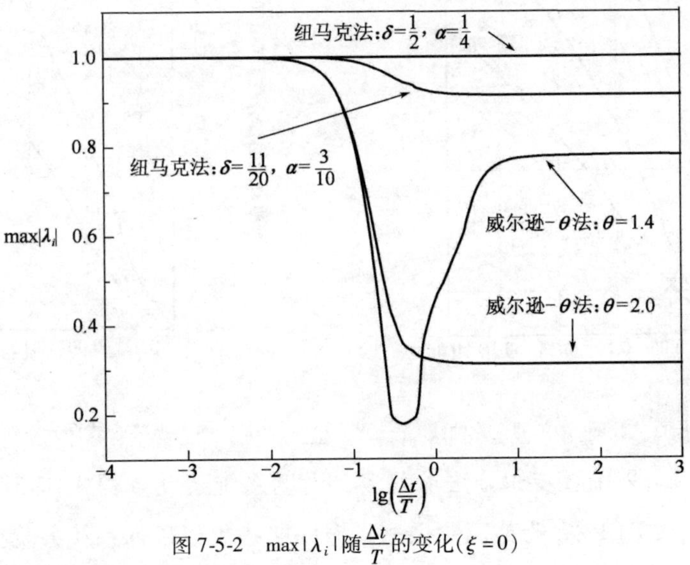

图 7-5-2　$\max|\lambda_i|$随$\frac{\Delta t}{T}$的变化（$\xi=0$）

2. 算法解的精度分析

为了对威尔逊-θ法及纽马克法的精度获得本质性了解，威尔逊和贝斯用上述两种算法计算了式(7-5-4)描述的无阻尼自由振动的解，即

$$\ddot{\overline{T}}+\omega^2\overline{T}=0 \tag{7-5-19}$$

采用两种初始条件:

(1)$\overline{T}_0=1.0$,$\dot{\overline{T}}_0=0$。此时$\ddot{\overline{T}}_0=-\omega^2$,式(7-5-19)的准确解为$\overline{T}=\cos\omega t$。

(2)$\overline{T}_0=0$,$\dot{\overline{T}}_0=\omega$。此时$\ddot{\overline{T}}_0=0$,式(7-5-19)的准确解为$\overline{T}=\sin\omega t$。

式(7-5-19)描述的自由振动没有衰减,周期不变。这样,由逐步积分法解得振动的变化情况,就可判别算法解的精度。计算结果表明:逐步积分法解存在周期延长、振幅衰减现象,图7-5-3与图7-5-4分别表示周期延长与振幅衰减百分数随$\frac{\Delta t}{T}$的变化曲线。从此两图可看出:

(1)当$\frac{\Delta t}{T}\leqslant 0.01$时,周期延长和振幅衰减都很小,故此时威尔逊-$\theta$法及纽马克法都具有很高的精度。

(2)当$\delta=\frac{1}{2}$,$\alpha=\frac{1}{4}$时,纽马克法只有周期延长,无振幅衰减。

(3)对威尔逊-θ法,$\theta=1.4$的精度高于$\theta=2.0$的精度。

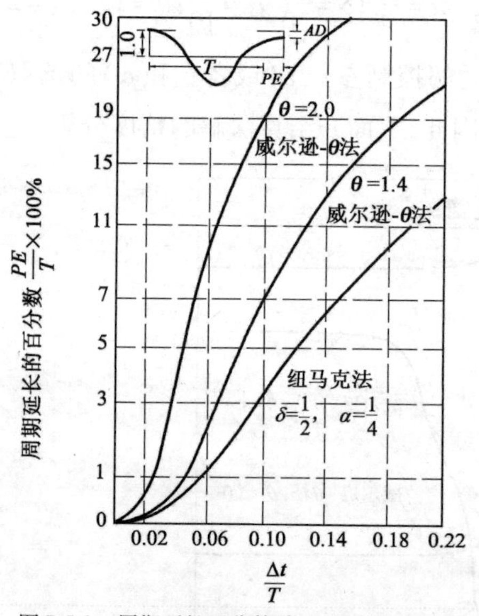

图7-5-3 周期延长百分数随$\Delta t/T$的变化曲线

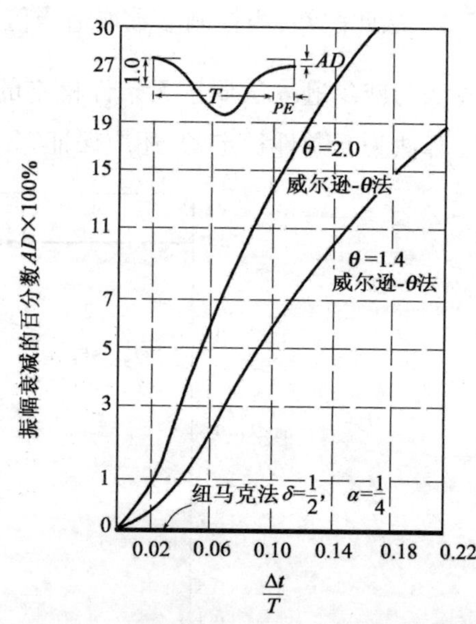

图7-5-4 振幅衰减百分数随$\Delta t/T$的变化曲线

从以上分析可知,采用逐步积分法求解多自由度系统运动方程式(7-5-1)时,采用较小步长周期比(如$\Delta t/T_n\leqslant 0.01$,$T_n$为最高阶振型自振周期),可以确保系统各阶振型响应具有很高的精度。然而,对于大多数动力系统而言,高阶振型对系统响应的影响很小,要求系统高阶振型响应达到很高精度实无必要且降低了计算效率。可以根据实际情况选取合适积分步长,具体说明如下:

采取不同的步长周期比$\frac{\Delta t}{T}$解式(7-5-19)可看成是变化方程中的频率ω的值,而Δt保持不变。ω 变化表示式(7-5-19)描述不同振型的振动,故图7-5-3、图7-5-4中不同$\frac{\Delta t}{T}$值对应的周期延长和振幅衰减可表示算法带来的系统不同振型的振幅衰减与周期延长。图7-5-5表示威尔逊-θ法按上述第(1)种初始条件的计算结果,图中明显表示高阶振型(当$\frac{\Delta t}{T}\geqslant 1.0$)的振幅值迅速衰减。

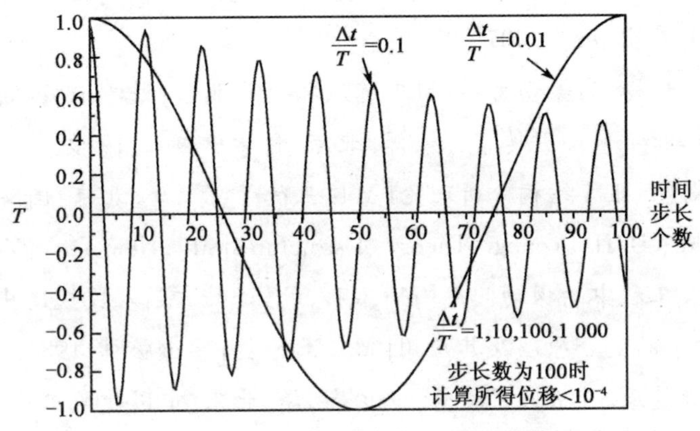

图7-5-5 100步中的位移反应(威尔逊-θ法,$\theta=1.4$)

根据上述分析,可得到以下概念:

(1)威尔逊-θ法计算误差引起的振幅衰减相当于系统的阻尼使振幅衰减,故称为人工阻尼。由图7-5-4可知,当$\frac{\Delta t}{T}<0.1$时,振幅衰减在7%以下,而大约百分之一的临界阻尼(即$\xi=1\%$)将产生每循环6%的振幅衰减。这样,分析阻尼比$\xi\geqslant 5\%$的结构时,只要$\frac{\Delta t}{T}<0.1$,这种人工阻尼相当于增加1%的阻尼比。显然,这种误差完全可以忽略。由此概念可知,在多自由度系统的分析中,时间步长 Δt 可取为需要包括的该系统最高振型周期的$\frac{1}{10}$,就能保证必要的精度。

(2)动力分析过程中应当注意这种人工阻尼的影响。一方面,为了得到没有人为衰减的所有主要振型分量的反应,必须取足够短的时间步长 Δt。另一方面,必须认识到:按数学模型算出的一些高阶振型分量不能代表实际结构的工作机理,由于离散化过程,它们经常严重失真,在许多情形中,荷载只引起低阶振型的反应,因此,没有必要精确地对高阶振型分量积分。从这些观点出发,对高阶振型分量显然可允许较大的振幅衰减(选取得积分步长不是特别小)。这样,根据威尔逊-θ法分析振幅衰减的机理,可以认为对高阶振型分量允许较大的振幅衰减就相当于按振型叠加法分析时有意识地舍弃一些高阶振型。

参考文献

[1] R.克拉夫,J.彭津.结构动力学[M].王光远,译.北京:科学出版社,1983.

[2] R.克拉夫,J.彭津.结构动力学[M].2版.王光远,译校.北京:高等教育出版社,2006.

[3] Anil K. Chopra.结构动力学理论及其在地震工程中的应用[M].2版.谢礼立,吕大刚,等,译.北京:高等教育出版社,2007.

[4] S.铁摩辛柯,D.H.杨.高等动力学[M].陈凤初,译.北京:科学出版社,1962.

[5] 井町勇.机械振动学[M].尹传家,等,译.北京:科学出版社,1979.

[6] J.S.普齐米尼斯基.矩阵结构分析理论[M].王德荣,等,译.北京:国防工业出版社,1974.

[7] S.P. Timoshenko, D.H. Young. Theory of structures[M]. New York:Mc Graw Hill, 1965.

[8] S.铁摩辛柯,等.工程中的振动问题[M].胡人礼,译.北京:人民铁道出版社,1978.

[9] 胡海昌.弹性力学的变分原理及其应用[M].北京:科学出版社,1981.

[10] 鹫津久一郎.能量原理[M].尹泽勇,江伯南,译.北京:中国建筑工业出版社,1977.

[11] F.柏拉希.金属结构的屈曲强度[M].同济大学钢木结构教研室,译.北京:科学出版社,1965.

[12] 邱秉权.分析力学[M].北京:中国铁道出版社,1998.

[13] 季文美,方同,陈松淇.机械振动[M].北京:科学出版社,1985.

[14] 秦荣.计算结构动力学[M].桂林:广西师范大学出版社,1997.

[15] 张禾瑞,郝炳新.高等代数[M].北京:高等教育出版社,1959.

[16] 王光远.建筑结构的振动[M].北京:科学出版社,1979.

[17] 唐友刚.高等结构动力学[M].天津:天津大学出版社,2007.

[18] 刘晶波,杜修力.结构动力学[M].北京:机械工业出版社,2007.

[19] 刘保东.工程振动与稳定基础[M].3版.北京:清华大学出版社,2010.

[20] 曾庆元.三跨连续变截面薄壁双室箱型梁计算的有限元法[J].长沙铁道学院学报,1981,34-48.

[21] 曾庆元,杨平.形成矩阵的"对号入座"法则与桁梁空间分析的桁段有限元法[J].铁道学报,1986,8(2):48-59.

[22] 曾庆元.弹性系统动力学总势能不变值原理[J].华中理工大学学报,2000,28(1):1-3.

[23] 曾庆元.弹性系统动力分析的位移变分法[J].工程力学,2002(增刊):119-134.

[24] 曾庆元,郭向荣.列车桥梁时变系统振动分析理论与应用[M].北京:中国铁道出版社,1999.

[25] 曾庆元,向俊,周智辉,娄平.列车脱轨分析理论与应用[M].长沙:中南大学出版

社,2006.

[26] 曾庆元,向俊,娄平.车桥及车轨时变系统横向振动计算中的根本问题与列车脱轨能量随机分析理论[J].中国铁道科学,2002,23(1):1-10.

[27] 蔡方荫.普通结构学(上册)[M].南京:国立编译馆,1946.

[28] 洪善桃.高等动力学[M].上海:同济大学出版社,1990.

[29] 郑兆昌.机械振动(中册)[M].北京:机械工业出版社,1986.

[30] 闻邦椿,刘树英,陈照波,等.机械振动理论及应用[M].北京,高等教育出版社,2009.

[31] 曾庆元,周智辉,文颖.结构动力学讲义[M].北京:人民交通出版社股份有限公司,2015.